建筑工程合同管理

魏 蓉 王 争 编 著

清华大学出版社
北京

内 容 简 介

本书根据最新的法律法规,结合建筑工程项目中有关合同的实际案例,全面介绍了建筑工程合同管理方面的相关知识。

本书共分 10 章,主要内容包括绪论、《民法典》合同编的基本概念、建设工程施工合同、建设工程其他合同、FIDIC 施工合同条件、工程合同索赔管理、工程合同变更管理、工程合同风险管理、工程合同争议的解决以及工程合同管理信息系统。

本书由浅入深、分门别类地阐述了有关建筑工程合同方面的知识,结构合理、详略得当,结合诸多案例,实用性强。本书既可作为各专科或本科院校相关专业的教材,也可供建筑企业合同管理的专业人员和建造师参考学习。

图书在版编目(CIP)数据

建筑工程合同管理/魏蓉,王争编著. —北京:清华大学出版社,2023.3(2024.11重印)
ISBN 978-7-302-62964-1

Ⅰ.①建… Ⅱ.①魏… ②王… Ⅲ.①建筑工程—经济合同—管理—教材 Ⅳ.①TU723.1

中国国家版本馆 CIP 数据核字(2023)第 039897 号

责任编辑:陈冬梅 桑任松
封面设计:刘孝琼
责任校对:吕丽娟
责任印制:宋 林
出版发行:清华大学出版社
    网   址:https://www.tup.com.cn, https://www.wqxuetang.com
    地   址:北京清华大学学研大厦 A 座   邮   编:100084
    社 总 机:010-83470000   邮   购:010-62786544
    投稿与读者服务:010-62776969, c-service@tup.tsinghua.edu.cn
    质量反馈:010-62772015, zhiliang@tup.tsinghua.edu.cn
    课件下载:https://www.tup.com.cn,010-62791865
印 装 者:北京同文印刷有限责任公司
经 销:全国新华书店
开 本:185mm×260mm   印 张:15.75   字 数:380 千字
版 次:2023 年 4 月第 1 版   印 次:2024 年 11 月第 2 次印刷
定 价:49.80 元

产品编号:092097-01

前　　言

在市场经济条件下，随着社会法治建设的不断完善和社会法治意识的不断加强，"按合同办事"已成为工程建设领域公认的一种规律和要求。施工合同依据法律的约束，遵循公平交易的原则确定各方的权利和义务，对进一步规范各方建设主体的行为，维护当事人的合法权益，培养和完善建设市场将起到重要的作用。

建设工程施工由于履约时间长、涉及主体多、面对的情况复杂多变，极易产生各种矛盾和纠纷。一份完美的施工合同，必须把施工中可能遇到的所有问题的处理方式都预设清楚，才能达到指引履约各方正确履行合同、搞好施工配合的效果，有效避免各种纠纷，妥善处理有关争议。

本书共分 10 章，包括以下内容。

第 1 章为建筑工程合同管理的综述部分，阐述了合同的概念以及合同的分类，让学生了解合同的基本概念及法律特征，并掌握合同关系构成的三个要素，意图让学生初步了解合同在工程项目管理中的地位和作用。

第 2 章主要讲述《民法典》合同编的基本概念。学习工程合同知识，需要掌握《民法典》合同编的基本知识和内涵，让学生了解合同编的基本内容对后续章节的学习具有重要意义。

第 3 章主要叙述建设工程施工合同的概念、类型、特点及订立。要求学生了解《建设工程施工合同》文件的相关知识，以及通用条款的主要内容与组成形式。

第 4 章至第 5 章介绍建设施工合同的相关附带合同。分别讲述了建设工程勘察合同、建设工程委托监理 FIDIC 施工合同条件，要求学生了解与掌握。

第 6 章至第 9 章分别讲述了工程合同索赔管理的相关问题，工程合同变更管理的相关问题，工程合同风险管理的相关问题，以及工程合同争议的相关解决办法。要求学生熟练地掌握和运用这几章的知识方法，可以帮助其很好地解决工程合同中出现的各种问题。

第 10 章介绍了工程合同管理信息系统，信息化是合同管理的必然趋势。通过本章的教学，有利于学生全面总结工程合同管理的知识，使工程合同管理控制方法标准化和程序化。

本书由华北理工大学的魏蓉老师和河北得法律师事务所的王争编著。由于编者水平有限，书中难免有不足之处，欢迎同行和读者批评指正。

编　者

目 录

第1章 绪 论

教学提示：合同是规范和调整平等主体间民事权利义务关系的工具，也是开展工程项目管理活动的法律依据。合同关系一般由主体、内容和客体三个要素组成。

教学要求：了解合同的基本概念及其法律特征，掌握合同关系的三个构成要素及合同的分类。通过本章的学习，初步了解合同在工程项目管理中的地位与作用。

1.1 合同的概念

合同是平等主体的自然人、法人及其他组织之间设立、变更、终止民事权利义务的意思表示一致的协议。

合同也常常称为契约，新中国成立以前，著述中都使用"契约"而不使用"合同"一词。

自 20 世纪 50 年代初期至今，除台湾地区之外，我国民事立法和司法实践中主要采用了合同而不是契约的概念。

合同是反映交易的法律形式，具有以下法律特征。

(1) 合同是平等主体的自然人、法人和其他组织所实施的一种民事法律行为。

(2) 合同以设立、变更或终止民事权利义务关系为目的。

(3) 合同是当事人意思表示一致的协议。

合同是债的一种形式。所谓债，是指发生在特定主体之间请求为特定行为的财产法律关系。《中华人民共和国民法典》(以下简称《民法典》)第一百一十八条规定："民事主体依法享有债权。债权是因合同、侵权行为、无因管理、不当得利以及法律的其他规定，权利人请求特定义务人为或者不为一定行为的权利。"在债的法律关系中，债权人有权要求债务人按照法律或合同的规定履行义务，而债务人负有为满足债权人的请示而为特定行为的义务。由于合同反映的只是正常的、典型的商品交换关系，而在实践中还存在一些非正常的、特殊的交换关系，如不当得利和侵权行为所产生之债等，都不能为合同之债所概括。因此，合同不能概括债的全部内容。债的关系较之于合同的关系而言更为抽象，它包括合同关系在内。

合同是发生在当事人之间的一种法律关系。合同关系和一般民事法律关系一样，也是由主体、内容和客体三个要素组成。

合同关系的主体又称为合同的当事人，包括债权人和债务人。

合同关系的主体都是特定的，如甲和乙签订某项合同，甲和乙都是特定的主体。但是，合同关系的主体也不是固定不变的，依照法律和合同的规定，债可以发生变更和转移，从而使债的主体也发生变化。例如，甲开发某高层商住楼，后因其资金筹措出现困难，经与开发商丙协商，转让该项目的开发权，此时丙就成为该高层商住楼施工合同新的主体。合同关系的内容是指债权人的权利和债务人的义务，主要是指合同债权和合同债务。合同作为一种民事法律关系，是债权和债务的统一体。合同关系的客体在我国民法学界有不同的观点，有的学者认为合同关系客体的内涵是物，也有学者认为合同关系客体的内涵不是物，而是行为。

一般来说，物权的客体是物，而合同债权的客体主要是行为。因为债权人在债务人尚未交付标的物之前，无法实际占有和支配该标的物，只能请求债务人为一定的行为。所以，合同债权指向的对象主要是债务人的行为而不是物。

合同关系具有相对性。所谓合同关系的相对性，是指合同关系只能发生在特定的合同当事人之间，只有合同当事人一方能够向另一方基于合同提出请求或提出诉讼；与合同当事人没有发生合同权利义务关系的第三人不能依据合同向合同当事人提出请求或提出诉讼，也不应承担合同的义务或责任；非依法律或合同规定，第三人不能主张合同上的权利。

1.2　合同的分类

合同按不同的标准，可以分为以下几类。

(1) 双务合同与单务合同。

(2) 有偿合同与无偿合同。

(3) 有名合同与无名合同。

(4) 诺成合同与实践合同。

(5) 要式合同与不要式合同。

(6) 主合同与从合同。

(7) 本约(本合同)与预约(预备合同)。

(8) 为订约人自己订立的合同与为第三人利益订立的合同。

1.2.1　双务合同与单务合同

根据合同当事人双方权利义务的分担方式，可以将合同分为双务合同与单务合同。

1. 双务合同

双务合同是指合同双方当事人相互享有权利和相互承担义务的合同。双务合同的特点是当事人具有履行义务的责任和要求他方履行义务的权利，双方的关系具有相互依赖性。典型的双务合同有买卖、租赁、借款、运输、财产保险、合伙等。建设工程的各类合同均为双务合同。例如，建设工程施工承包合同中，甲方享有获得合格的建筑产品的权利和负有按时支付工程进度款的义务，乙方则享有获得工程进度款的权利和负有按施工图纸及相关标准规范提供合格建筑产品的义务。

2. 单务合同

单务合同是指合同当事人一方只享有权利而不负有义务，当事人另一方只负有义务而不享有权利的合同。典型的单务合同有赠与合同、无偿保管合同和归还原物的借用合同。区分单务合同与双务合同的意义，主要在于确定两种合同的不同效力。

(1) 是否适用同时履行抗辩权。

双务合同中存在同时履行抗辩权等法律问题。单务合同中则不存在此法律问题，因为履行抗辩是以双方均负有义务为前提的。

(2) 在风险负担上，不同单务合同中不发生双务合同中的风险负担问题。

(3) 因一方的过错可致合同不履行的后果不同。

在双务合同中，如果非违约方已履行合同的，可以要求违约方履行合同或承担其他违约责任；如果非违约方要求解除合同，则对于其已经履行的部分有权要求未履行给付义务的一方返还其已取得的财产。但在单务合同中，则不存在上述情况。

1.2.2　有偿合同与无偿合同

根据当事人是否可以从合同中获取某种利益，可以将合同分为有偿合同与无偿合同。有偿合同，是指一方通过履行合同规定的义务而给对方某种利益，对方要得到该利益必须为此支付相应代价的合同。有偿合同是商品交换最典型的法律形式。在实践中，绝大多数反映交易关系的合同都是有偿的。

无偿合同，是指一方给付对方某种利益，对方取得该利益时并不支付任何报酬的合同。无偿合同并不是反映交易关系的典型形式，它是等价有偿原则在实践中的例外现象，一般很少采用。各类建设工程承包合同均属有偿合同，而借用合同、赠与合同等则属无偿合同。

1.2.3　有名合同与无名合同

根据法律上是否规定了一定合同的名称，可以将合同分为有名合同与无名合同。有名合同，又称为典型合同，是指法律上已经确定了一定的名称及规则的合同。例如，《民法典》合同编所规定的 15 类合同，都属于有名合同。

所谓无名合同，又称为非典型合同，是指法律上尚未确定一定的名称及规则的合同。根据合同自由原则，合同当事人可以自由决定合同的内容。有名合同与无名合同并不是一成不变的，无名合同产生以后，经过一定的发展阶段，其基本内容和特点已经形成，则可以由《民法典》合同编予以规范，使之成为有名合同。

有名合同与无名合同的区分意义主要在于两者适用的法律规则不同。对于有名合同，应当直接适用《民法典》合同编的规定，但在确定无名合同的适用法律时，首先应当考虑适用《民法典》合同编的一般规则。其次对于无名合同来说，其内容可能涉及有名合同的某些规则，所以，应当比照类似的有名合同的规则，参照合同的经济目的及当事人的意思等进行处理。例如，旅游合同，其包含了运输合同、委托合同、租赁合同等多项有名合同的内容，所以可以类推适用这些有名合同的规则。

1.2.4 诺成合同与实践合同

所谓诺成合同，是指当事人一方的意思表示一旦经对方同意即能产生法律效果的合同，即"一诺即成"的合同。这种合同的特点在于，当事人双方意思表示一致，合同即告成立。根据合同法律规定，具有救灾、扶贫等社会公益、道德义务性质的赠与合同，赠与人在赠与财产的权利转移之前不能撤销赠与。

所谓实践合同，是指除当事人双方意思表示一致以外尚须交付标的物才能成立的合同。在这种合同中仅凭双方当事人的意思表示一致，还不能产生一定的权利义务关系，还必须有一方实际交付标的物的行为，才能产生法律效果。例如，寄存合同，必须寄存人将寄存的物品交付保管人，合同才能成立并生效。

1.2.5 要式合同与不要式合同

根据合同是否应以一定的形式为要件，可将合同分为要式合同与不要式合同。

所谓要式合同，是指必须根据法律规定的方式而成立的合同。对于一些重要的交易，法律常要求当事人必须采取特定的方式订立合同。例如，中外合资经营企业合同，属于应当由国家批准的合同，只有获得批准时，合同方为成立；抵押合同依法应登记而不登记的，则合同不能产生法律效力。

所谓不要式合同，是指当事人订立的合同依法并不需要采取特定的形式，当事人可以采取口头形式，也可以采取书面形式。合同除法律有特别规定以外，均为不要式合同。根据合同自由原则，当事人有权选择合同形式，但对于法律有特别的形式要件规定的，当事人必须遵循法律规定。

要式合同与不要式合同的区别在于，是否应以一定的形式作为合同成立或生效的条件。

1.2.6 主合同与从合同

根据合同相互间的主从关系，可以将合同分为主合同与从合同。

所谓主合同，是指不需要其他合同的存在即可独立存在的合同。

所谓从合同，就是以其他合同的存在而为存在前提的合同。例如，在建设工程合同中，施工承包合同为主合同，为承包方提供履约担保的合同则为从合同。

从合同的主要特点在于其附属性，即它不能独立存在，必须以主合同的存在并生效为前提。主合同未成立，从合同也不能成立，主合同无效，从合同也无效。

1.2.7 本约与预约

预约是指当事人之间约定将来订立一定合同的合同，本约是为履行预约而订立的合同。预约的效力在于使当事人负有订立本约的义务。如果预约的一方当事人不履行其订立本约的义务，则另一方有权请求法院强制其履行订约义务并承担违约责任。

1.2.8 为订约人自己订立的合同与为第三人利益订立的合同

根据订约人订立合同的目的是否为自己谋取利益，合同可以分为为订约人自己订立的合同和为第三人利益订立的合同。

所谓为订约人自己订立的合同，是指订约当事人订立合同是为自己设定权利，使自己直接取得和享有某种利益。

然而，在特殊情况下，订约当事人并非为自己设定权利，而是为第三人的利益订立合同，合同将对第三人发生效力，这就是所谓为第三人利益订立的合同。这种为第三人利益订立的合同，其法律特征表现如下。

(1) 第三人不是订约当事人，他不必在合同上签字，也不需要通过其代理人参与缔约。

(2) 该合同只能给第三人设定权利，而不得为其设定义务。根据民法的一般规则，任何人未经他人同意，不应为他人设定义务，擅自为他人设定义务的合同都是无效的。

(3) 该合同的订立，事先无须通知或征得第三人的同意。

在现实生活中，大量存在的还是为订约人自己订立的合同。

1.3 合同在工程项目管理中的地位与作用

合同在工程项目管理过程中正在发挥越来越重要的作用，具体来讲，合同在工程项目管理过程中的地位与作用主要体现在以下 3 个方面。

1. 合同是工程项目管理的核心

任何一个建设项目的实施，特别是大中型建设项目的实施，都是通过签订一系列的承发包合同来实现的。通过对承包范围、价款、工期和质量标准等合同条款的制定和履行，业主可以在合同环境下调控建设项目的运行状态。通过对合同管理目标责任的分解，工程项目的业主还可以规范项目管理机构的内部职能，紧密围绕合同条款开展项目管理工作。因此，无论是对承包商的管理，还是对项目业主本身的内部管理，合同始终都是工程项目管理的核心。

2. 合同是承发包双方履行义务、享有权利的法律基础

为保证建设项目的顺利实施，平衡承发包双方的职责、权利和义务，合理分摊承发包双方的责任风险，建设工程合同通常界定了承发包双方基本的权利和义务关系。例如，发包方必须按时支付工程进度款，及时参加隐蔽工程验收和中间验收，及时组织工程竣工验收和办理竣工结算，等等。承包方则必须按施工图纸和批准的施工组织设计组织施工、向业主提供符合约定质量标准的建筑产品等。合同中明确约定的各项权利和义务是承发包双方的最高行为准则，是双方享有权利、履行义务的法律基础。

3. 合同是处理工程项目实施过程中各种争执和纠纷的法律依据

工程项目通常具有建设周期长、标的金额大、参建单位众多和子项目之间接口复杂等特点。在合同履行过程中，业主与承包商之间、不同承包商之间、承包商与分包商之间以及业主与材料供应商之间不可避免地会产生各种争执和纠纷。

而调解处理这些争执和纠纷的主要尺度和依据应是承发包双方在合同中事先作出的各种约定和承诺，如合同的索赔与反索赔条款、不可抗力条款、合同价款调整变更条款等。

作为合同的一种特定类型，建设工程合同同样具有一经签订即具有法律效力的属性。所以，合同是处理工程项目实施过程中各种争执和纠纷的法律依据。

复习思考题

一、选择题

合同按不同的标准，可以分为(　　)。

A. 双务合同与单务合同　　　　　B. 有偿合同与无偿合同

C. 有名合同与无名合同　　　　　D. 诺成合同与实践合同

二、填空题

1. 预约是指当事人之间约定将来订立一定合同的合同，本约是为＿＿＿＿＿而订立的合同。

2. 预约的效力在于使＿＿＿＿＿负有订立本约的义务。如果预约的一方当事人不履行其订立本约的义务，则另一方有权请求法院＿＿＿＿＿其履行订约义务并承担＿＿＿＿＿。

三、简答题

1. 简述合同的概念及其法律特征。
2. 分析合同在工程项目管理中的地位与作用。

第 2 章　《民法典》合同编的基本概念

教学提示：

1. 《民法典》合同编是我国社会主义经济法律体系中的一项重要文本。

2. 《民法典》合同编是调整平等主体间财产流转关系的法律规范。

3. 学习工程合同知识，需要掌握《民法典》合同编的基本概念和内涵。准确掌握《民法典》合同编的基础知识，对后续章节的学习具有重要意义。

教学要求：

1. 通过本章学习，了解我国合同法律制度的基本内容。

2. 重点掌握合同成立的基本要件、合同生效的基本要件、合同履行的基本原则、合同保全的基本方法、合同权利义务的变更与转让及违约责任的构成要件。

2.1　《民法典》合同编概述

本节主要内容为《民法典》合同编的立法宗旨、调整对象以及基本原则。

2.1.1　我国统一合同法的制定及其特点

1999 年 3 月 15 日，第九届全国人民代表大会第二次会议审议通过了《中华人民共和国合同法》(以下简称《合同法》)，从 1993 年开始设计立法方案到合同法正式颁布，历经 6 年的风雨历程，终于形成了一部统一的正式合同法律文本，其第十六章建设工程合同从第二百六十九条至第二百八十七条，共十九条。《民法典》合同编(2019 年 12 月 16 日稿)，第十八章建设工程合同从第七百八十八条至第八百零八条，共二十一条，新增两条。2020 年 5 月 28 日，《民法典》公布，自 2021 年 1 月 1 日起施行。

在《民法典》公布之前，我国的合同法律体系是以《中华人民共和国民法通则》为基本法，《中华人民共和国经济合同法》(以下简称《经济合同法》)《中华人民共和国涉外经济合同法》《中华人民共和国技术合同法》三法并立。为什么要用新的统一的合同法取代已经存在的三部合同法呢？其主要原因是随着我国经济建设领域改革开放的不断深入和扩大，经济社会得到全面发展，三部合同法包括修订后的《经济合同法》已经不能较好地解

决我国经济社会发展中存在的诸多重要问题，具体表现在以下几个方面。

(1) 三部合同法各自规范不同的合同关系和适用范围，特别是存在着国内和涉外两种合同法，彼此之间内容重复，存在互相不协调甚至不一致的情况。

(2) 三部合同法规定的内容较为原则。三部合同法条款总计只有一百四十五条，比较简略，在合同订立、合同效力和违约责任等方面的规定较为原则，可操作性不强。

(3) 三部合同法还保留了过分强调计划经济和旧的合同法的一些规定，对合同当事人限制太多，遗漏了许多重要制度。

(4) 在现实社会生活中利用合同形式搞欺诈，损害国家、集体和他人利益的现象较为突出，需要有针对性地规定防范条款。

(5) 三部合同法现有调整范围不能完全适应社会经济生活的现状。实践中出现了新的融资租赁合同及其他合同形式需要加以规范，赠与合同、委托合同、居间合同的数量不断增多。为了有效地解决上述问题，制定一部统一的、较为完备的合同法势在必行。为此，我国最高立法机关——全国人大常委会作出了制定统一合同法的决策。

统一合同法具有以下 5 个方面的特点。

(1) 从实际出发，充分体现和贯彻了总结本国立法经验与借鉴国外立法经验相结合的原则。

(2) 充分体现了合同意思自治原则。

(3) 在价值取向上兼顾经济利益与社会公正、交易便捷与交易安全。

(4) 充分体现了合同法制定和实施的时代特点。

(5) 特别注重法律的规范性与可操作性。

注：建设工程合同修订提要

(1)《合同法》自 1999 年 10 月 1 日起施行，其第十六章建设工程合同从第二百六十九条至第二百八十七条，共十九条。

(2)《民法典》(2021 年 1 月 1 日起施行)合同编中，第十八章建设工程合同从第七百八十八条至第八百零八条，共二十一条，新增两条。

第十八章 建设工程合同

第七百八十八条 建设工程合同是承包人进行工程建设，发包人支付价款的合同。

建设工程合同包括工程勘察、设计、施工合同。

第七百八十九条 建设工程合同应当采用书面形式。

第七百九十条 建设工程的招标投标活动，应当依照有关法律的规定公开、公平、公正进行。

第七百九十一条 发包人可以与总承包人订立建设工程合同，也可以分别与勘察人、设计人、施工人订立勘察、设计、施工承包合同。发包人不得将应当由一个承包人完成的建设工程支解成若干部分发包给数个承包人。

总承包人或者勘察、设计、施工承包人经发包人同意，可以将自己承包的部分工作交由第三人完成。第三人就其完成的工作成果与总承包人或者勘察、设计、施工承包人向发包人承担连带责任。承包人不得将其承包的全部建设工程转包给第三人或者将其承包的全部建设工程支解以后以分包的名义分别转包给第三人。

禁止承包人将工程分包给不具备相应资质条件的单位。禁止分包单位将其承包的工程再分包。建设工程主体结构的施工必须由承包人自行完成。

第七百九十二条　国家重大建设工程合同，应当按照国家规定的程序和国家批准的投资计划、可行性研究报告等文件订立。

第七百九十三条　建设工程施工合同无效，但是建设工程经验收合格的，可以参照合同关于工程价款的约定折价补偿承包人。

建设工程施工合同无效，且建设工程经验收不合格的，按照以下情形处理：

(一)修复后的建设工程经验收合格的，发包人可以请求承包人承担修复费用；

(二)修复后的建设工程经验收不合格的，承包人无权请求参照合同关于工程价款的约定折价补偿。

发包人对因建设工程不合格造成的损失有过错的，应当承担相应的责任。

第七百九十四条　勘察、设计合同的内容一般包括提交有关基础资料和概预算等文件的期限、质量要求、费用以及其他协作条件等条款。

第七百九十五条　施工合同的内容一般包括工程范围、建设工期、中间交工工程的开工和竣工时间、工程质量、工程造价、技术资料交付时间、材料和设备供应责任、拨款和结算、竣工验收、质量保修范围和质量保证期、相互协作等条款。

第七百九十六条　建设工程实行监理的，发包人应当与监理人采用书面形式订立委托监理合同。发包人与监理人的权利和义务以及法律责任，应当依照本编委托合同以及其他有关法律、行政法规的规定。

第七百九十七条　发包人在不妨碍承包人正常作业的情况下，可以随时对作业进度、质量进行检查。

第七百九十八条　隐蔽工程在隐蔽以前，承包人应当通知发包人检查。发包人没有及时检查的，承包人可以顺延工程日期，并有权请求赔偿停工、窝工等损失。

第七百九十九条　建设工程竣工后，发包人应当根据施工图纸及说明书、国家颁发的施工验收规范和质量检验标准及时进行验收。验收合格的，发包人应当按照约定支付价款，并接收该建设工程。建设工程竣工经验收合格后，方可交付使用；未经验收或者验收不合格的，不得交付使用。

第八百条　勘察、设计的质量不符合要求或者未按照期限提交勘察、设计文件拖延工期，造成发包人损失的，勘察人、设计人应当继续完善勘察、设计，减收或者免收勘察、设计费并赔偿损失。

第八百零一条　因施工人的原因致使建设工程质量不符合约定的，发包人有权请求施工人在合理期限内无偿修理或者返工、改建。经过修理或者返工、改建后，造成逾期交付的，施工人应当承担违约责任。

第八百零二条　因承包人的原因致使建设工程在合理使用期限内造成人身损害和财产损失的，承包人应当承担赔偿责任。

第八百零三条　发包人未按照约定的时间和要求提供原材料、设备、场地、资金、技术资料的，承包人可以顺延工程日期，并有权请求赔偿停工、窝工等损失。

第八百零四条　因发包人的原因致使工程中途停建、缓建的，发包人应当采取措施弥补或者减少损失，赔偿承包人因此造成的停工、窝工、倒运、机械设备调迁、材料和构件积压等损失和实际费用。

第八百零五条　因发包人变更计划，提供的资料不准确，或者未按照期限提供必需的勘

察、设计工作条件而造成勘察、设计的返工、停工或者修改设计，发包人应当按照勘察人、设计人实际消耗的工作量增付费用。

第八百零六条 承包人将建设工程转包、违法分包的，发包人可以解除合同。

发包人提供的主要建筑材料、建筑构配件和设备不符合强制性标准或者不履行协助义务，致使承包人无法施工，经催告后在合理期限内仍未履行相应义务的，承包人可以解除合同。

合同解除后，已经完成的建设工程质量合格的，发包人应当按照约定支付相应的工程价款；已经完成的建设工程质量不合格的，参照本法第七百九十三条的规定处理。

第八百零七条 发包人未按照约定支付价款的，承包人可以催告发包人在合理期限内支付价款。发包人逾期不支付的，除根据建设工程的性质不宜折价、拍卖外，承包人可以与发包人协议将该工程折价，也可以请求人民法院将该工程依法拍卖。建设工程的价款就该工程折价或者拍卖的价款优先受偿。

第八百零八条 本章没有规定的，适用承揽合同的有关规定。

2.1.2 《民法典》合同编的立法宗旨

《民法典》合同编的立法宗旨，主要体现在以下 3 个方面。

1. 保护合同当事人的合法权益

保护合同当事人的合法权益，是《民法典》合同编的立法宗旨之一，也是《民法典》合同编的主要任务。

根据《民法典》合同编的规定，自然人、法人、其他组织都可以成为合同当事人；合同当事人在参加合同活动中，依法享有权利和利益。《民法典》合同编对合同当事人的合法权益的保护体现在各项合同法律制度之中。

2. 维护社会经济秩序

维护社会经济秩序是《民法典》合同编立法的又一重要宗旨。社会经济的运行需要有完备的市场经济法律制度来规范经济活动主体的行为，否则将处于无序状态。

《民法典》合同编作为调整财产交易关系的法律，必须以维护社会经济秩序，特别是交易秩序为其基本任务。

3. 促进社会主义现代化建设

《民法典》合同编作为一部体现人民意志、反映市场经济共同规律、适应改革开放需要的法律文件，对发展社会主义市场经济有直接的推动作用，对实现我国社会主义现代化建设任务有积极的促进作用。

2.1.3 《民法典》合同编的调整对象

《民法典》合同编作为调整平等主体间财产流转关系的法律规范，其调整对象主要体现在以下两个方面。

1. 《民法典》合同编调整的是平等主体之间具有财产内容的社会关系

《民法典》合同编所揭示的是特定的平等主体之间的关系，在合同法律关系中的双方当事人权利与义务是对等的，这区别于按照指令性和服从原则设立的行政合同关系和依照按劳分配原则设立的劳动合同关系，这些不同主体间的关系应分别由行政法和劳动法予以调整；也区别于法人、其他社会组织内部的管理关系，这些不平等主体之间的关系应由公司法等法律予以调整。

在《民法典》合同编的权利义务关系中，主体的行为总是与一定的财产利益相联系。虽然《民法典》合同编是民法的重要组成部分，但它只调整平等主体之间的财产关系，有关收养、婚姻、监护身份关系的协议，不适用于《民法典》合同编。

2.《民法典》合同编调整的是平等主体之间以财产流转为特征的社会关系

《民法典》合同编调整的并不是社会中全部的财产关系，而是其中动态的财产关系，就是以财产流转为特征的社会关系，这是它与物权法的不同之处。

《民法典》合同编与物权法虽都涉及财产权，但物权法是调整财产支配关系的法律，属于财产归属范畴，因为所有权及整个物权本质上是规定和解释财产关系的静止状态。而《民法典》合同编是将有形财产和无形财产从生产领域移转到交换领域，并通过交换领域进入消费领域，其内容表现为移转已占有的财产。

因此，《民法典》合同编是所有人处分财产或获得财产的重要法律手段。

2.1.4 《民法典》合同编的基本原则

《民法典》合同编的基本原则是《民法典》合同编的主旨和根本准则，也是制定、解释、执行和研究《民法典》合同编的出发点。

《民法典》合同编共有 4 条基本原则，分别是合同自愿原则、诚实信用原则、合法原则和鼓励交易原则。

1. 合同自愿原则

合同自愿原则是指当事人依法享有在缔结合同、选择合同相对人、确定合同内容以及变更和解除合同方面的自由。因此，合同自愿原则又称为合同自由原则。

合同自愿原则主要表现在以下 5 个方面。

(1) 当事人有订立合同的自由及选择相对人的自由。

(2) 当事人有确立合同内容的自由，法律尊重当事人的选择。

(3) 当事人享有合同形式自由，除法律另有规定的以外，当事人可自主确定以何种形式成立合同。

(4) 当事人有变更或解除合同的自由，经协商一致，当事人可以随时变更或解除合同。

(5) 当事人有选择违约补救方式的自由。

2. 诚实信用原则

诚实信用原则是指当事人在民事活动中，应诚实守信，以善意的方式履行其义务，不得滥用权力及规避法律规定或合同约定的义务。

《民法典》合同编中，诚实信用原则具体体现为以下 5 个方面。

(1) 在合同订立阶段应遵循诚实信用原则。在合同订立阶段，尽管合同尚未成立，但当事人彼此之间已具有订约上的联系，应依据诚实信用原则，负有忠实、诚实、保密、相互

照顾和协助的附随义务。任何一方都不得采用恶意谈判、欺诈等手段谋取不正当利益，并致他人损害，也不得披露和不正当使用他人的商业秘密。

(2) 合同在订立后、履行前应遵循诚实信用原则。在合同订立后、尚未履行前，当事人双方都应严守诺言，认真做好各种履约准备。

如果一方有确切的证据证明对方在履约前经营状况严重恶化，或存在其他法定情况，可以依据法律的规定，暂时中止合同的履行，并要求对方提供履约担保。

(3) 合同的履行应遵循诚实信用原则。在合同的履行中，当事人应根据合同的性质、目的及交易习惯履行通知、协助和保密的义务。

(4) 合同终止以后应遵循保密和忠实的义务。在合同关系终止以后，尽管双方当事人不再承担义务，但亦应承担某些必要的附随义务，如保密、忠实等义务。

(5) 合同的解释应遵循诚实信用原则。合同管理实践中，当事人在订立合同时所使用文字词句可能有所不当，未能将其真实意思表达清楚，或合同未能明确各自的权利义务关系，使合同难以正确履行，从而发生纠纷。此时，法院或仲裁机构应依据诚实信用原则，考虑各种因素以探求当事人的真实意思，并正确地解释合同，从而判明是非，确定责任。

3. 合法原则

《民法典》合同编确认了合法原则，这保障了当事人所订立的合同符合国家的意志和社会公共利益，协调不同当事人之间的利益冲突，以及当事人的个别利益与整个社会和国家利益的冲突，保护正常的交易秩序。

合法原则是基本的民事活动准则，合法原则具体包括以下 3 个方面。

(1) 合法原则首先要求当事人在订约和履行中必须遵守全国性的法律和行政法规。

(2) 在合同订立方面，尽管我国《民法典》合同编没有采纳计划原则，在实践中当事人也极少按照指令性计划订立合同，但在特殊情况下，国家也可能会给有关企业下达指令性任务或订货任务，而合同当事人不得拒绝依据指令性计划和订货任务的要求订立合同。

(3) 合法原则还包括当事人必须遵守社会公德，不得违背社会公共利益。

4. 鼓励交易原则

鼓励交易，是指鼓励合法、自愿的交易。鼓励交易原则在《民法典》合同编中主要体现在以下两个方面。

(1) 减少了无效合同的范围。在因违法而无效的合同中，《民法典》合同编规定，只有违反了法律、行政法规中的强制性规范，才会导致合同无效；并非违反任何规范性文件均可导致合同无效。

过去的合同立法关于无效合同的概念的规定是十分宽泛的，从而导致合同过多地被宣告无效。而合同一旦被宣告无效，则意味着消灭了一项交易，即使当事人希望使其继续有效也不可能。尤其是一旦合同被宣告无效后，就要按照恢复原状的原则在当事人之间产生相互返还已经履行的财产或赔偿损失的责任，将会增加不必要的返还费用，从而造成财产的损失和浪费。从效率的标准来看，过多地宣告合同无效或解除，在经济上是低效率的。

(2) 减少了无效合同的类型。过去的合同立法没有区分无效合同和可撤销合同，导致无效合同的类型过多。《民法典》合同编理顺了无效合同和可撤销合同的范围，增加了可撤销合同的类型，减少了无效合同的类型。

【案例 2-1】合同自愿

甲建筑材料批发公司是乙工程队某建筑材料的主要来源，甲、乙订有长期的供货合同。现在由于此建筑材料货源紧缺，行情看涨，甲建筑材料批发公司趁机提出将批发价格提高80%，否则停止供货。乙工程队被迫无奈接受了这一过高的价格条件。此合同效力如何？

【分析】《民法典》第五条规定，民事主体从事民事活动，应当遵循自愿原则，按照自己的意思设立、变更、终止民事法律关系。这是以一般原则性规定要求签订合同的同时必须贯彻自愿意思真实的精神。《民法典》第一百四十八条规定，一方以欺诈手段，使对方在违背真实意思的情况下实施的民事法律行为，受欺诈方有权请求人民法院或者仲裁机构予以撤销。甲建筑材料批发公司以停止供货为由胁迫乙工程队要提高供货价格，乙工程队是迫于无奈，才同意变更合同的，所以这份合同是可以撤销的。

2.2　合同的成立

本节内容主要为合同成立的概念和要件以及要约、承诺、缔约过失责任的相关知识。

2.2.1　合同成立的概念和要件

合同成立是指当事人就合同主要条款达成了合意。合同成立需具备以下几个条件。

(1) 存在双方或多方订约当事人。一个人无法成立合同。

(2) 订约当事人对主要条款达成合意。合同的实质在于当事人的意思达成一致，合意的达成是合同成立的根本。

(3) 合同成立一般要经过要约和承诺阶段。

除以上基本条件之外，合同因性质的不同，还可能有其他特别成立要件。例如，实践合同，以标的物的实际支付为成立条件。

2.2.2　要约

1. 要约的概念和特征

要约是希望和他人订立合同的意思表示。要约发出后，非依法律规定或受要约人同意，不得变更、撤销要约的内容。

要约应具备以下条件。

(1) 要约是由具有订约能力的特定人作出的意思表示。

(2) 要约必须是具有订立合同的意图。

(3) 要约须向要约人希望与其缔结合同的人发出。

(4) 要约的内容必须具体明确。在建设工程招标、投标活动中，投标人向招标人递交投标书是一种要约。

2. 要约邀请

邀请是希望他人向自己发出要约的意思表示，该意思表示人不受要约邀请的约束。《民法典》合同编中规定下列行为属于要约邀请。

(1) 寄送的价目表。

(2) 拍卖公告。

(3) 招标公告。

(4) 招股说明书。

(5) 商业广告。但商业广告具备要约条件的才构成要约。

3. 要约的法律效力

要约的法律效力又称要约的约束力。要约到达受要约人时生效。要约的法律效力表现在以下两个方面。

(1) 对要约人的拘束力。要约一经生效，要约人不得随意撤销、变更要约。

(2) 对受要约人的效力。要约使受要约人得到了承诺的权利。受要约人对要约同意的意思表示可使合同成立。只有受要约人才有承诺的资格，受要约人可以不承诺，但不可以将承诺的资格让与他人。

要约可以撤回，要约撤回是指要约人在要约生效前，取消要约的意思表示，撤回要约的通知应当先于要约或与要约同时到达受要约人。要约也可以撤销，要约撤销是指要约生效后，要约人取消要约使其效力归于消灭。撤销要约的通知应当在受要约人发出承诺之前到达受要约人。但是，如果要约中规定了承诺期限或者以其他形式表明要约是不可撤销的，或者受要约人有理由认为要约是不可撤销的，并已经为履行合同做准备工作，则要约不可撤销。例如，建设工程招投标活动中，根据《中华人民共和国招标投标法》(以下简称《招标投标法》)的规定，投标人在开标前可以撤销、变更要约，但开标后不得撤销和变更要约，否则，招标人可依法没收其投标保证金。

4. 要约的失效

要约失效是指要约法律效力的消灭。要约失效后，要约人不再受拘束，受要约人也失去了承诺的资格。要约失效的原因主要有以下几种。

(1) 拒绝要约的通知到达受要约人。

(2) 要约人依法撤销要约。

(3) 承诺期限届满，受要约人未作出承诺。

(4) 承诺的方式须符合要约的要求。

2.2.3 承诺

1. 承诺的概念和要件

承诺是受要约人同意要约的意思表示。承诺必须具备以下条件。

(1) 承诺必须由受要约人向要约人作出。

(2) 承诺必须在规定的期限内到达要约人。

(3) 承诺的内容必须与要约的内容一致，但法律并未要求其绝对一致时，承诺可以对要约作出非实质性变更。

(4) 承诺的方式须符合要约的要求。

2. 承诺的效力

承诺的效力在于使合同成立。《民法典》合同编规定，承诺生效时，合同成立。合同在承诺到达要约人时生效，即采用到达主义，这是大陆法系的传统。英美法系则采用发信主义。发信主义和到达主义的本质区别在于承诺通知在途风险的分配。发信主义是将此种风险分配给要约人承担，而到达主义则是将此种风险分配给承诺人承担。

3. 承诺迟延和承诺撤回

承诺迟延是指受要约人所作承诺未在期限内到达要约人。这包括受要约人在承诺期限届满后发出承诺而使承诺迟延，以及受要约人在承诺期内发出承诺，但因其他原因而使承诺迟到两种情况。

《民法典》合同编规定，受要约人超过承诺期限发出承诺的，除要约人及时通知受要约人该承诺有效的以外，为新要约。

受要约人在承诺期限内发出承诺，按照通常情形能够及时到达要约人，但因其他原因承诺到达要约人时超过承诺期限的，除要约人及时通知受要约人因承诺超过期限不接受该承诺的以外，该承诺有效。

承诺可以撤回，撤回应是在承诺生效之前。因而撤回承诺的通知必须在承诺通知到达要约人之前或与承诺通知同时到达要约人。此时，允许承诺人撤回承诺，不会损害要约人的利益。《民法典》合同编规定，当事人采用信件、数据电文等形式订立合同的，可以在合同成立之前要求签订确认书，签订确认书时合同成立。当事人采用合同书形式订立合同的，自双方当事人签字或者盖章时合同成立。

4. 合同成立的时间和地点

合同成立的时间是由承诺实际生效的时间决定的。通常情况下，承诺生效时合同成立，即承诺到达要约人时，合同成立。

合同成立的地点为承诺生效的地点，当事人采用合同书形式订立合同的，双方当事人签字或者盖章的地点为合同成立的地点。采用数据电文形式订立合同的，收件人的主营业地为合同成立的地点；没有主营业地的，其经常居住地为合同成立的地点。

2.2.4 缔约过失责任

如甲乙双方在谈判过程中，甲向乙承诺如果乙不与丙订约，则甲将向乙正式签订合作合同。乙信赖甲的承诺而未与丙订约，但甲最终拒绝与乙订约从而使乙遭受损失，这就是一种典型的缔约过失责任，应当由甲承担此缔约过失责任。

缔约过失责任具有以下法律特征。

(1) 此种责任发生在合同订立阶段，合同尚未成立，或虽成立，但被确认无效或者撤销。

(2) 一方违反了诚实信用原则而产生的义务。此种义务不是约定义务，而是一种法定义务。

(3) 造成了另一方信赖利益损失，此种损失基于信赖而发生。所谓信赖利益损失，主要是指一方实施某种行为后，另一方对此产生了信赖(如信任其会订立合同)，并因此而支付了一定的费用，因一方违反诚实信用原则而使其得到补偿。

缔约过失责任主要有以下几种类型。

(1) 假借订立合同，恶意进行磋商。

(2) 故意隐瞒与订立合同有关的重要事实或者提供虚假情况。

(3) 泄露或不正当地使用他人商业秘密，如产品的性能、销售对象、市场营销情况及技术诀窍等。

(4) 其他违背诚实信用原则的行为。

在上述几种情况下，一方必须给另一方造成损失，才应负缔约过失责任。缔约过失责任不同于合同违约责任，缔约过失责任发生在合同订立过程中，合同尚未成立，或虽成立但被确认无效或者撤销。而合同违约责任发生在合同成立和生效以后。

【案例 2-2】有效要约

某建筑公司在施工过程中水泥短缺。同时向 A 水泥厂和 B 水泥厂发函。函件中称："如贵厂有××水泥现货，吨价不超过 1500 元，请求接到函件 10 天内发货 100 吨。货到付款，运费由供货方自行承担。" A 水泥厂先行发货 100 吨，建筑公司接受了货物。B 水泥厂后发货 100 吨，遭到拒绝。因为建筑公司仅需 100 吨水泥，称发函不具有法律约束力，合同不成立。

【分析】本案函件内的信息符合一个有效要约的构成条件，所以构成要约，在有效期限内，该建筑公司应受到该要约的约束。B 水泥厂以该建筑公司函件规定的承诺方式在有效期限内作出承诺，使得在该建筑公司和 B 水泥厂之间成立了一份水泥购销合同。所以当事人要切实履行合同，不履行合同要承担违约责任。《民法典》合同编第四百七十一条规定，当事人订立合同，可以采取要约、承诺方式或者其他方式。要约是希望和他人订立合同的意思表示，此函件已达成此意思。

2.3 合同的主要内容与形式

本节主要内容为合同的条款、合同权利与合同义务和合同的形式相关知识。

2.3.1 合同的条款

合同的内容表现为合同的条款，合同的条款确定了当事人各方的权利与义务。

1. 提示性合同条款

《民法典》合同编第四百七十条列举了合同的一般条款，以提示缔约人。其一般包括下列条款。

(1) 当事人的姓名或者名称和住所。

(2) 标的。

(3) 数量。

(4) 质量。

(5) 价款或者报酬。

(6) 履行期限、地点和方式。

(7) 违约责任。

(8) 解决争议的方法。

2. 合同的主要条款

合同的主要条款是指合同必须具备的条款，如果欠缺它，合同就不成立。如《民法典》合同编规定，借款合同应有借款币种的条款，该条款即为借款合同的主要条款。建设工程施工合同应有建设工期、工程质量和工程造价条款，这些条款即为施工合同的主要条款。不同类型的合同，其主要条款也不相同。合同主要条款的个性化色彩很浓，法律上不宜对此作统一规定，而应根据不同的合同加以判断。

3. 合同的普通条款

合同的普通条款是指合同主要条款以外的条款，它包括以下几种类型。

(1) 法律未直接规定，亦非合同的类型和性质要求必须具备的，合同当事人无意使之成为主要合同条款。

如关于包装物返还的约定；建设工程施工合同中关于安全防护、环境保护和卫生防疫的约定。

(2) 当事人未写入合同中，甚至从未协商过，但基于当事人的行为，或基于合同的明示条款，或基于法律规定，理应存在的合同条款。英美合同法称之为默示条款。它分为以下几种。

① 该条款是实现合同目的及作用所必不可少的，只有推定其存在，合同才能达到目的及实现其功能。

② 该条款对于经营习惯来说是不言而喻的，即它的内容实际上是公认的商业习惯或经营习惯。

例如，销售合同履行中的验货环节，即使合同条款中未予明确，按照商业惯例，卖方在提交标的物时，应由买方或第三方验货。

③ 该条款是合同当事人系列交易的惯有规则。系列交易中的合同条款同样适用于后续交易活动，即使后续交易未明确予以规定。

④ 该条款实际上是某种特定的行业规则，即某些明示或约定俗成的交易规则在行业内具有了不言自明的默示效力。

⑤ 直接根据法律规定而成为合同的普通条款。

例如，《民法典》合同编第七百七十二条第一款规定，承揽人应当以自己的设备、技术和劳力，完成主要工作，但其当事人另有约定的除外。当事人对此未作任何约定时，该法律规定即成为合同的普通条款。

2.3.2 合同权利与合同义务

合同的内容，从合同关系的角度讲，是指合同权利与合同义务。它们主要由合同条款加以确定，有些则由法律规定而产生。

1. 合同权利

合同权利又称合同债权，是指债权人根据法律和合同的规定向债务人请求给付并予以保有的权利。

合同债权具有以下特征。

1) 合同债权是请求权

权利体现为请求，而非支配，债权人在债务人给付之前，不能直接支配给付客体，也不能直接支配债务人的给付行为或人身，只能通过请求债务人履行来实现自己的权利。

例如，建设工程施工合同履行过程中，开发商作为债权人在工程尚未竣工交付之前，不能直接支配该工程，根据《现行建设工程施工合同(示范文本)》的规定，发包人中途占用尚未竣工的项目的，其造成的一切后果由发包人承担。

2) 合同债权是给付受领权

权利的基本思想在于将某种利益在法律上归属某人，合同债权的本质内容就是有效地受领债务人的给付，将该给付归属于债权人。

3) 合同债权是相对权

合同关系具有相对性，合同债权人仅能向合同债务人请求给付，无权向一般不特定人请求给付，因此，合同债权为相对权。

4) 合同债权具有平等性

在同一客体之上存在数个债权时，各债权平等，不存在谁优先于谁的问题。在不能足额受偿时，应按债权比例平均受偿。

5) 合同债权具有请求力、执行力、依法自力实现、处分权能和保持力

执行力是指债权人依生效判决，请求法院对债务人实施强制执行的效力。依法自力实现，是指合同债权受到侵害或妨碍，情势急迫而又不能及时请示国家机关予以救济的情况下，债权自行救助，扣押债务人财产的效力。处分权能是指债权人享有对债权本身的处分权，可放弃或转让债权等，作出对债权的有效处分行为。保持力是指债务人自动或受法律的强制而提出给付时，债权人能够保有该给付的效力。

2. 合同义务

合同义务包括给付义务和附随义务。

1) 给付义务

给付义务分为主给付义务与从给付义务。

(1) 主给付义务，简称主义务，是指合同关系所固有、必备，并用以决定合同类型的基本义务。例如，买卖合同中，出卖人负有交付买卖物及转移其所有权的义务，买受人负有支付合同价款的义务，这两种义务均为主给付义务。

(2) 从给付义务，简称从义务。此类义务不具有独立意义，仅具有补助主给付义务的功能，其存在的目的不在于决定合同的类型，而在于确保债权人的利益能够获得最大满足。从给付义务发生的原因可归纳为以下几个方面。

① 基于法律的明文规定。例如，《民法典》合同编第七百八十五条规定，承揽人应当按照定作人的要求保守秘密，未经定作人许可，不得留存复制品或者技术资料。

② 基于当事人的约定。例如，A 企业兼并 B 企业，约定 B 企业应提供全部客户关系资料。

③ 基于诚实信用原则。例如，汽车销售商应交付必要的用户手册等文件。

2) 附随义务

附随义务是指随着合同关系的发展而不断形成的义务，它在任何合同关系中均可能发

生，不局限于某一特定的合同类型。与主给付义务不同，当不履行附随义务时，债权人原则上不得解除合同，但可就其所受损害，依不完全履行规定请求损害赔偿。而不履行主给付义务，债权人可解除合同。例如，工程技术人员不得泄露公司开发新产品的技术秘密(保密义务)；出卖人在标的物交付前应妥善保管该物品(保管义务)；技术受让方应提供安装设备所必要的物质条件(协助义务)；等等。

2.3.3　合同的形式

合同形式是合同当事人合意的表现形式。《民法典》合同编规定的合同形式有书面形式、口头形式和推定形式。法律和行政法规规定采用书面形式的，应采用书面形式。

1. 书面形式

书面形式是指以文字表现当事人所订立合同的形式。合同书、信件以及数据电文(包括电传、电子邮件、传真、电报和电子数据交换等)可以有形地表现所载内容的形式，均属于书面形式。

2. 口头形式

口头形式是指当事人只用语言为意思表示订立合同，而不是用文字表述协议内容的形式。采用口头形式订立合同具有快速便捷的优点，其缺点是发生合同纠纷时难以举证。

3. 推定形式

除书面形式和口头形式之外，当事人还可以通过自己的行为成立合同。即当事人仅用行为向对方发出要约，对方接受该要约作出一定或指定的行为作为承诺，合同即宣告成立。

【案例 2-3】合同权利与合同义务

某建筑承包公司高层作出决定，把所属的 A 公司的两个业务，分立出再设 B 公司和 C 公司，并在决定中明确该公司以前所负的债务由新设的 B 公司承担。A 公司原欠某建筑批发商李某货款 500 万元，现李某要求偿还，法院作出如下判决：由 A、B、C 三个公司承担连带债务。

【分析】《民法典》第六十七条规定："法人合并的，其权利和义务由合并后的法人享有和承担。法人分立的，其权利和义务由分立后的法人享有连带债权，承担连带债务，但是债权人和债务人另有约定的除外。"应注意的问题：①债务人分立后对清偿债务的约定，不能对抗债权人；②分立，不一定是法人的分立，还可以是非法人组织的分立。

2.4　合同的效力

本节的主要内容为合同的生效与成立以及合同的无效与可撤销的相关知识。

2.4.1　合同生效与合同成立

1. 合同生效的概念

所谓合同生效，是指已经成立的合同在当事人之间产生了一定的法律拘束力，也就是

通常所说的法律效力。

2. 合同成立与生效的区别

《民法典》合同编第五百零二条规定，依法成立的合同，自成立时生效。正是这一原因，我国法律和司法实践中，长期以来没有区分合同成立与生效的问题，也没有进一步区分合同的不成立和无效问题。

尽管合法的合同一旦成立便产生效力，但合同的成立与合同的生效仍然是两个不同的概念，应当在法律上严格区分。

所谓合同的成立，是指缔约当事人就合同的主要条款达成合意，但合同的成立只是解决了当事人之间是否存在合意的问题，并不意味着已经成立的合同都能产生法律拘束力。换言之，即使合同已经成立，如果不符合法律规定的生效要件，仍然不能产生法律效力。

合法合同从合同成立时起具有法律效力，而违法合同虽然成立但不会发生法律效力。由此可见，合同成立后并不是当然生效的，合同是否生效，主要取决于其是否符合国家的意志和社会公共利益。

2.4.2　合同的生效要件

合同的生效要件是判断合同是否具有法律效力的标准。已经成立的合同，必须具备一定的生效要件，才能产生法律拘束力，合同的一般生效要件包括以下 4 个条件。

(1) 行为人具有相应的民事行为能力。

(2) 意思表示真实。

(3) 不违反法律和社会公共利益。

(4) 合同必须具备法律所要求的形式。

1. 行为人具有相应的民事行为能力

行为人具有相应的民事行为能力的要件，通常又称为有行为能力原则或主体合格的原则。

任何合同都是以当事人的意思表示为基础，并且以产生一定的法律效果为目的。因此，行为人必须具备正确地理解自己的行为性质和后果、独立地表达自己意思的能力。不具备相应的民事行为能力，就不能相应地独立进行意思表示，即使订立了合同也将会使自己遭受损失。因此，各国民法大都将行为人有无行为能力作为区别法律行为有效和无效的条件。未满 10 周岁的未成年人和不能辨认自己行为的精神病人是无民事行为能力人，他们的民事活动需由其法定代理人代理进行。

2. 意思表示真实

所谓意思表示真实，是指表意人的表示行为应当真实地反映其内心的效果意思。

效果意思是指意思表示人欲使其表示内容引起法律上效力的内在意思要素，在不同的国家它又被称为"效力意思""法效意思""设立法律关系的意图"等。表示行为是指行为人将其内在意思以一定的方式表示于外部，并足以为外界所客观理解的要素。

意思表示真实要求表示行为应当与效果意思相一致。

在大多数情况下，行为人表示于外部的意思同其内心真实意思是一致的。但有时行为人作出的意思表示与其真实意思不相符合。例如，A 单位拟同 B 单位签订供货合同，因 B 单位产品价格过高，A 单位本不想签约，但迫于 B 单位的压力或威胁不得已而与之签订了供货合同。此种情况称为"非真实的意思表示""意思缺乏"或"意思表示不真实"。

一般认为，在意思表示不真实的情况下，一方面，不能仅以行为人表示于外部的意思为根据，而不考虑行为人的内心意思。如行为人在受胁迫、受欺诈的情况下作出的意思表示，与其真实意志完全不符。如果不考虑行为人的真实意志，而使其外部的意思表示有效，并认为因欺诈、胁迫等订立的合同有效，既不利于保护行为人的利益，也会纵容胁迫、欺诈等违法行为，而且会破坏法律秩序。另一方面，也不能仅以行为人的内心意思为依据，而不考虑行为人的外部表现。因为行为人的内心意思往往是局外人无从考察的，如果行为人随时以意思表示不真实为理由主张合同无效，就会使合同的效力随之受到影响，使对方当事人的利益受到损害。所以，在合同成立后，任何当事人都不能借口自己考虑不周、估计不足、不了解市场行情等推翻合同效力。

合同一旦成立，就要在当事人之间产生拘束力，如果当事人是在被胁迫、受欺诈以及重大误解等法律规定的情况下作出的与其真实意思不符的意思表示，那么，根据法律规定，可以由人民法院或者仲裁机关依法撤销该行为，并根据情况追究过错的一方或双方当事人的责任。

3. 不违反法律和社会公共利益

不违反法律是指不违反法律和行政法规的强制性规定。不违反社会公共利益，就是指不违反公序良俗。

4. 合同必须具备法律所要求的形式

当事人可以选择合同所采用的形式，但如果法律对合同形式有特殊规定的，应当遵守法律的规定。

《民法典》合同编第五百零二条规定，依法成立的合同，自成立时生效，但是法律另有规定或者当事人另有约定的除外。

2.4.3 附条件和附期限合同

1. 附条件合同

附条件合同是指合同当事人在合同中约定一定的条件，并将条件的成立与否作为合同效力发生或消灭根据的合同。

附条件合同中所附条件应符合以下要求。

(1) 条件必须是将来发生的事实，已发生的事实不能作为条件。

(2) 条件是不确定的事实，其将来发生与否不能确定。不可能发生的或者必然发生的事实不能作为条件。

(3) 条件是由当事人约定的事实，而非法律规定的条件。

(4) 条件必须合法。违法或者违背社会公德的事实不能作为合同的条件。

(5) 条件不得与合同的主要内容相矛盾。

2. 附期限合同

附期限合同是指当事人在合同中设定一定的期限，并把期限的到来作为合同效力发生或消灭根据的合同。附期限合同和附条件合同不同，合同所附期限是必然到来的，而所附条件却是发生与否不确定的。期限可分为始期和终期。始期是指合同效力发生的期限，又称为生效期限。终期是指合同效力终止的期限，又称为解除期限。建设工程施工合同中虽然附加了合同工期，但它不属于附期限合同的范畴，因为合同工期不影响合同效力的发生或消灭。

2.4.4 效力待定合同

1. 效力待定合同的概念

效力待定合同是指虽已成立，但是否发生法律效力尚不确定的合同。该类合同的效力处于悬而未决状态，它欠缺权利人的同意，经权利人追认方可自始有效，权利人拒绝追认，合同归于无效。

2. 效力待定合同的类型

效力待定合同主要包括以下 3 种类型。

(1) 限制民事行为能力人订立的依法不能独立订立的合同。

(2) 无权代理订立的合同。

其中，无权代理主要有以下几种情况。

① 根本无权代理。

② 授权行为无效的代理。

③ 超越代理权范围进行的代理。

④ 代理权消灭以后的代理。

(3) 无权处分合同。

2.4.5 无效合同

1. 无效合同的概念

无效合同是指欠缺合同生效要件，虽已成立却不能依当事人意思发生法律效力的合同。无效合同具有以下特征。

(1) 无效合同的违法性。

(2) 对无效合同的国家干预。

(3) 无效合同具有不得履行性。

(4) 无效合同自始无效。

2. 无效合同的范围

《民法典》合同编规定，无效合同的范围主要包括以下几种。

(1) 一方以欺诈、胁迫的手段订立合同，损害国家利益。

(2) 恶意串通，损害国家、集体或第三方利益。

(3) 以合法形式掩盖非法目的。

(4) 损害社会公共利益。

(5) 违反法律、行政法规的强制性规定。

2.4.6 可撤销合同

1. 可撤销合同的概念和特征

可撤销合同，又称为可撤销、可变更的合同，它是指当事人在订立合同时，因意思表示不真实，法律允许撤销权人通过行使撤销权而使已经生效的合同归于无效。例如，因重大误解而订立的合同，误解的一方有权请求法院撤销该合同。

可撤销合同与无效合同是不同的，其法律特征表现为以下几个方面。

(1) 可撤销合同主要是意思表示不真实的合同。

(2) 必须由撤销权人主动行使撤销权，请求撤销合同。

(3) 可撤销合同在未被撤销以前仍然是有效的。

(4) 可撤销合同又称为可撤销、可变更的合同，也就是说，对于此类合同，撤销权人有权请求予以撤销，也可以不要求撤销，而仅要求变更合同的内容。

2. 撤销权的行使

撤销权通常由因意思表示不真实而受损害的一方当事人享有，如重大误解中的误解人、显失公平中的遭受重大不利的一方。

撤销权的行使，不一定必须通过诉讼的方式。如果撤销权人主动向对方作出撤销的意思表示，而对方未表示异议，则可以直接发生撤销合同的后果；如果对撤销问题，双方发生争议，则必须提起诉讼或仲裁，要求人民法院或仲裁机构予以裁决。

撤销权人必须在规定的期限内行使撤销权。《民法典》合同编第五百四十一条规定，具有撤销权的当事人自知道或者应当知道撤销事由之日起 1 年内没有行使撤销权或具有撤销权的当事人知道撤销事由后明确表示或者以自己的行为放弃撤销权，则撤销权消灭。规定撤销权的行使期限，是为了防止一些合同的效力长期处于不稳定状态，不利于社会经济秩序的稳定。

3. 可撤销合同的种类

可撤销合同通常包括以下 4 种类型。

(1) 因重大误解订立的合同。

(2) 在订立合同时显失公平的。

(3) 因欺诈、胁迫而订立的合同。

(4) 乘人之危订立的合同。

所谓重大误解，是指一方因自己的过错而对合同的内容等发生误解，订立了合同。误解直接影响到当事人所应享有的权利和承担的义务。误解既可以是单方的误解，也可以是双方的误解。

显失公平的合同是指一方在订立合同时因情况紧迫或缺乏经验而订立的明显对自己有重大不利的合同。例如，某人投资额占全部投资的 80%，但利润的分配比例仅占 5%，显然

建筑工程合同管理

这种合作合同是不公平的。

所谓乘人之危，是指行为人利用他人的为难处境或紧迫需要，强迫对方接受某种明显不公平的条件并作出违背其真实意志的意思表示。

2.4.7 合同被确认无效或被撤销的后果

合同被确认无效或被撤销的后果有两种，即返还财产和赔偿损失。

1. 返还财产

《民法典》第一百五十七条规定，民事法律行为无效、被撤销或者确定不发生效力后，行为人因该行为取得的财产，应当予以返还；不能返还或者没有必要返还的，应当折价补偿。

所谓返还财产，是指一方当事人在合同被确认无效或被撤销以后，对其已交付给对方的财产享有返还请求权，而已经接受对方交付的财产的一方当事人则负有返还对方的义务。

2. 赔偿损失

《民法典》第一百五十七条规定，有过错的一方应当赔偿对方由此所受到的损失；各方都有过错的，应当各自承担相应的责任。法律另有规定的，依照其规定。

2.5 合同的履行

本节主要内容为合同履行的概述、合同履行的原则和双务合同履行中的抗辩权。

2.5.1 合同履行的概述

合同的履行是指债务人全面地、适当地完成其合同义务，债权人的合同债权得到完全实现。如交付约定的标的物、完成约定的工作并交付工作成果、提供约定的服务等。

合同的履行不仅是合同法律效力的主要内容，而且是整个《民法典》合同编的核心。

合同的成立是合同履行的前提，合同的法律效力既含有合同履行之意，又是合同履行的依据和动力所在。合同担保是为了促使合同履行，保障债权实现的法律制度。合同的保全可以起到间接强制债务人履行合同的作用。

2.5.2 合同履行的原则

合同履行的原则主要包括协作履行原则、适当履行原则、经济合理原则和情事变更原则等。

1. 协作履行原则

协作履行原则，是指当事人不仅适当履行自己的合同债务，而且应基于诚实信用的原则协助对方当事人履行其合同债务的履行原则。

一些特定类型的合同中，合同的履行无债权人的配合将无法进行，因此要求当事人在履行合同中相互协作，共同促成合同目的的实现。协作履行一般视为合同债权人的义务。

协作履行原则通常包括以下内容。

(1) 债务人履行合同债务，债权人应适当受领给付。

(2) 债务人履行债务，要求债权人创造必要的条件，提供方便。

如建设工程工地周边居民关系的协调是债权人的一项重要义务，债权人应及时调处矛盾纠纷、处理突发事件。

(3) 因故不能履行或不能完全履行时，应积极采取措施避免或减少损失，否则要就扩大的损失自负其责。

(4) 发生合同纠纷时，应各自主动承担责任，不得推诿。

2. 适当履行原则

适当履行原则，又称正确履行原则或全面履行原则，是指当事人按照合同规定的标的及其质量、数量，由适当的主体在适当的履行期限、履行地点以适当的履行方式，全面完成合同义务的履行原则。

适当履行与实际履行既有区别又有联系。实际履行强调债务人按照合同约定交付标的或者提供服务，至于交付的标的或提供的服务是否适当，则无力顾及。适当履行既要求债务人实际履行，交付标的物或提供服务，也要求这些交付标的物、提供服务符合法律和合同的规定。可见，适当履行必然是实际履行，而实际履行未必是适当履行，适当履行场合不会存在违约责任，实际履行不适当时则产生违约责任。

如建设工程施工合同履行过程中，实际履行通常仅限于承包商完成预定的承包任务，向业主交付已完成工程。而适当履行则指承包商不仅要向业主交付工程，而且基于诚实信用原则要求对方当事人协助其履行债务的履行原则。

3. 经济合理原则

经济合理原则要求在履行合同时讲求经济效益，付出最小的成本以取得最佳的合同利益。

《民法典》合同编第五百九十一条规定，当事人一方违约后，对方应当采取适当措施防止损失的扩大；没有采取适当措施致使损失扩大的，不得就扩大的损失请求赔偿。当事人因防止损失扩大而支出的合理费用，由违约方负担。

4. 情事变更原则

情事变更原则，又称情势变更原则，是指合同依法成立后，因不可归责于当事人的事由发生重大变化，合同的基础动摇或者丧失，若继续维持合同会显失公平，因此允许变更合同内容或解除合同的原则。所谓"情事"，是指合同成立后出现的不可预见的客观情况，具体泛指一切与合同有关的客观事实，如战争、经济危机、政策调整等。所谓"变更"，则是指合同赖以成长的环境或基础发生异常变动。

2.5.3 双务合同履行中的抗辩权

双务合同履行中的抗辩权，是指在符合法定条件时，当事人一方对抗对方当事人的履行请求权，暂时拒绝履行其债务的权利。双务合同履行中的抗辩权包括同时履行抗辩权、先履行抗辩权和不安抗辩权。

双务合同履行中的抗辩权，是合同效力的表现。它们的行使，只是在一定的期限内中止履行合同，并不消灭合同的履行效力，产生抗辩权的原因消失后，债务人仍应履行其债务。

双务合同履行中的抗辩权，对抗辩权人是一种保护，免除其履行后得不到对方履行的风险，使对方当事人产生及时履行、提供担保等压力，因此它们是债权保障的法律制度，其作用比违约责任还积极，亦不逊色于债的担保。

行使抗辩权就是行使自己的合法权利，而非违约，应受法律保护。

1. 同时履行抗辩权

同时履行抗辩权是指双务合同中的当事人没有先后履行顺序的，一方在对方未为对待给付之前，可拒绝履行自己债务的权利。

《民法典》合同编第五百二十五条规定，当事人互负债务，没有先后履行顺序的，应当同时履行。一方在对方履行之前有权拒绝其履行请求。一方在对方履行债务不符合约定时，有权拒绝其相应的履行请求。

2. 先履行抗辩权

先履行抗辩权是指当事人互负债务，有先后履行顺序的，先履行一方未履行之前，后履行一方有权拒绝其履行请求，先履行一方履行债务不符合债的本旨，后履行一方有权拒绝其相应的履行请求。

例如，建设工程施工合同履行过程中，承包方一般负有先履行债务的责任，即完成约定的工程形象进度，而发包方则负有后履行债务的责任，即审查承包方工程进度月报表后及时支付当月工程进度款。若承包方未完成约定的工程形象进度，或虽然完成了约定的工程形象进度，但工程质量不符合要求，则发包方有权拒绝承包方的付款请求。

3. 不安抗辩权

不安抗辩权是指在双务合同中，有先为给付义务的一方，在另一方财产显著减少、有难为对待给付可能时，享有中止履行的权利。

不安抗辩权不同于同时履行抗辩权，不安抗辩权的享有者为双务合同中有先为给付义务的一方，权利发生的条件是对方有丧失履行能力的可能；而同时履行抗辩权的享有者为没约定先后履行顺序的双务合同中的双方当事人，权利发生的条件为对方尚未履行自己的义务。

不安抗辩权也不同于先履行抗辩权，先履行抗辩权产生于先履行一方不履行或者其履行不符合债的主旨的场合，并不要求他方有难为给付的可能。同时，先履行抗辩权的享有者为后履行义务的一方，而不安抗辩权的享有者是先履行义务的一方。

【案例2-4】不安抗辩权

2019年4月1日，原、被告签订《××建设工程施工承包合同》，合同约定被告将某工程发包给原告承建，并对开工、竣工时间、履约金及支付时间等事项进行了约定：被告向原告提供施工图1套，施工场地做到"三通一平"(水、电、路通，场地平)后，原告进场施工。合同签订后，双方于2019年7月11日又签订了一份补充协议，将开工时间延后到

2019 年 9 月 1 日,并约定原告需在 2019 年 12 月 31 日前向被告分批次缴纳履约保证金 100 万元。原告自 2019 年 4 月 24 日至 2019 年 12 月 25 日分 5 次向被告支付履约保证金 36 万元。但因被告一直未办理施工许可证,施工场地也未做到"三通一平",施工条件未达到合同约定,致使原告无法进场施工。原告遂拒绝继续支付履约保证金。被告于 2020 年 2 月 12 日向原告发出要求解除双方签订的合同及补充协议的通知。原告遂起诉到某市人民法院。要求:(1)与被告依法解除合同;(2)被告返还缴纳的 36 万元履约金。被告拒不退还,辩称因为原告未能按合同约定按时缴纳履约保证金违约在先,被告系行使不安抗辩权而未能完成"三通一平"的场地准备工作。还反诉原告,要求原告继续缴纳尚欠的 64 万元履约保证金。

法院经审理认为:原、被告签订的《××建设工程施工承包合同》及补充协议系双方当事人真实意思表示,且内容不违反法律、法规禁止性规定,依法应得到保护。但证据证实,被告一直未办理施工许可证,也未完成施工场地的准备工作,是合同无法履行的主要原因。因此,对原告要求解除合同并由被告退还原告已缴纳的履约保证金 36 万元的请求,依法予以支持。由于被告至今未办理施工许可证,场地也未做到"三通一平"且至今也无法完成,原告虽有先履行债务的义务,但原告行使不安抗辩权符合法律规定。同时,根据双方所签订的合同约定,原告交纳的履约保证金并不是用于被告办理许可证,也不是用于被告的场地准备。因此,被告辩驳理由不成立,对被告的反诉请求,本院不予支持。法院对双方均同意解除合同的意见予以确认。依据相关法律规定,判决被告于本判决生效后十日内返还原告缴纳的履约保证金 36 万元。

一审宣判后,被告不服此判决,提起上诉。二审法院审理后判决驳回上诉,维持原判。

【分析】本案中,原、被告均称行使了法律规定的"不安抗辩权"。《中华人民共和国民法典》第五百二十七条规定:"应当先履行债务的当事人,有确切证据证明对方有下列情形之一的,可以中止履行:(一)经营状况严重恶化;(二)转移财产、抽逃资金,以逃避债务;(三)丧失商业信誉;(四)有丧失或者可能丧失履行债务能力的其他情形。当事人没有确切证据中止履行的,应当承担违约责任。"根据法律规定,不安抗辩权的定义为,应当先履行债务的当事人有确切证据证明对方丧失或者可能丧失履行债务能力的,有权中止履行合同义务。

2.6 合同的保全

本节的主要内容为合同保全的概念、债权人的代位权和撤销权。

2.6.1 合同保全的概念

合同保全是指法律为防止因债务人财产的不当减少而给债权人的债权带来危害,允许债权人行使撤销权或代位权,以保护其债权的制度。

合同保全不同于合同担保。首先,合同保全的作用主要在于防止债务人责任财产的不当减少,而合同担保则是在于增加保障债权实现的责任财产的量,使第三人的财产也成为债权实现的保证,或者使债权人对特定的物享有物权,可通过物权的行使,使债权优先得到实现。其次,合同保全是基于法律的直接规定,债权人的撤销权、代位权,系债权的法

建筑工程合同管理

定从权利，而合同的担保多基于当事人的约定而设立。另外，合同保全是债权效力的一部分，而合同担保多是在原债之外另行设定了担保之债。

合同保全一般具有以下法律特征。

(1) 合同保全是合同相对性原则的例外。根据合同相对性原则，合同仅在合同当事人之间产生法律效力，合同当事人不可以依合同向第三人主张权利。但依合同保全制度，合同债权人却可以依其与债务人之间的合同，而取得对第三人的影响。由此可知，合同保全为合同相对性原则的例外。

(2) 合同保全主要发生在合同生效期间。如果合同未成立、无效或已被撤销，则无合同保全的余地。

(3) 合同保全的基本方法是确认债权人享有代位权和撤销权，这两种措施均在于防止债务人财产的不当减少，从而保障债权人债权的实现。

2.6.2 债权人的代位权

1. 代位权的概念

债权人的代位权是指因债务人怠于行使其到期债权，对债权人债权造成损害，债权人可以向人民法院请求以自己的名义代位行使债务人债权的权利。

代位权具有以下法律特征。

(1) 代位权是债权人代债务人之位向债务人的债务人主张权利，因此，债权人的债权对第三人产生了拘束力，此项权利为法定权利，随债的移转和消灭而移转和消灭。

(2) 代位权是债权人以自己名义行使债务人的权利，代位权不同于代理权。代位权行使的目的在于保全自己的债权，增大自己债权实现的可能性。

(3) 代位权是债权人请求第三人向债务人履行债务，而不是请求第三人向自己履行债务。

(4) 代位权的行使必须向法院提起诉讼，其虽为一实体权利，但只能依诉行使。

2. 代位权行使的要件

代位权的行使应符合以下要件。

(1) 债权人与债务人之间必须有合法的债权、债务存在。

(2) 债务人对第三人享有到期债权。代位权是债权人代债务人之位而行使其债权，当债务人的债权不存在时，无从代位。而在债务人的债权未到期时，也不能代位行使，因为此时债务人的债务人享有期限利益。

(3) 债务人怠于行使其权利。所谓怠于行使，是指应当而且能够行使而不行使。应当行使，是指若不及时行使，权利就有可能超过诉讼时效等。所谓能够行使，是指不存在任何权利行使的障碍。如果债务人已积极向其债务人主张权利或已向法院提起了诉讼，但由于其债务人的原因而未能实现债权，则不属于怠于行使。

(4) 债务人怠于行使权利的行为有害于债权人的债权。这主要是指债务人没有其他财产可供清偿，又不积极行使对第三人的债权，以获得财产来清偿自己的债务，从而危及债权人的债权实现。

(5) 债权人代位行使的范围，应以保全债权的必要为限。代位权行使的目的在于保障债权的实现，因而代位权的行使不应超出这一目标范围，代位权的行使范围应以债权人的债权为限。

2.6.3　债权人的撤销权

1. 撤销权的概念

撤销权是指债权人针对债务人滥用其财产处分权而损害债权人的债权的行为，请求人民法院予以撤销的权利。

《民法典》合同编第五百三十八条和第五百三十九条规定，因债务人放弃其到期债权或者无偿转让财产，对债权人造成损害的，债权人可以请求人民法院撤销债务人的行为。债务人以明显不合理的低价转让财产，对债权人造成损害，并且受让人知道该情形的，债权人也可以请求人民法院撤销债务人的行为。

撤销权的行使范围以债权人的债权为限，债权人行使撤销权的必要费用由债务人承担，如诉讼费等。

2. 撤销权行使的构成要件

撤销权的行使必须符合客观要件和主观要件。

客观要件是指客观方面债务人实施了一定有害于债权人债权的行为。此类行为包括放弃到期债权、无偿转让财产和以明显不合理的低价转让财产。

主观要件是指债务人与第三人有恶意。恶意是指债务人知道或者应当知道其处分财产的行为将导致其无资产清偿债务，从而有害于债权人的债权，而仍然实施该行为。第三人的恶意是指在债务人以明显不合理的低价转让该财产时，第三人知道债务人以明显不合理低价转让财产将对债权人造成损害。如果第三人不知道该情形的，则为善意。

3. 撤销权的行使

撤销权的行使须由享有撤销权的债权人以自己的名义向人民法院提起诉讼，请求人民法院撤销债务人的不当处分财产的行为。

撤销权的行使应注意以下几个问题。

(1) 撤销权的行使范围应以债权人的债权为限。撤销权的行使在于保全债权，因而只能以债权人的债权额为限。否则，就是对债务人过分的干涉。

(2) 关于撤销之诉中的被告。若债务人实施的是单方行为，则应以债务人为被告；若债务人与第三人共同实施行为，则应以债务人和第三人为共同被告。

(3) 撤销权必须在一定期限内行使。《民法典》合同编第五百四十一条规定，撤销权自债权人知道或者应当知道撤销事由之日起一年内行使。自债务人的行为发生之日起五年内没有行使撤销权的，该撤销权消灭。

【案例2-5】代位权诉讼

甲建筑材料批发商借给乙承包队 300 万元，期满未还。丙开发商欠乙的 300 万元已经到期，乙曾向丙发出催收通知书。乙、丙之间的供货合同约定，若因合同履行发生争议，由 Y 仲裁委员会仲裁。就此事甲将乙起诉到人民法院。

【分析】乙、丙之间的供货合同中有关仲裁的约定只能约束乙、丙双方，并不能约束合同关系以外的甲。倘若只要债务人与次债务人之间存在仲裁协议，债权人就不得提起代位权之诉，那么这对债权人利益的保护就十分不利，也为债务人、次债务人规避代位权诉讼打开了方便之门。此外，《民法典》合同编第五百三十五条规定，因债务人怠于行使其债权或者与该债权有关的从权利，影响债权人的到期债权实现的，债权人可以向人民法院请求以自己的名义代位行使债务人对相对人的权利，但是该权利专属于债务人自身的除外。代位权的行使范围以债权人的到期债权为限。债权人行使代位权的必要费用，由债务人负担。相对人对债务人的抗辩，可以向债权人主张。

2.7　合同变更与合同转让

本节的主要内容为合同变更与合同转让的概述以及合同转让的法律特征。

2.7.1　合同变更

1. 合同变更概述

合同变更有广义和狭义之分。广义的合同变更包括合同内容的变更与合同主体的变更。合同内容的变更是指当事人不变，合同权利义务发生改变。合同主体的变更是指合同内容保持不变，仅债权人或债务人发生改变。狭义的合同变更仅指合同内容的变更。

2. 合同变更的效力

合同变更原则上在将来发生效力，未变更的权利义务继续有效，已经履行的债务不因合同的变更而丧失法律依据。

合同变更之后，当事人之间的权利义务须依变更后的合同加以确定。当事人履行合同是否符合条件，也须依变更后的合同加以判断。

2.7.2　合同转让

1. 合同转让概述

合同转让是指合同权利义务的转让，合同当事人一方将合同权利、合同义务全部或部分地转让给第三人。合同转让包括合同权利的转让、合同义务的转让及合同权利义务的概括转让。

合同转让具有以下法律特征。

(1) 合同转让并不引起合同内容的变化。合同转让只是合同权利义务的归属方的变化，合同权利义务本身并没有发生变化。

(2) 合同转让是合同主体的变化。合同转让是由第三人替代合同当事人一方成为合同当事人，即当事人一方退出合同而第三人进入合同关系。

(3) 合同转让涉及原合同当事人双方之间的权利义务关系、转让人与受让人之间的权利义务关系。

2. 合同权利的转让

合同权利转让是指合同债权人将其合同权利转让给第三人享有。如高速公路收费权的转让，就是一种典型的合同权利的转让。

《民法典》合同编第五百四十五条规定，债权人可以将债权的全部或者部分转让给第三人。在合同权利部分转让的情况下，受让的第三人加入合同关系，与原债权人共享债权，使原合同之债变为多数人之债。在合同权利全部转让的情况下，第三人取代原债权人而成为合同的新债权人，原债权人脱离合同关系。

3. 合同义务的转让

合同义务转让是指不改变合同内容，债务人将其合同义务转移给第三人。

合同义务转让可分为全部转移和部分转移。全部转移是指第三人受让债务而成为合同新的债务人，部分转移则是指第三人受让部分债务而加入合同关系中。

4. 合同权利义务的概括转移

合同权利义务的概括转移，是指合同当事人一方将其合同权利义务一并转移给第三人。第三人取代原当事人成为合同的当事人，债的同一性不变。

合同权利义务的概括转移可基于法律的规定而发生，也可以基于当事人之间的合同行为而发生。合同权利义务的概括转移主要包括以下两种情形。

1) 合同承受

合同承受是指合同一方当事人与第三人订立合同，并经对方当事人同意，将合同中的权利义务一并移转给第三人。非经对方当事人同意，不得将合同中的权利义务一并移转给第三人。

2) 企业合并

企业合并是指两个或两个以上企业合并为一个企业。企业合并可导致合同主体的法定变更，即合同权利义务的概括转移。

《民法典》合同编规定，当事人订立合同后合并的，由合并后的法人或者其他组织行使合同权利，履行合同义务。

【案例 2-6】合同的变更与转让

2012 年 10 月 5 日，被告长春××房地产开发公司将自己开发的小区工程项目对外招标，原告长春××建筑工程公司中标，签订了中标建设工程施工合同。11 月 22 日，开发公司未经建筑工程公司同意，便与被告长春××置业公司签订合同，将小区建设工程施工合同权利义务全部转让给置业公司。12 月 16 日，因进度款问题，建筑工程公司与置业公司发生争议。原告诉至法院，要求确认二被告签订的转让合同无效。法院经审理认为：开发公司未经建筑工程公司同意，便与被告长春××置业公司签订合同，将小区建设工程施工合同权利义务全部转让给置业公司，违反了《招标投标法》及《民法典》合同编，应认定为无效合同。判决二被告签订的转让合同无效。

【分析】建设工程承包合同包括工程总承包合同、转包合同、再次转包合同，三手法律关系各自独立又相互关联。除工程总承包合同以外，转包合同因违反《民法典》合同编

而无效。各手法律关系相对独立，转承包人不是工程总承包合同的当事人，无权以此合同主张权利，不是中标人。多手转包合同形成各自独立法律关系，各手法律关系指向标的物是同一的，相互间有继承关系，但受合同相对性约束。借用资质即挂靠不能按《中标通知书》等招投标文件结算，不享有工程总承包人全部权利，其主张没有事实及法律依据。备案的中标合同在实际履行过程中，工程因设计变更、规划调整等导致工程量增减、质量标准或施工工期发生变化，当事人签订补充协议、会谈纪要等书面文件对中标合同的实质性内容进行变更和补充的，属于正常的合同变更，应以上述文件作为确定当事人权利义务的依据。法律、行政法规规定必须进行招标的建设工程，或者未规定必须进行招标的建设工程，但依法经过招标、投标程序并进行了备案，当事人实际履行的施工合同与备案的中标合同在实质性内容不一致的，应当以备案的中标合同作为结算工程价款的依据。法律、行政法规规定不是必须进行招标的建设工程，实际也未依法进行招投标，当事人将签订的建设工程施工合同在当地建设行政管理部门进行了备案，备案的合同与实际履行的合同实质性内容不一致的，应当以当事人实际履行的合同作为结算工程价款的依据。

2.8 违约责任

本节的主要内容为违约责任的概念和特征、违约责任的构成要件、实际履行与损害赔偿、违约金责任与定金责任的相关知识。

2.8.1 违约责任的概念和特征

违约责任是指合同当事人因违反合同义务而应承担的责任。

《民法典》合同编第五百七十七条规定，当事人一方不履行合同义务或者履行合同义务不符合约定的，应当承担继续履行、采取补救措施或者赔偿损失等违约责任。

当事人可以约定一方违约时应当根据违约情况向对方支付一定数额的违约金，也可以约定因违约产生的损失赔偿额的计算方法。违约责任具有以下法律特征。

(1) 违约责任的产生是以合同当事人不履行合同义务为条件的。

(2) 违约关系具有相对性。

合同关系的相对性决定了责任的相对性，违约责任只能在特定的当事人之间发生，合同之外的当事人不会成为违约责任的主体。例如，甲乙之间订立了买卖合同，在甲尚未交付标的物之前，该标的物被丙损毁，致使甲不能向乙交付该标的物。此时，根据违约责任的相对性特征，甲仍然应向乙承担违约责任，而不得以标的物不能交付是因为第三人的侵权行为为由，要求免除违约责任。

(3) 违约责任具有补偿性。

违约责任旨在补偿因违约行为所造成的损失，而不是一种惩罚手段，受害人不能因违约方承担责任而获得额外的补偿。一般情况下，当损失小于违约金时，仍按违约金执行；当损失大于违约金时，应补齐差额部分。

(4) 违约责任可以由当事人约定。

违约责任具有一定的任意性，当事人可以在法律规定的范围内对违约责任作出事先的安排。《民法典》合同编第五百八十五条规定，当事人可以约定一方违约时应当根据违约

情况向对方支付一定数额的违约金，也可以约定因违约产生的损失赔偿额的计算方法。

(5) 违约责任是民事责任的一种形式。

民事责任根据其违反义务的性质不同，可分为违约责任和侵权责任。因此，违约责任是我国民事责任制度的组成部分。

2.8.2 违约责任的构成要件

违约责任的构成要件是指当事人应具备何种条件才应承担违约责任。违约责任的一般构成要件包括以下内容。

(1) 违约行为。

(2) 不存在法定和约定的免责事由。只有这两个要件同时成立，才可以构成违约责任。《民法典》合同编第五百九十条规定，当事人一方因不可抗力不能履行合同的，根据不可抗力的影响，部分或者全部免除责任，但是法律另有规定的除外。当事人迟延履行后发生不可抗力的，不免除其违约责任。这里的不可抗力即为法定的免责事由。除了上述法定的免责事由外，当事人如果约定有免责事由，那么当此免责事由发生时，当事人也可以不承担违约责任。

2.8.3 实际履行与损害赔偿

实际履行是指一方违反合同时，另一方有权要求其依据合同的规定继续履行。损害赔偿是指违约方对因其不履行或不完全履行合同义务而给对方造成损失所应承担的赔偿责任。损害赔偿与其他补救方式的区别如下。

1. 损害赔偿与实际履行

实际履行是实现合同目的的有效方式，而损害赔偿不能使合同目的实现，只是为当事人所遭受的损失提供补偿，两者可以并行使用。

2. 损害赔偿与支付违约金

损害赔偿以损失存在为构成要件，但违约责任不需要损失存在。例如，工程质量未达到合同约定的评定标准，经承包方整改后仍可以交付使用，对建设单位不会造成直接经济损失。但建设工程一次交验不合格，属承包方的违约行为，应当支付违约金。

违约金与损害赔偿也可以并行使用，当违约金不足以弥补损失时，还应赔偿损失。

损害赔偿应遵循完全赔偿原则。所谓完全赔偿原则，是指因违约而使受害人遭受的全部损失都应当由违约方赔偿。《民法典》合同编第五百八十四条规定，当事人一方不履行合同义务或者履行合同义务不符合约定，造成对方损失的，损失赔偿额应当相当于因违约所造成的损失，包括合同履行后可以获得的利益。

损失赔偿额可按下式计算。

损失赔偿额=直接经济损失+间接经济损失。

式中，间接经济损失包括合同正常履行后的预期收益，即利润损失。

2.8.4 违约金责任与定金责任

违约金是指由当事人通过协商预先确定的在违约发生后作出的独立于履行行为之外的给付。

违约金具有以下法律特征。

(1) 违约金是由当事人协商确定的。

(2) 违约金的数额是预先确定的。

(3) 违约金是一种违约后生效的责任方式。

定金是指合同当事人为了确保合同的履行，由一方预先给付另一方一定数额的金钱或其他物品。

定金具有以下法律特征。

(1) 定金在性质上属于违约定金，适用于债务不履行的行为。

(2) 定金责任是一种独立于其他责任形式的责任方式。给付定金的一方不履行合同的，无权要求返还定金，接受定金的一方不履行合同的，应当双倍返还定金。

(3) 从性质上看，定金合同具有从合同的性质。《民法典》担保编第九十一条规定，定金的数额不得超过主合同标的额的 20%。

2.8.5 免责事由

法定的或约定的免除当事人责任的事由，称为免责事由。

不可抗力是一种最典型的免责事由。所谓不可抗力，是指不可预见、不能避免、不能克服的客观情况。不可抗力具有以下主要特征。

(1) 不可预见性，判断是否可以预见须以一般人的预见能力及现有的科学技术水平作为能否预见的标准。

(2) 不能避免和不能克服性。

不可抗力主要包括以下几种情况。①自然灾害，如地震、台风、洪水等。②政府行为，这主要是指当事人订立合同以后，政府颁布新的政策、法规和实施行政措施而导致合同不能履行。③社会异常现象，如罢工、骚乱等。

因不可抗力不能履行合同的，根据不可抗力的影响，部分或者全部免除责任，但法律另有规定的除外。当事人迟延履行后发生不可抗力的，不能免除责任。

【案例 2-7】合同违约案例

2009 年 8 月 9 日，被告将自己的职工宿舍楼工程发包给原告施工。施工期间，因为没有任何手续，建设行政主管部门责令工地停工，停工时间长达 50 天。在此期间，发现地下障碍物停工 20 天，工期延误 20 天。结算时原告要求被告承担停工损失，被告则要求原告承担工期延误责任。双方争议较大，原告诉至法院，要求被告支付工程尾款 1890 万元，并承担停工损失 138 万元。法院经审理认为，涉案工程施工期间发现地下障碍物和工期延误，属于意外事件，双方互不负赔偿对方责任，工期应顺延。工程质量合格，被告应当支付工程尾款。被告没有办理任何手续，造成停工，应赔偿原告损失。判决被告支付工程尾款 1890 万元，并承担停工损失 138 万元。

【分析】承包人以发包人未按合同约定支付工程进度款为由主张工期顺延权，发包人以承包人未按合同约定办理工期顺延签证抗辩的，如承包人举证证明其在合同约定的办理工期顺延签证期限内向发包人提出过顺延工期的要求，或者举证证明因发包人迟延支付工程进度款严重影响工程施工进度，对其主张，可予支持。因发包人迟延支付工程进度款而认定承包人享有工期顺延权的，顺延期间自发包人拖欠工程进度款之日起至进度款付清之日止。建设工程施工工期迟延、质量缺陷、转包或违法分包等违约行为，发包人可对承包人处以罚款的，该约定可以视为当事人在合同中约定的违约。

复习思考题

一、填空题

1. 合同履行的原则是合同当事人在履行合同债务时所应遵循的基本准则。这些原则主要包括_____原则、_____原则、_____原则和_____原则等。

2. 合同义务转让可分为_____和_____，_____是指第三人受让债务而成为合同新的债务人，_____则是指第三人受让部分债务而加入合同关系中。

3. _____是指一方违反合同时，另一方有权要求其依据合同的规定继续履行。_____是指违约方对因其不履行或不完全履行合同义务而给对方造成损失所应承担的赔偿责任。

4. 合同的内容，从合同关系的角度讲，是指_____与_____。它们主要由合同条款加以确定，有些则由法律规定而产生。

5. 双务合同履行中的抗辩权包括_____抗辩权、_____抗辩权和_____抗辩权。

二、选择题

1. 关于承诺需要具备的条件，下列说法错误的是(　　)。
   A. 承诺必须在规定的期限内到达要约人
   B. 承诺必须由受要约人向要约人作出
   C. 承诺的内容必须与要约的内容一致，但法律并未要求其绝对一致时，承诺可以对要约作出非实质性变更
   D. 承诺的方式在某些情况中可以不符合要约的要求

2. 关于合同的普通条款说法错误的是(　　)。
   A. 默示条款在实现合同目的及作用中可有可无
   B. 合同的普通条款是指合同主要条款以外的条款
   C. 默示条款实际上是某种特定的行业规则，即某些明示或约定俗成的交易规则在行业内具有了不言自明的默示效力
   D. 关于包装物返还的约定是法律未直接规定，亦非合同的类型和性质要求必须具备的，合同当事人无意使之成为主要合同条款

3. 下列关于违约责任的法律特征的描述，不正确的有(　　)。
   A. 违约责任的产生是以合同当事人不履行合同义务为条件的
   B. 违约责任的产生是以合同当事人不履行合同义务为条件的。一般情况下，当损

失小于违约金时，只需要支付损失，不必按违约金执行

  C. 违约责任具有一定的任意性，当事人可以在法律规定的范围内对违约责任作出事先的安排

  D. 违约责任是民事责任的一种形式

三、简答题

1. 简述可撤销合同的概念和特征。
2. 简述合同履行的主要原则。
3. 简述合同保全一般具有的法律特征。
4. 简述合同转让的法律特征。
5. 简述违约金的法律特征。

第3章 建设工程施工合同

教学提示：

1. 本章重点是《建设工程施工合同(示范文本)》的组成和《建设工程施工合同(示范文本)》通用条款的主要内容。

2. 本章难点是建设主体各方对建设工程施工合同的管理。

教学要求：

1. 通过本章教学，应使学生掌握建设工程施工合同的概念、特点。

2. 《建设工程施工合同(示范文本)》的组成，构成建设工程施工合同的文件和优先解释顺序。

3. 《建设工程施工合同(示范文本)》通用条款的主要内容。

4. 建设行政主管部门对建设工程施工合同的管理。

5. 发包人对建设工程施工合同的管理和承包人对建设工程施工合同的管理。

6. 了解建设工程施工合同的类型和建设工程施工合同订立的条件与程序。

3.1 建设工程施工合同概述

本节内容主要为建设工程施工合同的概念、类型、特点及订立。

3.1.1 建设工程施工合同的概念

建设工程施工合同也称为建筑安装承包合同，是发包人(建设单位、业主或总包单位)与承包人(施工单位)之间为完成商定的建设工程项目，明确双方权利和义务的协议。建筑是指对工程进行营造的行为，安装主要是指与工程有关的线路、管道、设备等设施的装配。依据建设工程施工合同，承包人应完成一定的建筑、安装工程任务，发包人应提供必要的施工条件并支付工程价款。

建设工程施工合同是建筑工程合同中最重要，也是最复杂的合同。它在工程项目中持续时间长，标的物特殊，价格高。在整个建筑工程合同体系中，它起主干合同的作用。建设工程施工合同与其他建设工程合同一样，是一种双务合同，在订立时也应遵循自愿、公

平、诚实信用等原则。

建设工程施工合同是工程建设质量控制、投资控制、进度控制的主要依据。通过合同关系，可以确定建设市场主体之间的相互权利义务关系，在建设领域加强对建设施工合同的管理对规范建筑市场有重要作用。

建设施工合同的当事人是发包人和承包人，双方是平等的民事主体，双方签订施工合同，必须具备相应资质条件和履行施工合同的能力。发包人必须具备组织协调能力或委托给具备相应资质的监理单位承担；承包人必须具备有关部门核定的资质等级并持有营业执照等证明文件。

发包人是指在协议书中约定，具有工程发包主体资格和支付工程价款能力的当事人以及取得该当事人资格的合法继承人。发包人可以是具备法人资格的国家机关、事业单位、国有企业、集体企业、私营企业、经济联合体和社会团体，也可以是依法登记的个人合伙、个体经营户或个人，即一切以协议、法院判决或其他合法完备手续取得发包人的资格，承认全部合同条件，能够而且愿意履行合同规定义务的合同当事人。与发包人合并的单位、兼并发包人的单位、购买发包人合同以及接受发包人出让的单位和人员(合法继承人)，均可成为发包人，履行合同规定的义务，享有合同规定的权利。

承包人是指在协议书中约定，被发包人接受的具有工程施工承包主体资格的当事人以及取得该当事人资格的合法继承人。《中华人民共和国建筑法》(以下简称《建筑法》)第十三条规定，建筑施工企业按照其拥有的注册资本、专业技术人员、技术装备和已完成的建筑工程业绩等资质条件，划分为不同的资质等级，经资质审查合格，取得相应等级的资质证书后，方可在其资质等级许可的范围内从事建筑活动。

3.1.2　建设工程施工合同的类型

1. 按合同所包括的工程或工作范围分类

建设工程施工合同按合同所包括的工程或工作范围可以划分为以下 3 种类型。

(1) 施工总承包，即承包商承担一个工程的全部施工任务，包括土建、水电安装、设备安装等。

(2) 专业承包，即单位工程施工承包和特殊专业工程施工承包。单位工程施工承包是最常见的工程承包合同，包括土木工程施工合同、电气与机械工程承包合同等。在工程中，业主可以将专业性很强的单位工程分别委托给不同的承包商。这些承包商之间为平行关系。例如，管道工程、土方工程、桩基础工程等。但在我国不允许将一个工程肢解成分项工程分别承包。

(3) 分包合同。它是施工承包合同的分合同。承包商将施工承包合同范围内的一些工程或工作委托给另外的承包商来完成。他们之间签订分包合同。

2. 按合同的计价方式分类

建设工程施工合同按合同的计价方式可以划分为固定价格合同、可调整价格合同和成本加酬金合同 3 种类型。

1) 固定价格合同

固定价格合同是指在约定的风险范围内价款不再调整的合同。这种合同的价款并不是绝对不可调整的，而是约定范围内的风险由承包人承担。双方应当在专用条件内约定合同价款包含的风险范围和风险费用的计算方法，以及风险范围以外的合同价款调整方法。

如果发包人对施工期间可能出现的价格变动采取一次性付给承包人一笔风险补偿费用办法的，可在专用条款内写明补偿的金额和比例，写明补偿后是全部不予调整还是部分不予调整，以及可以调整项目的名称。

2) 可调整价格合同

合同价款可根据双方的约定而调整，双方在专用条款内约定合同价款的调整方法。通常，可调整价格合同中合同价款的调整因素包括：法律、行政法规和国家有关政策变化影响合同价款；工程造价管理部门(指国务院有关部门、县级以上人民政府建设行政主管部门或其委托的工程造价管理机构)公布的价格调整；一周内非承包人原因停水、停电、停气造成停工累计超过 8 小时；双方约定的其他因素。

对于可调整价格合同，双方可在专用条款中写明调整的范围和条件，除材料费外是否包括机械费、人工费、管理费等，对通用条款中所列出的调整因素是否还有补充，如对工程量增减和工程变更的数量有限制的，还应写明限制的数量；调整的依据，写明是哪一级工程造价管理部门公布的价格调整文件；写明调整的方法、程序，承包人提出调价通知的时间，工程师批准和支付的时间等。

承包人应当在上述情况发生后 14 天内，将调整原因、金额以书面形式通知工程师，工程师确认调整金额后作为追加合同价款与工程款同期支付。工程师收到承包人通知后 14 天内不予确认也不提出修改意见，视为已经同意该项调整。

3) 成本加酬金合同

成本加酬金合同是由发包人向承包人支付工程项目的实际成本，并按事先约定的某一种方式支付酬金的合同类型。合同价款包括成本和酬金两部分，合同双方应在专用条款中约定成本构成和酬金的计算方法。按酬金的不同计算方法又可分为成本加固定百分比酬金合同、成本加固定酬金合同、成本加浮动酬金合同和目标成本加奖罚合同 4 种类型。

3. 按合同标的性质分类

建设工程施工合同按合同标的的性质可以划分为以下几种类型。

(1) 建筑安装工程施工承包合同。

(2) 装饰工程施工承包合同。

(3) 劳务合同和技术服务合同。

(4) 材料或设备供应合同。

3.1.3　建设工程施工合同的特点

1. 合同标的物的特殊性

建设工程施工合同的标的物是特定的建筑产品，合同的标的物不同于其他一般商品。建筑产品具有固定性、单件性、体积庞大的特点，这也是建筑产品区别于其他商品的根本特点。建筑产品的特点决定了建筑产品施工生产的特点，即建筑产品施工生产具有单件性、流动性、周期长的特点。每个建筑产品有其特定的功能要求，不同的区域、不同的时期、不同的用途，其实物形态千差万别，要求每一个建筑产品都需单独设计和施工，即使可重

复利用的标准设计或重复使用的图纸，也应采取相应的修改设计才能施工(如场地地质条件的变化等)，说明建筑产品的施工生产具有单件性；建筑产品属于不动产，其基础部分与大地相连，不能移动，施工队伍、施工机械必须围绕建筑产品移动，说明建筑产品施工生产具有流动性；建筑产品体积庞大，消耗的人力、物力、财力多，一次性投资额大，说明建筑产品施工生产的周期长。以上这些特点，必然在建设工程施工合同中表现出来，每个建设工程施工合同的标的物都是特殊的，相互间具有不可替代性。

2. 合同履行期限的长期性

建筑物的施工结构复杂、体积大、建筑材料类型多、工作量大，使得工期都较长(与一般工业产品的生产相比)，而合同履行期限肯定要长于施工工期，因为工程建设的施工应当在合同签订后才开始，且需加上合同签订后到正式开工前的一个较长的施工准备时间和工程全部竣工验收后，办理竣工结算及保修期的时间。在工程施工过程中，还可能因为不可抗力、工程变更、材料供应不及时等导致工期的顺延。所有这些情况，决定了建设工程施工合同的履行期限具有长期性。

3. 合同内容的多样性和复杂性

虽然建设工程施工合同的当事人只有两方，但其涉及的主体却有多种。与大多数合同相比，建设工程施工合同的履行期限长、标的额大，涉及的法律关系(包括劳动关系、保险关系、运输关系等)具有多样性和复杂性。这就要求建设工程施工合同的内容尽量详尽。建设工程施工合同除了应当具备合同的一般内容外，还应对安全施工，专利技术使用，发现地下障碍物和文物，工程分包，不可抗力，工程设计变更，材料设备的供应、运输、验收等内容作出规定。所有这些都决定了施工合同的内容具有多样性和复杂性。

4. 合同监督的严格性

建设工程施工合同的履行对国家的经济发展、公民的工作和生活有重大的影响，因此，国家对建设工程施工合同的监督是十分严格的。具体体现在以下几个方面。

1) 对合同主体监督的严格性

建设工程施工合同主体一般是法人。发包人一般是经过批准进行工程项目建设的法人，必须有国家批准的建设项目，落实投资计划，并且应当具备相应的协调能力。承包人则必须具备法人资格，而且应当具备从事施工的相应资质。无营业执照或无承包资质的单位不能作为建设工程施工合同的承包人，资质等级低的单位不能越级承包建设工程。

2) 对合同订立监督的严格性

订立建设工程施工合同必须以国家批准的投资计划为前提，即使是国家投资以外的、以其他方式筹集的投资也要受到当年的贷款规模和批准限额的限制，纳入当年投资规模的平衡，并经过严格的审批程序。建设工程施工合同的订立还必须符合国家关于建设程序的规定。同时，考虑到建设工程的重要性和复杂性，在施工过程中经常会发生合同履行的纠纷，《民法典》合同编要求建设工程施工合同的订立应采取书面形式。

3) 对合同履行监督的严格性

在建设工程施工合同的履行过程中，除了合同当事人应当对合同进行严格管理外，合同的主管机关(工商行政管理机构)、金融机构、建设行政主管机关等，都要对建设工程施工合同的履行进行严格的监督。

3.1.4　建设工程施工合同的订立

1. 订立建设工程施工合同应具备的条件

(1) 初步设计已经批准。

(2) 工程项目已经列入年度建设计划。

(3) 有能够满足施工需要的设计文件和有关技术资料。

(4) 建设资金和主要建筑材料设备来源已经落实。

(5) 对于招投标工程，中标通知书已经下达。

2. 订立建设工程施工合同应当遵守的原则

1) 遵守国家法律法规和国家计划原则

国家立法机关、国务院、国家建设行政管理部门都十分重视建设工程施工合同的规范工作，也有许多涉及建设工程施工合同的强制性管理规定，这些法律、法规及规定是我国建设工程施工合同订立和管理的依据。

建设工程施工对经济发展、生活环境产生多方面的影响。订立建设工程施工合同的当事人，必须遵守国家法律、法规，必须遵守国家强制性规定，也应遵守国家的建设计划和其他计划(如贷款计划)。

2) 平等、自愿、公平的原则

签订建设工程施工合同当事人双方都具有平等的法律地位，任何一方都不得强迫对方接受不平等的合同条件。合同内容应当是双方当事人真实意思的体现，合同内容还应当是公平的，不能单纯损害一方的利益。对于显失公平的施工合同，当事人一方有权申请人民法院或仲裁机构予以变更或撤销。

3) 诚实信用的原则

当事人订立建设工程施工合同应该遵循诚实信用的原则，不得有欺诈行为，双方均应当如实将自身和工程的情况介绍给对方。在建设工程施工合同履行过程中，当事人也应恪守信用，严格履行合同。

3. 订立建设工程施工合同的程序

建设工程施工合同的订立同样包括要约和承诺两个阶段。其订立方式有直接发包和招标发包两种。对于必须进行招标的建设项目，工程建设的施工都应通过招标、投标确定承包人。中标通知书发出后，中标人应当与招标人及时签订合同。《招标投标法》规定，招标人和中标人应当自中标通知书发出之日起 30 天内，按照招标文件和中标人的投标文件订立书面合同。招标人和中标人不得另行订立背离合同实质性内容的其他协议。

【案例3-1】建设工程施工合同的内涵

甲商场为了扩大营业范围，购得某市 A 集团公司地皮一块，准备兴建甲商场分店。甲商场通过招标、投标的形式与乙建筑工程公司签订了建设工程承包合同。之后，承包人将

各种设备、材料运抵工地开始施工。在施工过程中，城市规划管理局的工作人员来到施工现场，指出该工程不符合城市建设规划，未领取施工规划许可证，必须立即停止施工。最后，城市规划管理局对发包人作出行政处罚，处以罚款 2 万元，勒令停止施工，拆除已修建部分。承包人因此而蒙受损失，向法院提起诉讼要求发包人给予赔偿。

【分析】本案双方当事人之间所订合同属于典型的建设工程施工合同，归属于施工合同的类别，所以评判双方当事人的权责应依有关建设工程施工合同的规定。本案中引起当事人争议并产生损失的原因是工程开工前未办理规划许可证，从而导致工程为非法工程，当事人基于此而订立的合同无合法基础，应视为无效合同。依《建筑法》之规定，规划许可证应由建设人，即发包人办理，所以，本案中的过错在于发包方，发包方应当赔偿承包人损失。

3.2　《建设工程施工合同(示范文本)》简介

本节主要内容为《建设工程施工合同》的相关知识。

3.2.1　《建设工程施工合同(示范文本)》的组成

除专用条款另有约定外，《建设工程施工合同(示范文本)》由下列文件组成。

(1) 双方签署的合同协议书。

(2) 中标通知书。

(3) 投标书及其附件。

(4) 本合同专用条款。它是发包人与承包人根据法律、行政法规规定，结合具体工程实际，经协商达成一致意见的条款，是对通用条款的具体化、补充或修改。

(5) 本合同通用条款。它是根据法律、行政法规规定及建设工程施工的需要订立，通用于建设工程施工的条款。它代表我国的工程施工惯例。

(6) 本工程所适用的标准、规范及有关技术文件。

在专用条款中有如下约定。

① 适用我国的国家标准、规范的名称。

② 没有国家标准、规范但有行业标准、规范的，则约定适用行业标准、规范的名称。

③ 没有国家和行业标准、规范的，则约定适用工程所在地的地方标准、规范的名称。发包人应按专用条款约定的时间向承包人提供一式两份约定的标准、规范。

④ 国内没有相应标准、规范的，由发包人按专用条款约定的时间向承包人提出施工技术要求，承包人按约定的时间和要求提出施工工艺，经发包人认可后执行。

⑤ 若发包人要求使用国外标准、规范的，应负责提供中文译本。所发生的购买和翻译标准、规范或制定施工工艺的费用，由发包人承担。

⑥ 图纸。图纸是指由发包人提供或由承包人提供并经发包人批准，满足承包人施工需要的所有图纸(包括配套说明和有关资料)。发包人应按专用条款约定的日期和套数，向承包人提供图纸。承包人需要增加图纸套数的，发包人应代为复制，复制费用由承包人承担。若发包人对工程有保密要求的，应在专用条款中提出，保密措施费用由发包人承担，承包

人在约定保密期限内履行保密义务。承包人未经发包人同意，不得将本工程图纸转给第三人。工程质量保修期满后，除承包人存档需要的图纸外，应将全部图纸退还给发包人。承包人应在施工现场保留一套完整图纸，供工程师及有关人员进行工程检查时使用。

⑦ 工程量清单。

⑧ 工程报价单或预算书。

在合同履行中，双方有关工程的洽商、变更等书面协议或文件视为本合同的组成部分，在不违反法律和行政法规的前提下，当事人可以通过协商变更合同的内容，这些变更的协议或文件的效力高于其他合同文件，且后签署的协议或文件效力高于先签署的协议或文件。

当合同文件内容含糊不清或不相一致时，在不影响工程正常进行的情况下，由发包人、承包人协商解决，双方也可以提请负责监理的工程师作出解释。双方协商不成或不同意负责监理的工程师的解释时，按有关争议的约定处理。

合同正本一式两份，具有同等效力，由合同双方分别保存一份。副本份数，由双方根据需要在专用条款内约定。

3.2.2　《建设工程施工合同(示范文本)》中的词语定义

《建设工程施工合同(示范文本)》中的词语定义如下。

(1) 项目经理：是指承包人在专用条款中指定的负责施工管理和合同履行的代表。

(2) 设计单位：是指发包人委托的负责本工程设计并取得相应工程设计资质等级证书的单位。

(3) 监理单位：是指发包人委托的负责本工程监理并取得相应工程监理资质等级证书的单位。

(4) 工程师：是指本工程监理单位委派的总监理工程师或发包人指定的履行本合同的代表，其具体身份和职权由发包人、承包人在专用条款中约定。

(5) 工程造价管理部门：是指国务院有关部门、县级以上人民政府建设行政主管部门或其委托的工程造价管理机构。

(6) 工程：是指发包人、承包人在协议书中约定的承包范围内的工程。

(7) 合同价款：是指发包人、承包人在协议书中约定的，发包人用于支付承包人按照合同约定完成承包范围内全部工程并承担质量保修责任的款项。

(8) 追加合同价款：是指在合同履行中发生需要增加合同价款的情况，经发包人确认后按计算合同价款的方法增加的合同价款。

(9) 费用：是指不包含在合同价款之内的应当由发包人或承包人承担的经济支出。

(10) 工期：是指发包人、承包人在协议书中约定按总日历天数(包括法定节假日)计算的承包天数。

(11) 开工日期：是指发包人、承包人在协议书中约定，承包人开始施工的绝对或相对的日期。

(12) 竣工日期：是指发包人、承包人在协议书中约定，承包人完成承包范围内工程的绝对或相对的日期。

(13) 图纸：是指由发包人提供或承包人提供并经过发包人批准，满足承包人施工需要的所有图纸(包括配套说明和有关资料)。

(14) 施工场地：是指由发包人提供的用于工程施工的场所以及发包人在图纸中具体指定的供施工使用的任何其他场所。

(15) 书面形式：是指合同书、信件和数据电文(包括电报、电传、传真、电子数据交换和电子邮件)等可以有形地表现所载内容的形式。

(16) 违约责任：是指合同一方不履行合同义务或履行合同义务不符合约定所应承担的责任。

(17) 索赔：是指在合同履行过程中，对于并非自己的过错，而是应由对方承担责任的情况造成的实际损失，向对方提出经济补偿和(或)工期顺延的要求。

(18) 不可抗力：是指不能预见、不能避免并不能克服的客观情况。

(19) 小时或天：合同中规定按小时计算时间的，从事件有效开始时计算(不扣除休息时间)；规定按天计算时间的，开始当天不计入，从次日开始计算。时限的最后一天是休息日或者其他法定节假日的，以节假日次日为时限的最后一天，但竣工日期除外。时限的截止时间为当日 24 时。

3.2.3 《建设工程施工合同(示范文本)》的内容

为了规范和指导合同当事人双方的行为，完善合同管理制度，解决施工合同中存在的合同文本不规范、条款不完备、合同纠纷多等问题，建设部、国家工商行政管理局于 1999 年 12 月 24 日颁发了《建设工程施工合同(示范文本)》(GF—1999—0201)。

《建设工程施工合同(示范文本)》(GF—1999—0201)是在 1991 年 3 月 31 日发布的《建设工程施工合同示范文本》(GF—1991—0201)的基础上，根据新颁布和实施的工程建设有关法律、行政法规，结合我国施工合同示范文本推行的经验及工程建设施工的实际情况，借鉴国际上广泛使用的土木工程施工合同条件(特别是 FIDIC 土木工程施工合同条件)的成熟经验和有效做法进行修订的。该文本适用于土木工程，包括各类公用建筑、民用住宅、工业厂房、交通设施及线路、管道的施工和设备安装。

《建设工程施工合同(示范文本)》由协议书、通用条款、专用条款及附件组成。

1. 协议书

协议书是《建设工程施工合同(示范文本)》的总纲性文件。虽然其文字量并不多，但它规定了合同当事人双方最主要的权利和义务，规定了组成合同的文件及合同当事人对履行合同义务的承诺，合同当事人要在这份文件上签字盖章，因此具有很强的法律效力。协议书主要包括以下 10 个方面的内容。

(1) 工程概况：工程名称、工程地点、工程内容、群体工程应附承包人承揽工程项目一览表、工程立项批准文号、资金来源等。

(2) 工程承包范围。

(3) 合同工期：开工日期、竣工日期、合同工期总日历天数(包括法定节假日)。

(4) 质量标准。

(5) 合同价款：分别用大小写表示。

(6) 组成合同的文件。

(7) 本协议书中有关词语含义与通用条款中分别赋予它们的定义相同。

(8) 承包人向发包人承诺按照合同约定进行施工、竣工并在质量保修期内承担工程质量保修责任。

(9) 发包人向承包人承诺按照合同约定的期限和方式支付合同价款及其他应当支付的款项。

(10) 合同生效：合同订立时间(××××年××月××日)、合同订立地点、双方约定生效的时间。

2. 通用条款

具体内容将在本章 3.3 节详细介绍。

3. 专用条款

考虑到建设工程的内容各不相同，工期、造价也随之变动，承包人、发包人各自的能力及施工现场的环境和条件也各不相同，通用条款不能完全适用于各个具体工程。因此，配之以专用条款对其作必要的修改和补充，使通用条款和专用条款成为双方统一意愿的体现。专用条款的条款号与通用条款相一致，但主要是空格内容，由当事人根据工程的具体情况予以明确或者对通用条款进行修改、补充。

4. 附件

附件是对施工合同当事人权利义务的进一步明确，并且使当事人的有关工作一目了然，便于执行和管理。一般包括 3 个附件：《承包人承揽工程项目一览表》《发包人供应材料设备一览表》和《工程质量保修书》。

【案例 3-2】建设工程合同应当采用书面形式

承包人和发包人签订了物流货物堆放场地平整工程合同，规定工程按某市工程造价管理部门颁布的《综合价格》进行结算。在合同履行过程中，发包人未解决好征地问题，使承包人 7 台推土机无法进入场地，窝工 200 天，因此承包人没有按期交工。经发包人和承包人口头交涉，在征得承包人同意的基础上按承包人实际完成的工程量变更合同，并商定按"冶金部广东省某厂估价标准机械化施工标准"结算。工程完工结算时因为窝工问题和结算依据发生争议。承包人起诉，要求发包人承担全部窝工责任并坚持按第一次合同规定的计价依据和标准办理结算，而发包人在答辩中则要求承包人承担延期交工责任。法院经审理判决第一个合同有效，第二个口头交涉的合同无效，工程结算的依据应当以双方第一次签订的合同为准。

【分析】本案的关键在于如何确定工程结算计价的依据，即当事人所订立的两份合同哪个有效。依《民法典》合同编第七百八十九条"建设工程合同应当采用书面形式"的有关规定，建设工程合同的有效要件之一是书面形式，而且合同的签订、变更或解除，都必须采取书面形式。本案中的第一个合同是有效的书面合同，而第二个合同是口头交涉而产生的口头合同，并未经书面固定，属无效合同。所以法院判决第一个合同为有效合同。

3.3 《建设工程施工合同(示范文本)》通用条款的组成和主要内容

本节重点介绍《建设工程施工合同(示范文本)》通用条款的组成和主要内容。

3.3.1 通用条款的组成

通用条款是根据《民法典》合同编、《建筑法》和《建设工程施工合同管理办法》等法律、行政法规对承发包双方的权利义务作出的具体规定，除双方协商一致对其中的某些条款作修改、补充或取消外，双方都必须履行。我国《建设工程施工合同(示范文本)》通用条款包括 11 部分共 47 个条款、173 个子条款，基本适用于各类建设工程。通用条款的 11 部分为词语定义及合同文件、双方一般权利和义务、施工组织设计和工期、质量与检验、安全施工、合同价款与支付、材料设备供应、工程变更、竣工验收与结算、违约索赔和争议及其他。具体内容如表 3-1 所示。

表 3-1 《建设工程施工合同(示范文本)》通用条款的内容

各部分的内容	各条款内容
一、词语定义及合同文件	1.词语定义；2.合同文件及解释顺序；3.语言文字和适用法律；4.图纸
二、双方一般权利和义务	5.工程师；6.工程师的委派和指令；7.项目经理；8.发包人工作；9.承包人工作
三、施工组织设计和工期	10.进度计划；11.开工和延期开工；12.暂停施工；13.工期延误；14.工程竣工
四、质量与检验	15.工程质量；16.检查和返工；17.隐蔽工程和中间验收；18.重新检验；19.工程试车
五、安全施工	20.安全施工与检查；21.安全防护；22.事故处理
六、合同价款与支付	23.合同价款及调整；24.工程预付款；25.工程量的确认；26.工程款(进度款)支付
七、材料设备供应	27.发包人供应材料设备；28.承包人采购材料设备
八、工程变更	29.工程设计变更；30.其他变更；31.确定变更价款
九、竣工验收与结算	32.竣工验收；33.竣工结算；34.质量保修
十、违约索赔和争议	35.违约；36.索赔；37.争议
十一、其他	38.工程分包；39.不可抗力；40.保险；41.担保；42.专利技术及特殊工艺；43.文物和地下障碍物；44.合同解除；45.合同生效与终止；46.合同份数；47.补充条款

3.3.2　通用条款的主要内容

1. 关于质量控制的条款

建筑工程质量是关系到国计民生的大事，我国政府制定了"百年大计，质量第一"的质量方针。工程施工中的质量控制是合同履行中的重要环节。建设工程施工合同的质量控制是一项系统工程，涉及施工的各个环节及多方面的因素。承包人应建立质量管理体系，按照合同约定的标准、规范、图纸以及工程师发布的指令认真施工，并达到合同约定的质量标准。在施工过程中，承包人要随时接受工程师对材料、设备、中间部位、隐蔽工程、竣工工程等质量的检查、验收与监督。

1) 工程质量

工程质量应当达到协议书约定的质量标准，质量标准的评定以国家或专业的质量检验评定标准为依据。因承包人原因工程质量达不到约定的质量标准，由承包人承担违约责任。发包人对部分或全部工程质量有特殊要求的，应支付由此增加的追加合同价款(在专用条款中写明计算方法)，对工期有影响的应相应顺延工期。

双方对工程质量有争议，由双方同意的工程质量检测机构鉴定，所需费用及因此而造成的损失，由责任方承担。双方均有责任，由双方根据其责任分别承担。

2) 检查和返工

在工程施工过程中，工程师及其委派人员对工程的检查检验，是一项日常工作和重要职能。承包人应认真按照标准、规范和设计图纸要求以及工程师依据合同发出的指令施工，随时接受工程师的检查检验，为检查检验提供便利条件。工程质量达不到约定标准的部分，工程师一经发现，应要求承包人拆除和重新施工，承包人应按工程师的要求拆除和重新施工，直到符合约定标准。因承包人原因达不到约定标准，由承包人承担拆除和重新施工的费用，工期不予顺延。

工程师的检查检验不应影响施工正常进行。如影响施工正常进行，检查检验不合格时，影响正常施工的费用由承包人承担。除此之外，影响正常施工的追加合同价款由发包人承担，相应顺延工期。

工程师指令失误或其他非承包人原因发生的追加合同价款，由发包人承担。以上检查检验合格后，又发现由承包人引起的质量问题，仍由承包人承担责任和发生的费用，赔偿发包人的直接损失，工期不予顺延。

3) 隐蔽工程和中间验收

隐蔽工程在施工中一旦完成隐蔽，很难再对其进行质量检查(这种检查成本很大)，因此必须在隐蔽前进行检查验收。对于中间验收，双方可在专用条款中约定验收的单项工程和部位的名称、验收的时间、操作程序和要求，以及发包人应该提供的便利条件等。

工程具备隐蔽条件或达到专用条款约定的中间验收部位，承包人进行自检，并在隐蔽或中间验收前 48 小时以书面形式通知工程师验收。通知包括隐蔽和中间验收的内容、验收时间和地点。承包人准备验收记录，验收合格，工程师在验收记录上签字后，承包人方可进行隐蔽和继续施工。验收不合格，承包人在工程师限定的时间内修改后重新验收。

工程师不能按时进行验收，应在验收前 24 小时以书面形式向承包人提出延期要求，延期不能超过 48 小时。工程师未能按以上时间提出延期要求，不进行验收，承包人可自行组

织验收，工程师应承认验收记录。经工程师验收，工程质量符合标准、规范和设计图纸等的要求，验收 24 小时内，工程师不在验收记录上签字，视为工程师已经认可验收记录，承包人可进行隐蔽或继续施工。

4）重新检验

无论工程师是否进行验收，当其提出对已经隐蔽的工程重新检验的要求时，承包人应按要求进行剥离或开孔，并在检验后重新覆盖或修复。检验合格，发包人承担由此发生的全部追加合同价款，赔偿承包人损失，并相应顺延工期。检验不合格，承包人承担发生的全部费用，工期不予顺延。

5）工程试车

对于设备安装工程，应当组织试车。试车内容应与承包人承包的安装范围相一致。

（1）试车的组织责任。

① 单机无负荷试车。设备安装工程具备单机无负荷试车条件，由承包人组织试车。承包人应在试车前 48 小时书面通知工程师。通知包括试车内容、时间、地点。承包人准备试车记录，发包人为试车提供必要条件。试车通过，工程师在试车记录上签字。工程师不能按时参加试车，须在开始试车前 24 小时向承包人提出书面延期要求，延期不能超过 48 小时。工程师未能按以上时间提出延期要求，不参加试车，承包人可自行组织试车，发包人应当承认试车记录。只有单机试运转达到规定要求，才能进行联动试车。

② 联动无负荷试车。设备安装工程具备联动无负荷试车条件，由发包人组织试车，并在试车前 48 小时书面通知承包人。通知内容包括试车内容、时间、地点和对承包人的要求，承包人按要求做好准备工作和试车记录。试车通过，双方在试车记录上签字。

③ 投料试车。投料试车应当在工程竣工验收后由发包人全部负责。如果发包人需要承包人配合或在工程竣工验收前进行时，应当征得承包人同意，另行签订补充协议。

（2）试车的双方责任。

① 设计原因试车达不到验收要求，发包人应要求设计单位修改设计，承包人按修改后的设计重新安装。发包人承担修改设计、拆除及重新安装全部费用和追加合同价款，工期相应顺延。

② 设备制造原因试车达不到验收要求，由该设备采购一方负责重新购置和修理，承包人负责拆除和重新安装。设备由承包人采购的，由承包人承担修理或重新购置、拆除及重新安装的费用，工期不予顺延；设备由发包人采购的，发包人承担上述各项追加合同价款，工期相应顺延。

③ 承包人施工原因试车达不到验收要求，工程师提出修改意见。承包人修改后重新试车，承担修改和重新试车的费用，工期不予顺延。

④ 试车费用除已包括在合同价款之内或者专用条款另有约定外，均由发包人承担。

⑤ 工程师未在规定时间内提出修改意见，或试车合格不在试车记录上签字，试车结束 24 小时后，记录自行生效，承包人可继续施工或办理竣工手续。

6）材料设备供应的质量控制

（1）发包人供应材料设备。

实行发包人供应材料设备的，双方应当约定发包人供应材料设备的一览表，作为本合同的附件。一览表应包括发包人供应材料设备的品种、规格、型号、数量、单价、质量等级、提供时间和地点。发包人按一览表约定的内容提供材料设备，并向承包人提供产品合格证明，对其质量负责。发包人在所供材料设备到货前 24 小时，以书面形式通知承包人，由承包人派人与发包人共同清点。

发包人供应的材料设备，承包人派人参加清点后由承包人妥善保管，发包人支付相应的保管费用。承包人造成的材料设备丢失损坏，由承包人负责赔偿。发包人未通知承包人清点，承包人不负责材料设备的保管，丢失损坏由发包人负责。

如果发包人供应的材料设备与一览表不符时，发包人应承担有关责任。发包人应承担责任的具体内容，双方可根据以下情况在专用条款内约定。

① 材料设备单价与一览表不符，由发包人承担所有价差。

② 材料设备的品种、规格、型号、质量等级与一览表不符，承包人可拒绝接收保管，由发包人运出施工场地并重新采购。

③ 发包人供应的材料规格、型号与一览表不符，经发包人同意，承包人可代为调剂串换，由发包人承担相应费用。

④ 到货地点与一览表不符，由发包人负责运至一览表指定地点。

⑤ 供应数量少于一览表约定的数量时，由发包人补齐；多于一览表约定的数量时，发包人负责将多余部分运出施工场地。

⑥ 到货时间早于一览表约定的供应时间，由发包人承担因此发生的保管费用；到货时间迟于一览表约定的供应时间，发包人赔偿由此造成的承包人损失，造成工期延误的，相应顺延工期。

发包人供应的材料设备使用前，由承包人负责检验或试验，不合格的不得使用，检验或试验费用由发包人承担。发包人供应材料设备的结算方法，双方在专用条款内约定。

(2) 承包人采购材料设备。

承包人负责采购材料设备的，应按照专用条款约定及设计和有关标准要求采购，并提供产品合格证明，对材料设备质量负责。承包人在材料设备到货前 24 小时通知工程师清点。承包人采购的材料设备与设计或标准要求不符时，承包人应按工程师要求的时间将材料设备运出施工场地，重新采购符合要求的产品，并承担由此发生的费用，由此延误的工期不予顺延。

承包人采购的材料设备在使用前，承包人应按工程师的要求进行检验或试验，不合格的不得使用，检验或试验费用由承包人承担。工程师发现承包人采购并使用不符合设计或标准要求的材料设备时，应要求由承包人负责修复、拆除或重新采购，并承担发生的费用，由此延误的工期不予顺延。

承包人需要使用代用材料时，应经工程师认可后才能使用，由此增减的合同价款双方以书面形式议定。由承包人采购的材料设备，发包人不得指定生产厂或供应商。

7) 竣工验收

竣工验收是指由建设单位、施工单位和项目验收委员会，以批准的设计任务书和设计文件以及国家或部门颁发的施工验收规范和质量检验标准为依据，按照一定的程序和手续，在项目建成并试生产合格后(工业生产性项目)，对工程项目进行检验和认证、综合评价和鉴定的活动。竣工验收是全面考核建设工作、检查工程建设是否符合设计要求和质量标准的重要环节。

(1) 竣工工程的条件。

国务院 2000 年 1 月发布的第 279 号令《建设工程质量管理条例》中规定，建设工程质量验收应当具备以下条件。

① 完成建设工程设计和合同中规定的各项内容。

② 有完整的技术档案和施工管理资料。

③ 工程使用的主要建筑材料、建筑构配件和设备的进场试验报告。

④ 有勘察、设计、施工、工程监理等单位分别签署的质量合格文件。

⑤ 有施工单位签署的工程保修证书。

(2) 承发包双方竣工验收的责任和工作程序。

① 工程具备竣工验收条件，承包人按国家工程竣工验收的有关规定，向发包人提供完整竣工资料及竣工验收报告。双方约定由承包人提供竣工图的，应当在专用条款内约定提供的日期和份数。

② 发包人收到竣工验收报告后 28 天内组织有关单位验收，并在验收后 14 天内给予认可或提出修改意见。承包人按要求修改，并承担自身原因造成修改的费用。

③ 发包人收到承包人送交的竣工验收报告后 28 天内不组织验收，或验收后 14 天内不提出修改意见，视为竣工验收报告已被认可。

④ 工程竣工验收通过后，承包人送交竣工验收报告的日期为实际竣工日期。工程按发包人要求修改后通过竣工验收的，实际竣工日期为承包人修改后提请发包人验收的日期。

⑤ 发包人收到承包人竣工验收报告后 28 天内不组织验收，从第 29 天起承担工程保管及一切意外责任。

⑥ 中间交工工程的范围和竣工时间，双方在专用条款内约定，其验收程序按前述条款规定的办理。

⑦ 因特殊原因，发包人要求部分单位工程或工程部位甩项竣工的，双方另行签订甩项竣工协议，明确双方责任和工程价款的支付方法。

⑧ 工程未经竣工验收或竣工验收未通过的，发包人不得使用。发包人强制使用时，由此发生的质量问题，由发包人承担责任。

8) 质量保修

(1) 质量保修的规定。

《建筑法》第六十二条规定，建筑工程实行质量保修制度。建筑工程的保修范围应当包括地基基础工程、主体结构工程、屋面防水工程和其他土建工程，以及电气管线、上下水管线的安装工程，供热、供冷系统工程等项目；保修的期限应当按照保证建筑物合理寿命年限内正常使用，维护使用者合法权益的原则确定。具体的保修范围和最低保修期限由国务院规定。承包人应按法律、行政法规或国家关于工程质量保修的有关规定，对交付发包人使用的工程在质量保修期内承担质量保修责任。

(2) 质量保修的实施。

承包人应在工程竣工验收之前，与发包人签订质量保修书，作为合同附件。

(3) 质量保修书的主要内容。

① 质量保修范围和内容。质量保修范围包括地基基础工程、主体结构工程、屋面防水工程和双方约定的其他土建工程，以及电气管线、上下水管线的安装工程，供热、供冷系

统工程等项目。具体质量保修内容由双方约定。

② 质量保修期。质量保修期从工程实际竣工之日算起。分单项竣工验收的工程，按单项工程分别计算质量保修期。

③ 质量保修责任。

A. 属于保修范围和内容的项目，承包人应在接到修理通知之日后 7 天内派人修理。承包人不在约定期限内派人修理，发包人可委托其他人员修理，保修费用从质量保修金内扣除。

B. 发生须紧急抢修事故(如上水跑水、暖气漏水漏气、燃气漏气等)，承包人接到事故通知后，应立即到达事故现场抢修。非承包人施工质量引起的事故，抢修费用由发包人承担。

C. 在国家规定的工程合理使用期限内，承包人确保地基基础工程和主体结构的质量。承包人原因致使工程在合理使用期限内造成人身和财产损害的，承包人应承担损害赔偿责任。

④ 质量保修金的支付方法。质量保修金的支付方法见施工合同投资控制条款的相关内容。

2. 关于投资控制的条款

1) 合同价款及调整

招标工程的合同价款由发包人、承包人依据中标通知书中的中标价格在协议书内约定。非招标工程的合同价款由发包人、承包人依据工程预算书在协议书内约定。合同价款在协议书内约定后，任何一方不得擅自改变。双方可在专用条款中约定采用的合同价款方式，如固定价格合同、可调价格合同或成本加酬金合同。

2) 工程预付款

工程预付款是在工程开工前由发包人(甲方)预先支付给承包人(乙方)的一定限额的工程备料款，是施工企业用来进行工程准备、保证施工所需材料和构件正常储备所需的流动资金。

实行工程预付款的，双方应当在专用条款内约定发包人向承包人预付工程款的时间和数额，开工后按约定的时间和比例逐次扣回。预付时间应不迟于约定的开工日期前 7 天。发包人不按约定预付，承包人在约定预付时间 7 天后向发包人发出要求预付的通知，发包人收到通知后仍不能按要求预付，承包人可在发出通知 7 天后停止施工，发包人应从约定应付之日起按同期银行贷款利率向承包人支付应付预付款的利息，并承担违约责任。

3) 工程进度款

(1) 工程量的确认。工程量的确认是支付工程价款(进度款)的前提条件。确认工程量的程序和责任如下。

① 承包人应按专用条款约定的时间，向工程师提交已完工程量的报告。

② 工程师接到报告后 7 天内按设计图纸核实已完工程量(计量)，并在计量前 24 小时通知承包人，承包人应为计量提供便利条件并派人参加。承包人收到通知后不参加计量，计量结果有效，作为工程价款支付的依据。

③ 工程师收到承包人报告后 7 天内未进行计量，从第 8 天起，承包人报告中开列的

工程量即视为已被确认，作为工程价款支付的依据。

④ 工程师不按约定时间通知承包人，致使承包人未能参加计量，计量结果无效。

⑤ 对承包人超出设计图纸范围和因承包人造成返工的工程量，工程师不予计量。

(2) 工程价款(进度款)结算方式。

① 按月结算。实行旬末或月中预支、月终结算、竣工后清算的方法。跨年度竣工的工程，在年终进行工程盘点，办理年度结算。按月结算是国内外常见的一种工程款支付方式。

② 竣工后一次结算。建设项目或单项工程全部建筑安装工程建设工期在 12 个月以内，或者工程承包合同价值在 100 万元以下的，可以实行工程价款每月月中预支、竣工后一次结算。

③ 分段结算。分段结算即当年开工、当年不能竣工的单项工程或单位工程按照工程形象进度，划分不同阶段进行结算。分段结算可以按月预支工程款。分段的划分标准由各部门、自治区、直辖市、计划单列市规定。

当承包人完成合同约定的工程形象进度时，承包人提出已完工程量报告，经工程师审查确认，签发付款证书后，由发包人按合同约定的时间付款。例如，专用条款中可约定，当承包人完成基础工程施工时，发包人支付合同价款的 20%；完成主体结构工程施工时，支付合同价款的 50%；完成装饰工程施工时，支付合同价款的 15%；工程竣工验收通过后，再支付合同价款的 10%；其余 5% 作为工程保修金，在保修期满后返还给承包人。

④ 目标结款方式。目标结款方式是在合同中将承包工程的内容分解成不同的验收单元，以业主验收的单元工程内容作为支付工程价款的前提条件。当承包商完成单元工程内容并经业主(或其委托人)验收后，业主支付构成单元工程内容的工程价款。目标结款方式实质上是运用合同手段、财务手段对工程完成情况进行主动控制。

⑤ 其他结算方式。结算双方可以在专用条款中约定采用并经开户银行同意的其他结算方式。

(3) 工程款(进度款)支付的程序和责任。

工程款(进度款)支付程序如图 3-1 所示。

图 3-1 工程款(进度款)支付程序

① 在确认计量结果后 14 天内，发包人应向承包人支付工程款(进度款)。按约定时间发包人应扣回的预付款，与工程款(进度款)同期结算。

② 调整的合同价款、工程变更调整的合同价款及其他条款中约定的追加合同价款，应与工程款(进度款)同期调整支付。

③ 发包人超过约定的支付时间不支付工程款(进度款)，承包人可向发包人发出要求付款的通知，发包人收到承包人通知后仍不能按要求付款，可以与承包人协商签订延期付款协议，经承包人同意后可延期支付。协议应明确延期支付的时间和从计量结果确认后第 15 天起按同期银行贷款利率计算应付款的利息。

④ 发包人不按合同约定支付工程款(进度款)，双方又未达成延期付款协议，导致施工

无法进行，承包人可停止施工，由发包人承担违约责任。

4）其他费用的支付

(1) 安全施工方面的费用。

① 安全施工及检查的费用。承包人应遵守工程建设安全生产有关管理规定，严格按照安全标准组织施工，并随时接受行业安全检查人员依法实施的监督检查，采取必要的安全防护措施，消除事故隐患。承包人安全措施不力造成事故的责任和因此而发生的费用，由承包人承担。

发包人应对其在施工场地的工作人员进行安全教育，并对他们的安全负责。发包人不得要求承包人违反安全管理的规定进行施工。发包人原因导致的安全事故，由发包人承担相应责任及所发生的费用。

② 安全防护的费用。承包人在动力设备、输电线路、地下管道、密封防震车间、易燃易爆地段以及临街交通要道附近施工时，施工开始前应向工程师提出安全保护措施，经工程师认可后实施。由发包人承担防护措施费用。

实施爆破作业，在放射、毒害性环境中施工(含储存、运输、使用)，以及使用毒害性、腐蚀性物品施工时，承包人应在施工前 14 天以书面形式通知工程师，并提出相应的安全防护措施，经工程师认可后实施，由发包人承担安全防护措施费用。

③ 事故处理的费用。发生重大伤亡及其他安全事故，承包人应按有关规定立即上报有关部门并通知工程师，同时按政府有关部门要求处理，由事故责任方承担发生的费用。发包人、承包人对事故责任有争议时，应按政府有关部门的认定处理。

(2) 专利技术及特殊工艺。

发包人要求使用专利技术或特殊工艺，应负责办理相应的申报手续，承担申报、试验、使用等费用。承包人应按发包人要求使用，并负责试验等有关工作。承包人提出使用专利技术或特殊工艺，应取得工程师认可，承包人负责办理申报手续并承担有关费用。擅自使用专利技术侵犯他人专利权的，责任者依法承担相应责任。

(3) 文物和地下障碍物。

① 发现文物。在施工中发现古墓、古建筑遗址等文物及化石或其他有考古、地质研究等价值的物品时，承包人应立即保护好现场并于 4 小时内以书面形式通知工程师，工程师应于收到书面通知后 24 小时内报告当地文物管理部门，发包人和承包人按文物管理部门的要求采取妥善保护措施。发包人承担由此发生的费用，延误的工期相应顺延。如发现后隐瞒不报，致使文物遭受破坏，责任者依法承担相应责任。

② 发现地下障碍物。施工中发现影响施工的地下障碍物时，承包人应于 8 小时内以书面形式通知工程师，同时提出处置方案，工程师在收到处置方案后 24 小时内予以认可或提出修正方案。发包人承担由此发生的费用，延误的工期相应顺延。所发现的地下障碍物有归属单位时，发包人应报请有关部门协同处置。

5）竣工结算

(1) 竣工结算的时限。

工程竣工验收报告经发包人认可后 28 天内，承包人向发包人递交竣工结算报告及完整的结算资料，双方按照协议书约定的合同价款及专用条款约定的合同价款调整内容，进行工程竣工结算。发包人收到承包人递交的竣工结算报告及结算资料后 28 天内进行核实，给

予确认或者提出修改意见。发包人确认竣工结算报告后通知经办银行向承包人支付工程竣工结算价款。承包人收到竣工结算价款后14天内将竣工工程交付发包人。

(2) 竣工结算相关的责任。

① 发包人收到竣工结算报告及结算资料后 28 天内无正当理由不支付工程竣工结算价款，从第 29 天起按承包人同期向银行贷款利率支付拖欠工程价款的利息，并承担违约责任。

② 发包人收到竣工结算报告及结算资料后 28 天内不支付工程竣工结算价款，承包人可以催告发包人支付结算价款。发包人在收到竣工结算报告及结算资料后 56 天内仍不支付的，承包人可以与发包人协议将该工程折价，也可以由承包人申请人民法院将该工程依法拍卖，承包人就该工程折价或者拍卖的价款优先受偿。

③ 工程竣工验收报告经发包人认可后 28 天内，承包人未能向发包人递交竣工结算报告及完整的结算资料，造成工程竣工结算不能正常进行或工程竣工结算价款不能及时支付，发包人要求交付工程的，承包人应当交付；发包人不要求交付工程的，承包人承担保管责任。

④ 承发包双方对工程竣工结算价款发生争议时，按通用条款关于争议的约定处理。

6) 质量保修金

(1) 质量保修金的支付。

保修金由承包人向发包人支付，也可由发包人从应付承包方工程款内预留。质量保修金的比例及金额由双方约定，一般不超过建设工程施工合同价款的 3%。

(2) 质量保修金的结算与返还。

质量保修期满后，发包人应当及时结算和返还质量保修金。发包人应当在质量保修期满后 14 天内，将剩余保修金和按约定利率计算的保修金利息返还承包人。

3. 关于进度控制的条款

建设工程施工合同的进度控制可以分为施工准备阶段的进度控制、施工阶段的进度控制和竣工验收阶段的进度控制。

1) 施工准备阶段的进度控制

(1) 进度计划。

① 承包人应按专用条款约定的日期，将施工组织设计和工程进度计划提交工程师，工程师按专用条款约定的时间予以确认或提出修改意见，逾期不确认也不提出书面意见的，视为同意。

② 群体工程中单位工程分期进行施工的，承包人应按照发包人提供图纸及有关资料的时间，按单位工程编制进度计划，其具体内容双方在专用条款中约定。

工程师对进度计划予以确认或者提出修改意见，并不免除承包人对施工组织设计和工程进度计划本身的缺陷所应承担的责任。工程师对进度计划予以确认的主要目的是对进度进行控制提供依据。

(2) 开工及延期开工。

① 承包人要求的延期开工。承包人应当按照协议书约定的开工日期开始施工。若承包人不能按时开工，应当在不迟于协议书约定的开工日期前 7 天，以书面形式向工程师提出延期开工的理由和要求。工程师应当在接到延期开工申请后的 48 小时内以书面形式答复承

包人。工程师在接到申请后 48 小时内不答复，视为已同意承包人要求，工期相应顺延。如果工程师不同意延期开工要求或承包人未在规定时间内提出延期开工要求，工期不予顺延。

② 发包人原因造成的延期开工。发包人因不能按照协议书约定的开工日期开工，工程师应以书面形式通知承包人推迟开工日期。发包人赔偿承包人因延期开工造成的损失，并相应顺延工期。

2) 施工阶段的进度控制

(1) 工程师对进度计划的检查与监督。

承包人必须按工程师确认的进度计划组织施工，接受工程师对进度的检查、监督。工程实际进度与经确认的进度计划不符时，承包人应按工程师的要求提出改进措施，经工程师确认后执行。承包人导致实际进度与进度计划不符，其无权就改进措施提出追加合同价款。如果采用改进措施一段时间后，工程实际进展赶上了进度计划，则仍可按原进度计划执行；如果采用改进措施一段时间后，工程实际进展仍明显与进度计划不符，则工程师可以要求承包人修改原进度计划，并经工程师确认后执行。但是，这种确认并不是工程师对工程延期的批准，而仅仅是要求承包人在合理的状态下施工。因此，如果承包人按修改后的进度计划施工仍不能按期竣工的，承包人应承担相应的违约责任。

工程师应当随时了解施工进度计划执行过程中所存在的问题，并帮助承包人予以解决，特别是承包人无力解决的内外关系协调问题。

(2) 暂停施工。

① 发包人原因造成的暂停施工。工程师认为确有必要暂停施工时，应当以书面形式要求承包人暂停施工，并在提出要求后 48 小时内提出书面处理意见。承包人应当按工程师要求停止施工，并妥善保护已完工程。承包人实施工程师作出的处理意见后，可以书面形式提出复工要求，工程师应当在 48 小时内给予答复。工程师未能在规定时间内提出处理意见，或收到承包人复工要求后 48 小时内未予答复，承包人可自行复工。发包人原因造成停工的，由发包人承担所发生的追加合同价款，赔偿承包人由此造成的损失，相应顺延工期。

② 承包人原因造成的暂停施工。承包人原因造成停工的由承包人承担发生的费用，工期不予顺延。

③ 意外事件导致的暂停施工。在施工过程中出现一些意外情况，如果需要承包人暂停施工的，承包人应该暂停施工。此时，工期是否给予顺延，应视风险责任应由谁承担而确定。如发现有价值的文物、发生不可抗力事件等，风险责任应由发包人承担，工期顺延。

(3) 工期延误。

① 工期可以顺延的情况。以下原因造成的工期延误属于发包人违约或者是应当由发包人承担的风险，经工程师确认，工期相应顺延。

A. 发包人未能按专用条款的约定提供图纸及开工条件。

B. 发包人未能按约定日期支付工程预付款、进度款，致使施工不能正常进行。

C. 工程师未按合同约定提供所需指令、批准等，致使施工不能正常进行。

D. 设计变更和工程量增加。

E. 一周内非承包人原因停水、停电、停气造成停工累计超过 8 小时。

F. 不可抗力。

G. 专用条款中约定或工程师同意工期顺延的其他情况。

② 办理工期顺延的程序。承包人在上述情况发生后 14 天内，就延误的工期以书面形式向工程师提出报告。工程师在收到报告后 14 天内予以确认，逾期不予确认也不提出修改意见，视为同意顺延工期。

3) 竣工验收阶段的进度控制

在竣工验收阶段，工程师进度控制的任务是督促承包人完成工程扫尾工作，协调竣工验收中的各方关系，参加竣工验收。

(1) 竣工验收的程序。

承包人必须按照协议书约定的竣工日期或者工程师同意顺延的工期竣工。承包人原因造成的不能按照协议书约定的竣工日期或者工程师同意顺延的工期竣工的，承包人应当承担违约责任。

① 承包人提交竣工验收报告。当工程按合同要求全部完成后，具备竣工验收条件，承包人按国家工程竣工验收的有关规定，向发包人提供完整的竣工资料和竣工验收报告。双方约定由承包人提供竣工图的，承包人应按专用条款内约定的日期和份数向发包人提交竣工图。

② 发包人组织验收。发包人收到竣工验收报告后 28 天内组织有关单位验收，并在验收后 14 天内给予认可或提出修改意见，承包人应当按要求进行修改，并承担自身原因造成修改的费用。中间交工工程的范围和竣工时间，由双方在专用条款内约定，验收程序同上。

发包人收到承包人送交的竣工验收报告后 28 天内不组织验收，或者在验收后 14 天内不提出修改意见，则视为竣工验收报告已经被认可。发包人收到承包人竣工验收报告后 28 天内不组织验收，从第 29 天起承担工程保管及一切意外责任。

(2) 提前竣工。

施工中发包人如需提前竣工，双方协商一致后应签订提前竣工协议，作为合同文件的组成部分。提前竣工协议应包括承包人为保证工程质量和安全采取的措施、发包人为提前竣工提供的条件以及提前竣工所需的追加合同价款等内容。

【案例 3-3】保修款问题

2011 年，置业公司与开发公司签订施工合同。2015 年，因拖欠工程款及利息，开发公司诉请置业公司偿付。关于工程质量保修金 8600 余万元应否返还成为双方争议的焦点。其中，防水质量保修款 335 万元尚未到期。双方就此事向人民法院提起诉讼。经法院审理认为，①依《建设工程质量保证金管理办法》第二条第 1 款规定，建设工程质量保证金是指发包人与承包人在建设工程承包合同中约定，从应付的工程款中预留，用以保证承包人在缺陷责任期内对建设工程出现的缺陷进行维修的资金。质量保证金返还应遵循当事人约定，合同约定的缺陷责任期届满，发包人应返还质量保证金。保修义务系承包人法定义务，发包人返还保证金后，承包人仍应在法定或合同约定的保修期内承担各部分工程的保修责任。②本案中，置业公司未依约返还除防水质量保修款以外的质量保证金，应依约自逾期之日起按同期银行贷款利率支付利息。防水质量保修款尚未到当事人约定的返还期限，开发公司主张提前返还理由不充分。此外，对于置业公司主张的工程质量问题，开发公司应依法承担保修责任，并不影响质量保证金返还。判决置业公司支付开发公司工程款，同时返还开发公司除防水质量保修款之外的质量保证金。

【分析】①质量保修金返还应遵循当事人约定，合同约定的缺陷责任期届满，发包人应返还质量保修金。返还保修金后不影响承包人保修义务承担。②发包方擅自使用工程，承包方仍应依约支付保修金，即使发包方在竣工验收前擅自使用了建设工程，保修期满前亦不必然免除承包方依施工合同约定支付保修金义务。

3.4　建设行政主管部门对建设工程施工合同的管理

在市场经济条件下，建设市场主体之间相互的权利义务关系主要是通过合同确立的，因此，在建设领域加强对施工合同的管理具有十分重要的意义。国家立法机关、国务院、国家建设行政管理部门都十分重视施工合同的规范工作，2020 年 5 月 28 日第十三届全国人大第三次会议通过、2021 年 1 月 1 日生效实施的《民法典》合同编中对建设工程合同作了专章规定，另外《建筑法》《招标投标法》《建设工程施工合同管理办法》等也有许多涉及建设工程施工合同的规定，这些法律、法规是我国建设工程施工合同订立和管理的依据。

建设工程施工合同的监督管理，是指各级工商行政管理部门、建设行政主管部门和金融机构依据法律和行政法规、规章制度，采取法律的、行政的手段，对施工合同关系进行组织、指导、协调及监督，保护施工合同当事人的合法权益，调解施工合同纠纷，防止和制裁违法行为，保证施工合同法规的贯彻实施。各级工商行政管理部门、建设行政主管部门和金融机构对合同的监督侧重于宏观的依法监督。此外，合同双方的上级主管部门、仲裁机构或人民法院、税务部门、审计部门及合同公证机关或鉴证机关等也从不同角度对施工合同进行监督管理。

3.4.1　工程分包与转包

通过投标和评标活动选中承包人，意味着发包人对承包人的投标报价、工期等定量化因素的认可，也意味着发包人对承包人的施工技术、人员素质、社会信誉的认可，承包人的综合实力对工程质量、投资控制、进度控制等有直接影响。在通常情况下，承包人应当自己来完成施工任务或主要施工任务。

《建筑法》第二十八条规定："禁止承包单位将其承包的全部建筑工程转包给他人，禁止承包单位将其承包的全部建筑工程肢解以后以分包的名义分别转包给他人。"《建筑法》第二十九条规定："建筑工程总承包单位可以将承包工程中的部分工程发包给具有相应资质条件的分包单位；但是，除总承包合同中约定的分包外，必须经建设单位认可。施工总承包的，建筑工程主体结构的施工必须由总承包单位自行完成。建筑工程总承包单位按照总承包合同的约定对建设单位负责；分包单位按照分包合同的约定对总承包单位负责。总承包单位和分包单位就分包工程对建设单位承担连带责任。禁止总承包单位将工程分包给不具备相应资质条件的单位。禁止分包单位将其承包的工程再次分包。"

1) 工程分包

工程分包是指经合同约定或发包人认可，从工程承包人承担的工程中承包部分工程的行为。承包人按专用条款的约定分包所承包的部分工程，并与分包人签订分包合同。非经发包人同意，承包人不得将承包工程的任何部分分包。

工程分包不能解除承包人任何义务与责任，承包人应在分包场地派驻相应管理人员，保证本合同的履行。分包人的任何违约行为或疏忽导致工程损害或给发包人造成其他损失，承包人承担连带责任。

分包合同签订后，发包人与分包人之间不存在直接的合同关系。分包人应对承包人负责，承包人对发包人负责。分包工程价款由承包人给分包人结算。发包人未经承包人同意不得以任何形式向分包人支付各种工程款项。

2) 工程转包

工程转包是指不行使承包人的管理职能，不承担技术经济责任，将所承包的工程倒手转给他人的行为。具体行为有以下几项。

(1) 承包人将承包的工程全部包给其他施工单位，从中提取回扣者。

(2) 承包人将工程的主要部分或群体工程(指结构和技术要求相同的)中半数以上的单位工程包给其他施工单位者。

(3) 分包单位将承包的工程再次分包给其他施工单位者。

3.4.2 不可抗力

1. 不可抗力的范围

在合同订立时应当明确不可抗力的范围。建设工程施工中的不可抗力包括因战争、动乱、空中飞行物体坠落或其他非发包人、承包人责任造成的爆炸、火灾以及专用条款约定的风、雨、雪、地震、洪水等自然灾害。

2. 不可抗力事件发生后双方的工作

在施工合同的履行中，应当加强管理，在可能的范围内减少或者避开不可抗力事件的发生(如爆炸、火灾等有时就是管理不善引起的)。不可抗力事件发生后，承包人应当立即通知工程师，并在力所能及的条件下迅速采取措施，尽力减少损失。发包人应协助承包人采取措施。工程师认为应当暂停施工的，承包人应暂停施工。不可抗力事件结束后48小时内承包人向工程师通报受害情况和损失情况，以及预计清理和修复的费用。不可抗力事件持续发生，承包人应每隔7天向工程师报告一次受害情况。不可抗力事件结束后14天内，承包人向工程师提交清理和修复费用的正式报告及有关资料。

3. 不可抗力造成损失的承担

不可抗力事件导致的费用及延误的工期由双方按以下方法分别承担。

(1) 工程本身的损害、工程损害导致第三方人员伤亡和财产损失以及运至施工场地用于施工的材料和待安装的设备的损害，由发包人承担。

(2) 发包人、承包人人员伤亡由其所在单位负责，并承担相应费用。

(3) 承包人机械设备损坏及停工损失，由承包人承担。

(4) 停工期间，承包人应工程师要求留在施工场地的必要的管理人员及保卫人员的费用由发包人承担。

(5) 工程所需清理、修复费用，由发包人承担。

(6) 延误工期相应顺延。合同一方延迟履行合同后发生不可抗力的，不能免除延迟履行方的相应责任。

4. 合同生效与终止

1) 合同生效

双方在协议书中约定本合同生效方式，双方当事人可选择以下几种方式之一。

(1) 本合同于××××年××月××日签订，自即日起生效。

(2) 本合同双方约定应进行公(鉴)证，自公(鉴)证之日起生效。

(3) 本合同签订后，自发包人提供图纸或支付预付款或提供合格施工场地或下达正式开工指令之日起生效。

(4) 本合同签订后，需经发包人上级主管部门批准，自上级主管部门正式批准之日起生效，但双方应约定合同签订后多少天内发包人上级主管部门应办完正式批准手续。

2) 合同终止

除了质量保修方面双方的权利和义务，如果发包人、承包人履行完合同全部义务，竣工结算价款支付完毕，承包人向发包人交付竣工工程后，本合同即告终止。合同的权利和义务终止后，发包人、承包人应当遵循诚实信用原则，履行通知、协助、保密等义务。

5. 合同争议的解决

1) 合同争议解决的方式

发包人、承包人在履行合同时发生争议，可以和解或者要求有关主管部门调解。当事人不愿意和解、调解或和解、调解不成的，双方可以在专用条款中约定选择以下一种方式解决争议。

(1) 双方达成仲裁协议，向约定的仲裁委员会申请仲裁。

(2) 向有管辖权的人民法院起诉。

2) 发生争议后停止施工的条件

发生争议后，除非出现下列情况的，双方都应继续履行合同，保持施工连续，保护好已完工程。

(1) 单方违约导致合同确已无法履行，双方协议停止施工。

(2) 调解要求停止施工，且为双方接受。

(3) 仲裁机构要求停止施工。

(4) 法院要求停止施工。

6. 施工合同的解除

1) 可以解除合同的情形

(1) 发包人、承包人协商一致，可以解除合同。

(2) 发包人不按合同约定支付工程款(进度款)，双方又未达成延期付款协议，导致施工无法进行，承包人可以停止施工，由发包人承担违约责任。如果停止施工超过 56 天，发包人仍不支付工程款(进度款)，承包人有权解除合同。

(3) 承包人将其承包的全部工程转包给他人，或者肢解以后以分包的名义分别转包给他人，发包人有权解除合同。

(4) 因不可抗力导致合同无法履行，发包人、承包人可以解除合同。

(5) 因一方违约(包括发包人原因造成的工程停建或缓建)导致合同无法履行, 发包人、承包人可以解除合同。

2) 解除合同的程序

合同一方依据上述约定要求解除合同的, 应以书面形式向对方发出解除合同的通知, 并在发出通知前 7 天告知对方, 通知到达对方时合同解除。对解除合同有争议的, 双方可按有关争议的约定处理。

3) 合同解除后的善后处理

合同解除后, 承包人应妥善做好已完工程和已购材料、设备的保护和移交工作, 按发包人要求将自有机械设备和人员撤出施工场地。发包人应为承包人撤出提供必要条件, 支付以上所发生的费用, 并按合同约定支付已完工程价款。已经订货的材料、设备由订货方负责退货或解除订货合同, 不能退还的货款和因退货、解除订货合同发生的费用, 由发包人承担, 因未及时退货造成的损失由责任方承担。除此之外, 有过错的一方应当赔偿因合同解除给对方造成的损失。

合同解除后, 不影响双方在合同中约定的结算和清理条款的效力。

【案例 3-4】工程的转包问题

某市 a 服务公司因建办公楼与 b 建设工程总公司签订了建筑工程承包合同。其后, 经 a 服务公司同意, b 建设工程总公司分别与某市 c 建筑设计院和某市 d 建筑工程公司签订了建筑工程勘察设计合同和建筑安装合同。建筑工程勘察设计合同约定由 c 建筑设计院对 a 服务公司的办公楼水房、化粪池、给水排水、空调及煤气外管线工程提供勘察、设计服务, 作出工程设计书及相应施工图纸和资料。建筑安装合同约定由 d 建筑工程公司根据 c 建筑设计院提供的设计图纸进行施工, 工程竣工时依据国家有关验收规定及设计图纸进行质量验收。合同签订后, c 建筑设计院按时作出设计书并将相关图纸资料交付 d 建筑工程公司, d 建筑工程公司依据设计图纸进行施工。工程竣工后, 发包人会同有关质量监督部门对工程进行验收, 发现工程存在严重质量问题, 且主要是设计不符合规范所致。原来 c 建筑设计院未对现场进行仔细勘察即自行进行设计导致设计不合理, 给发包人带来了重大损失。由于设计人拒绝承担责任, b 建设工程总公司又以自己不是设计人为由推卸责任, 发包人遂以 c 建筑设计院为被告向法院起诉。法院受理后, 追加 b 建设工程总公司为共同被告, 让其与 c 建筑设计院一起对工程建设质量问题承担连带责任。

【分析】本案中, 某市 a 服务公司是发包人, 某市 b 建设工程总公司是总承包人, 某市 c 建筑设计院和某市 d 建筑工程公司是分包人。对工程质量问题, b 建设工程总公司作为总承包人应承担责任, 而 c 建筑设计院和 d 建筑工程公司也应该依法分别向发包人承担责任。总承包人以不是自己勘察设计和建筑安装的理由企图不对发包人承担责任, 以及分包人以与发包人没有合同关系为由不向发包人承担责任是没有法律依据的。所以本案判决 b 建设工程总公司和 c 建筑设计院共同承担连带责任是正确的。《建筑法》第二十八条、第二十九条规定, 禁止承包单位将其承包的全部建筑工程转包给他人; 施工总承包的, 建筑工程主体结构的施工必须由总承包单位自行完成。本案中 b 建设工程总公司作为总承包人不自行施工, 而将工程全部转包给他人, 虽经发包人同意, 但违反禁止性规定, 亦为违法行为。

3.5　发包人对建设工程施工合同的管理

工程发包人、承包人对建设工程施工合同的管理是微观的、具体的管理，也是合同管理的出发点和落脚点，体现在建设工程施工合同从订立到履行的全过程中。

3.5.1　发包人的权利和义务

1. 发包人的义务

发包人应按照合同约定的期限和方式向承包人支付合同价款及应支付的其他款项。

2. 工程师及其职权

1) 工程师

工程师包括监理单位委派的总监理工程师或者发包人派驻施工场地(指由发包人提供的用于工程施工的场所以及发包人在图纸中具体指定的供施工使用的任何其他场所)履行合同的代表两种情况。

(1) 发包人委托监理。发包人可以委托监理单位全部或者部分负责合同的履行。国家推行建设工程监理制度，对于国家规定实行强制监理的工程施工，发包人必须委托监理；对于国家未规定实行强制监理的工程施工，发包人也可以委托监理。工程施工监理应当依照法律、行政法规及有关的技术标准、设计文件和建设工程施工合同，代表发包人对承包人在施工质量、建设工期和建设资金使用等方面实施监督。监理单位受发包人委托负责工程监理并应具有相应工程监理资质等级证书。发包人应在实施监理前将委托的监理单位名称、监理内容及监理权限以书面形式通知承包人。

监理单位委派的总监理工程师在施工合同中称为工程师，其姓名、职务、职权由发包人和承包人在专用条款内写明。总监理工程师是经监理单位法定代表人授权，派驻施工现场监理机构的总负责人，行使监理合同赋予监理单位的权利和义务，全面负责受委托工程的建设监理工作。工程师按合同约定行使职权，发包人在专用条款内要求工程师在行使某些职权前需要征得发包人批准的，工程师应征得发包人批准。例如，对委托监理的工程师要求其在行使认可索赔权利时，如索赔额超过一定限度，必须先征得发包人的批准。

(2) 发包人派驻代表。发包人派驻施工场地履行合同的代表在施工合同中也称为工程师。发包人代表是经发包人法定代表人授权、派驻施工场地的负责人，其姓名、职务、职权由发包人在专用条款内写明，但职权不得与监理单位委派的总监理工程师职权相互交叉。双方职权发生交叉或不明确时，由发包人予以明确，并以书面形式通知承包人，以避免给现场施工管理带来混乱和困难。

(3) 合同履行中，发生影响发包人、承包人双方权利或义务的事件时，负责监理的工程师应依据合同在其职权范围内客观公正地进行处理。一方对工程师的处理有异议时，按争议的约定处理。

(4) 除合同内有明确约定或经发包人同意外，负责监理的工程师无权解除合同约定的承包人的任何权利与义务。

2) 工程师的委派和指令

(1) 工程师委派代表。在施工过程中，不可能所有的监督和管理工作都由工程师亲自完成，工程师可委派代表，行使合同约定的自己的部分权力和职责，并可在认为必要时撤回委派。委派和撤回均应提前 7 天以书面形式通知承包人，负责监理的工程师还应将委派和撤回通知发包人。委派书和撤回通知作为合同附件。

工程师代表在工程师授权范围内向承包人发出的任何书面形式的函件，与工程师发出的函件具有同等效力。承包人对工程师代表向其发出的任何书面形式的函件有疑问时，可将此函件提交工程师，工程师应进行确认。工程师代表发出指令有失误时，工程师应进行纠正。除工程师或工程师代表外，发包人派驻工地的其他人员均无权向承包人发出任何指令。

(2) 工程师发布指令、通知。工程师的指令、通知由其本人签字后，以书面形式交给项目经理，项目经理在回执上签署姓名和收到时间后生效。确有必要时，工程师可发出口头指令，并在 48 小时内给予书面确认，承包人对工程师的指令应予执行。工程师不能及时给予书面确认的，承包人应于工程师发出口头指令后 7 天内提出书面确认要求。工程师在承包人提出确认要求后 48 小时内不予答复的，视为口头指令已被确认。

承包人认为工程师指令不合理，应在收到指令后 24 小时内向工程师提出修改指令的书面报告，工程师在收到承包人报告后 24 小时内作出修改指令或继续执行原指令的决定，并以书面形式通知承包人。紧急情况下，工程师要求承包人立即执行的指令或承包人虽有异议，但工程师决定仍继续执行的指令，承包人应予以执行。因指令错误发生的追加合同价款(指在合同履行中发生需要增加合同价款的情况、经发包人确认后按计算合同价款的方法增加的合同价款)和给承包人造成的损失由发包人承担，延误的工期相应顺延。

(3) 工程师应当及时完成自己的职责。工程师应按合同约定，及时向承包人提供所需指令，批准并履行其他约定的义务。由于工程师未能按合同约定履行义务造成工期延误，发包人应承担延误造成的追加合同价款，并赔偿承包人有关损失，顺延工期。

(4) 工程师易人。如需更换工程师，发包人应至少提前 7 天以书面形式通知承包人，后任继续行使合同文件约定的前任的职权，履行前任的义务。

3. 发包人的工作职责

发包人按专用条款约定的内容和时间完成以下工作。

(1) 办理土地征用的证件，做好拆迁补偿、平整施工现场等工作，使施工场地具备施工条件，在开工后继续解决相关的遗留问题。

(2) 将施工所需水、电、电信线路从施工场地外部接至专用条款约定地点，并保证施工期间的需要。

(3) 开通施工场地与城乡公共道路的通道，以及由专用条款约定的施工场地内的主要交通干道，满足施工运输的需要，并保证施工期间的畅通。

(4) 向承包人提供施工场地的工程地质和地下管网线路资料，对资料的正确性负责。

(5) 办理施工许可证及其他施工所需的证件、批件和临时用地、停水、停电、中断交通、爆破作业等申请批准手续(证明承包人自身资质的证件除外)。

(6) 确定水准点与坐标控制点，以书面形式交给承包人，并进行现场交验。

(7) 组织承包人和设计单位进行图纸会审，向承包人进行设计交底。

(8) 协调处理施工现场周围地下管线和邻近建筑物、构筑物(包括文物和保护建筑)、古树名木的保护工作，并承担有关费用。

(9) 发包人应做的其他工作，双方在专用条款内约定。发包人可以将上述部分工作委托承包人办理，具体内容由双方在专用条款内约定，其费用由发包人承担。发包人未能履行以上各项义务，导致工期延误或给承包人造成损失的，赔偿承包人的有关损失，延误的工期相应顺延。

按具体工程和实际情况，在专用条款中逐款列出各项工作的名称、内容、完成时间和要求，实际存在而通用条款未列入的，要对条款或内容予以补充。双方协议将专用条款中发包人工作部分或全部交承包人完成时，应写明对通用条款的修改内容、发包人应支付费用的金额和计算方法，同时还应写明发包人不能按专用条款要求完成有关工作时，应支付的费用金额和赔偿承包人损失的范围及计算方法。

3.5.2　发包人违约

1. 发包人的违约行为

发包人应当按合同约定完成相应的义务。如果发包人不履行合同义务或不按合同约定履行义务，则应承担相应的违约责任。发包人的违约行为包括以下内容。

(1) 发包人不按合同约定按时支付工程预付款。

(2) 发包人不按合同约定支付工程进度款，导致施工无法进行。

(3) 发包人无正当理由不支付工程竣工结算价款。

(4) 发包人不履行合同义务或者不按合同约定履行义务的其他情况。

发包人的违约行为可以分成两类：一类是不履行合同义务，如发包人应当将施工所需的水、电、电信线路从施工场地外部接至约定地点，但发包人没有履行该项义务，即构成违约；另一类是不按合同约定履行义务，如发包人应当开通施工场地与城乡公共道路的通道，并在专用条款中约定了开通的时间和质量要求，但实际开通的时间晚于约定或质量低于合同约定，也构成违约。

2. 发包人承担违约责任的方式

合同约定应该由工程师完成的工作，工程师没有完成或没有按照约定完成，给承包人造成损失的，也应当由发包人承担违约责任。因为工程师是代表发包人进行工作的，当其行为与合同约定不符时，即视为发包人的违约。发包人承担违约责任后，可以根据监理委托合同追究监理单位相应的责任。

发包人承担违约责任的方式有以下 4 种。

1) 赔偿因其违约给承包人造成的经济损失

赔偿损失是发包人承担违约责任的主要方式，其目的是补偿因违约给承包人造成的经济损失。承包人、发包人双方应当在专用条款内约定发包人赔偿承包人损失的计算方法。损失赔偿额应当相当于因违约所造成的损失，包括合同履行后可以获得的利益，但不得超过发包人在订立合同时预见或者应当预见的因违约可能造成的损失。

2) 支付违约金

支付违约金的目的是补偿承包人的损失，双方在专用条款中约定发包人应当支付违约

金的数额或计算方法。

3) 顺延延误的工期

对于因为发包人违约而延误的工期，应当相应顺延。

4) 继续履行

发包人违约后，承包人要求发包人继续履行合同的，发包人应当在承担上述违约责任后继续履行施工合同。

【案例3-5】发包人未履行手续

甲公司为了扩大经营，从某市商业娱乐公司购买一块地皮，准备兴建厂房。甲公司通过议标的方式与乙建筑公司签订了建筑工程承包合同。之后，承包人将各种设备、材料运抵工地开始施工。施工过程中，城市规划管理局的工作人员来到施工现场，指出该工程不符合城市建设规划，未领取建设工程规划许可证，必须立即停止施工。最后，城市规划管理局对发包人作出行政处罚，并责令甲公司停止施工，拆除已修建部分。

【分析】甲公司拒绝向乙建筑公司支付已完工部分的工程款和拆除费用，乙建筑公司遂起诉至当地法院，要求发包人承担违约责任，支付建筑工程款和拆除费用。乙建筑公司起诉甲公司的依据是建筑工程承包合同，该合同合法有效。发包人和承包人在合同中约定，发包人需办理开工所需的各种证照。根据《建筑法》的规定，工程开工前需办理施工许可证。同时，领取施工许可证之前，应当已经取得了规划许可证。故因发包人违约造成合同履行不能，给承包人造成经济损失。《民法典》合同编规定，承包人可向发包人索赔直接经济损失及间接经济损失，包括已完工部分的工程款和未施工部分的利润等。一审法院经过审理后支持了原告的诉讼请求。被告没有上诉。

3.6 承包人对建设工程施工合同的管理

本节主要内容为订立建设工程施工合同前的准备工作、承包人的权利和义务以及承包人违约的相关知识。

3.6.1 订立建设工程施工合同前的准备工作

本小节主要讲述施工合同文本分析。

1. 施工合同文本的基本要求

施工合同文本是指施工合同协议书和施工合同条件等文件。施工合同文本是合同的核心，确定了当事人双方在工程中的权利和义务。施工合同一经签订，即成为合同双方在工程施工过程中行为的评判依据。它的每项条款都与双方的利益相关，影响到双方的成本、费用和收入。通常，当事人双方在选择施工合同文本时应注意满足以下基本要求。

(1) 内容齐全，条款完整，不能漏项。合同虽然在工程实施前起草和签订，但对工程实施过程中各种情况都要作出预测、说明和规定，以防止发生矛盾。

(2) 定义清楚、准确，双方工程责任的界限明确，不能含糊不清。合同条款应是肯定的、可执行的，对具体问题，各方该做什么、不该做什么，谁负责、谁承担费用，应十分明确。

(3) 内容具体、详细，不能笼统，不怕条文多。双方对合同条款应有统一的解释。

(4) 合同应体现双方平等互利原则，即责任和权益、工程(工作)和报酬之间应平衡，合理分配风险，公平地分担工作和责任。

在我国，施工合同文本通常采用《建设工程施工合同(示范文本)》，它能较好地反映上述要求。

2. 施工合同文本分析的主要内容

通常，施工合同文本分析主要包括以下几项内容。

(1) 施工合同的合法性分析。具体包括：当事人双方的资格审查；工程项目已具备招标投标、签订和实施合同的一切条件；工程施工合同的内容(条款)和所指行为符合《民法典》合同编以及其他各种法律的要求，如劳动保护、环境保护、税赋等法律要求等。

(2) 施工合同的完备性分析。具体包括：属于施工合同的各种文件(特别是工程技术、环境、水文地质等方面的说明文件和设计文件，如图纸、规范等)齐全；施工合同条款齐全，对各种问题都有规定、不漏项；等等。

(3) 合同双方责任和权益及其关系分析。主要分析合同双方的责任和权益是否互为前提条件。例如，合同规定发包人有一项权利，则要分析该项权利的行使对承包人的影响，该项权利是否需要制约，发包人有无滥用这项权利的可能，发包人使用该项权利应承担什么责任，以此提出对这项权利的制约。同时，还应注意发包人与承包人的责任和权益应尽可能具体、详细，并注意其范围的限定。

(4) 合同条款之间的联系分析。合同条款所定义的合同事件和合同问题具有一定的逻辑关系(如实施顺序关系、空间上和技术上的互相依赖关系、责任和权利的平衡和制约关系、完整性要求等)，使得合同条款之间有一定的内在联系。因此，在合同分析中还应注意合同条款之间的内在联系，同样一种表达方式，在不同的合同环境中，或有不同的上下文，则可能有不同的风险。通过内在联系分析，可以看出合同条款之间的缺陷、矛盾、不足之处和逻辑上的问题等。

(5) 合同实施的后果分析。例如，承包人可以分析在合同实施中会有哪些意想不到的情况；这些情况发生后应如何处理；本工程是否过于复杂或范围过大、超过自己的能力；自己如果不能履行合同，应承担什么样的法律责任；后果如何；对方如果不能履行合同，应承担什么样的法律责任。

3.6.2　承包人的权利和义务

1. 项目经理及其职权

1) 项目经理

项目经理指承包人在专用条款中指定的负责施工管理和合同履行的代表。他代表承包人负责工程施工的组织、实施。承包人施工质量、进度管理方面的好坏与项目经理的水平、能力、工作热情有很大的关系，一般都应当在投标书中明确项目经理，并作为评标的一项内容。项目经理的姓名、职务应在专用条款内写明。

承包人如需更换项目经理，应至少提前 7 天以书面形式通知发包人，并征得发包人同意。后任继续行使合同文件约定的前任的职权，履行前任的义务，不得更改前任作出的书面承诺，因为前任项目经理的书面承诺是代表承包人的，项目经理的易人并不意味着合同

主体的变更，双方都应履行各自的义务。发包人可以与承包人协商，建议更换其认为不称职的项目经理。

2) 项目经理的职权

项目经理有权代表承包人向发包人提出要求和通知。承包人依据合同发出的通知，以书面形式由项目经理签字后送交工程师，工程师在回执上签署姓名和收到时间后生效。项目经理按发包人认可的施工组织设计(施工方案)和工程师依据合同发出的指令组织施工。在情况紧急且无法与工程师联系的情况下，应当采取保证人员生命和工程、财产安全的紧急措施，并在采取措施后 48 小时内向工程师送交报告。若责任在发包人或第三人，则由发包人承担由此发生的追加合同价款，相应顺延工期；若责任在承包人，则由承包人承担费用，不顺延工期。

2. 承包人的工作职责

承包人按专用条款约定的内容和时间完成以下工作。

(1) 根据发包人委托，在其设计资质等级和业务允许的范围内，完成施工图设计或与工程配套的设计，经工程师确认后使用，发包人承担由此发生的费用(在专用条款中应该写明需由设计资质等级和业务范围允许的承包人完成的设计文件提交时间。发包人如委托承包人完成工程施工图及配套设计，本款应写明设计的名称、内容、要求、完成时间和设计费用计算方法)。

(2) 向工程师提供年度、季度、月度工程进度计划及相应进度统计报表(在专用条款中应该写明应提供计划、报表的名称及完成时间)。

(3) 根据工程需要，提供和维修非夜间施工使用的照明、围栏设施，并负责安全保卫(在专用条款中应该写明承担施工安全保卫工作及非夜间施工照明的责任和要求)。

(4) 按专用条款约定的数量和要求，向发包人提供施工场地办公和生活的房屋及设施，发包人承担由此发生的费用(在专用条款中应该写明向发包人提供的办公和生活房屋及设施的要求。例如，提供的现场办公生活用房的间数、面积、规格和要求，各种设施的名称、数量、规格型号及提供的时间和要求，发生费用的金额及由谁承担)。

(5) 遵守政府有关主管部门对施工场地交通、施工噪声以及环境保护和安全生产等的管理规定，按规定办理有关手续，并以书面形式通知发包人，发包人承担由此发生的费用，因承包人责任造成的罚款除外(在专用条款中应该写明需承包人办理的有关施工场地交通、环卫和施工噪声管理等手续，写明地方政府、有关部门和发包人对本款内容的具体要求。例如，在什么时间、什么地段、哪种型号的车辆不能行驶或行驶的规定，在什么时间不能进行哪些施工，施工噪声不得超过多少分贝)。

(6) 已竣工工程未交付发包人之前，承包人按专用条款约定负责已完工程的保护工作，保护期间发生损坏，承包人自费予以修复。发包人要求承包人采取特殊措施保护的工程部位和相应的追加合同价款，双方在专用条款内约定(在专用条款中应该写明已完成工程成品保护的特殊要求及费用承担)。

(7) 按专用条款约定做好施工场地地下管线和邻近建筑物、构筑物(包括文物保护建筑)、古树名木的保护工作[在专用条款中应该写明施工场地周围地下管线和邻近建筑物、构筑物(含文物保护建筑)、古树名木的保护要求及费用承担]。

(8) 保证施工场地清洁符合环境卫生管理的有关规定。交工前清理现场达到专用条款约定的要求，承担自身违反有关规定造成的损失和罚款(合同签订后颁发的规定和非承包人原因造成的损失和罚款除外。在专用条款中应该写明施工场地清洁卫生的要求。例如，对施工现场布置、机械材料的放置、施工垃圾处理等场容卫生的具体要求，交工前对建筑物的清洁和施工现场清理的要求)。

(9) 双方在专用条款内约定的承包人应做的其他工作。承包人未能履行上述各项义务造成发包人损失的，应赔偿发包人有关损失。

在专用条款中应该写明：按具体工程和实际情况，逐款列出各项工作的名称、内容、完成时间和要求，实际需要而通用条款未列入的，要对条款和内容予以补充。如果本条工作发包人不在签订专用条款时写明，但在施工中提出要求，征得承包人同意后双方订立协议，则可作为专用条款的补充，同时还应写明承包人不能按合同要求完成有关工作时应赔偿发包人损失的范围和计算方法。

3.6.3　承包人违约

1. 承包人违约的情况

承包人的违约行为主要有以下 3 种情况。

(1) 承包人原因不能按照协议书约定的竣工日期或者工程师同意顺延的工期竣工。

(2) 承包人原因工程质量达不到协议书约定的质量标准。

(3) 承包人不履行合同义务或不按合同约定履行义务的其他情况。

2. 承包人承担违约责任的方式

承包人承担违约责任的方式有以下 4 种。

1) 赔偿因其违约给发包人造成的损失

承包人、发包人双方应当在专用条款内约定承包人赔偿发包人损失的计算方法。损失赔偿额应当相当于因违约所造成的损失，包括合同履行后可以获得的利益，但不得超过承包人在订立合同时预见或者应当预见到的因违约可能造成的损失。

2) 支付违约金

双方可以在专用条款中约定承包人应当支付违约金的数额或计算方法。发包人在确定违约金的费率时，一般要考虑以下因素。

(1) 发包人盈利损失。

(2) 工期延长引起的贷款利息增加。

(3) 工程拖期带来的附加监理费。

(4) 本工程拖期无法投入使用，租用其他建筑物时的租赁费。

至于违约金的计算方法，在每个合同文件中均有具体规定，一般按每延误 1 天赔偿一定的款额计算，累计赔偿额一般不超过合同总额的 10%。

3) 采取补救措施

对于施工质量不符合要求的违约，发包人有权要求承包人采取返工、修理、更换等补救措施。

4) 继续履行

承包人违约后，如果发包人要求承包人继续履行合同的，则承包人承担上述违约责任后仍应继续履行施工合同。

复习思考题

一、选择题

1. 下列关于建设工程施工合同概念说法错误的是(　　)。

　　A. 依据施工合同，承包人应完成一定的建筑、安装工程任务，发包人应提供必要的施工条件并支付工程价款

　　B. 在整个建筑工程合同体系中，它起主干合同的作用

　　C. 承包人是指在协议书中约定、被发包人接受的具有工程施工承包主体资格的当事人以及取得该当事人资格的合法继承人

　　D. 分包人是指在协议书中约定、被发包人接受的具有工程施工承包主体资格的当事人以及取得该当事人资格的合法继承人

2. 下列不属于《建设工程施工合同(示例文本)》组成的是(　　)。

　　A. 双方签署的合同协议书

　　B. 中标通知书

　　C. 预算书

　　D. 本合同专用条款

3. 以下情况不能解除合同的是(　　)。

　　A. 承包人将其承包的全部工程转包给他人，承包人仍有权解除合同

　　B. 发包人、承包人协商一致

　　C. 因不可抗力致使合同无法履行

　　D. 因一方违约致使合同无法履行

二、填空题

1. 建设工程施工合同按合同的计价方式可以划分为＿＿＿＿＿＿、＿＿＿＿＿＿、＿＿＿＿＿＿3种类型。

2. 建筑产品的特点决定了建筑产品施工生产的特点，即建筑产品施工生产具有＿＿＿＿＿＿、＿＿＿＿＿＿、＿＿＿＿＿＿的特点。

3. ＿＿＿＿＿＿，是指合同一方不履行合同义务或履行合同义务不符合约定所应承担的责任。＿＿＿＿＿＿，是指不能预见、不能避免并不能克服的客观情况。

4. ＿＿＿＿＿＿应当达到协议书约定的质量标准，质量标准的评定以国家或专业的质量检验评定标准为依据。发包人对部分或全部工程质量有特殊要求的，应支付由此增加的＿＿＿＿＿＿。

5. ＿＿＿＿＿＿是合同的核心，确定了当事人双方在工程中的＿＿＿＿＿＿和＿＿＿＿＿＿。合同一经签订，即成为合同双方在工程施工过程中行为的评判依据。它的每项条款都与双方的利益相关，影响到双方的＿＿＿＿＿＿、费用和＿＿＿＿＿＿。

三、简答题

1. 简述建设工程施工合同的特点。

2. 协议书主要包括哪几个方面的内容?

3. 简述质量保修书的主要内容。

4. 分别简述发包人和承包人承担违约责任的方式。

5. 施工合同文本分析主要包括哪几个方面?

第4章　建设工程其他合同

教学提示：工程建设是必须由多个不同利益主体参与的活动，这些主体相互之间是由合同构建起来的法律关系。各主体的利益目的正是通过实现这些合同权利来实现的。建设工程合同种类繁多，除了施工合同外，主要的合同还有建筑工程勘察合同、建设工程委托监理合同等。

教学要求：掌握勘察合同、委托监理合同示范文本的概念及其内容，特别要掌握合同条款的含义；熟悉订立合同的程序和注意事项；了解我国关于工程勘察、工程监理方面的法规的立法情况。

4.1　建筑工程勘察合同

本节主要介绍建筑工程勘察合同及内容。

4.1.1　建筑工程勘察合同概述

2016 年住房和城乡建设部、国家工商行政管理总局对《建设工程勘察合同(一)[岩土工程勘察、水文地质勘察(含凿井)、工程测量、工程物探]》(GF—2000—0203)及《建设工程勘察合同(二)(岩土工程设计、治理、监测)》(GF—2000—0204)进行修订，制定了《建设工程勘察合同(示范文本)》(GF—2016—0203)(以下简称《示范文本》)，自 2016 年 12 月 1 日起执行。

《关于印发<建设工程勘察设计合同管理办法>和<建设工程勘察合同>、<建设工程设计合同>文本的通知》(建设〔2000〕50 号)同时废止。

4.1.2　示范文本

《示范文本》适用于岩土工程勘察、岩土工程设计、岩土工程物探/测试/检测/监测、水文地质勘察及工程测量等工程勘察活动，岩土工程设计也可使用《建设工程设计合同示范文本(专业建设工程)》(GF—2015—0210)。

《示范文本》由合同协议书、通用合同条款和专用合同条款三部分组成。

1. 合同协议书

《示范文本》合同协议书共计 12 条，主要包括工程概况，勘察范围和阶段、技术要求及工作量，合同工期，质量标准，合同价款，合同文件构成，承诺，词语定义，签订时间，签订地点，合同生效和合同份数等内容，集中约定了合同当事人基本的合同权利义务。

2. 通用合同条款

通用合同条款是合同当事人根据《民法典》合同编及《建筑法》《招标投标法》等相关法律法规的规定，就工程勘察的实施及相关事项对合同当事人的权利义务作出的原则性约定。

通用合同条款具体包括一般约定、发包人、勘察人、工期、成果资料、后期服务、合同价款与支付、变更与调整、知识产权、不可抗力、合同生效与终止、合同解除、责任与保险、违约、索赔、争议解决及补充条款等共计 17 条。

上述条款安排既考虑了现行法律法规对工程建设的有关要求，也考虑了工程勘察管理的特殊需要。

3. 专用合同条款

专用合同条款是对通用合同条款原则性约定的细化、完善、补充、修改或另行约定的条款。

合同当事人可以根据不同建设工程的特点及具体情况，通过双方的谈判、协商对相应的专用合同条款进行修改补充。

在使用专用合同条款时，应注意以下几个问题。

(1) 专用合同条款编号应与相应的通用合同条款编号一致。

(2) 合同当事人可以通过对专用合同条款的修改，满足具体项目工程勘察的特殊要求，避免直接修改通用合同条款。

(3) 在专用合同条款中有横道线的地方，合同当事人可针对相应的通用合同条款进行细化、完善、补充、修改或另行约定；如无细化、完善、补充、修改或另行约定，则填写"无"或画"/"。

4. 性质与范围

《示范文本》为非强制性使用文本，合同当事人可结合工程具体情况，根据《示范文本》订立合同，并按照法律法规和合同约定履行相应的权利义务，承担相应的法律责任。

4.2 建设工程委托监理合同

本节主要介绍建设工程委托监理合同概述、《建设工程委托监理合同(示范文本)》的内容与合同双方对委托监理合同的管理。

4.2.1 建设工程委托监理合同概述

建设工程监理，是指具有相应资质的监理单位受工程项目业主的委托，依据国家有关

法律法规，经建设主管部门批准的工程项目建设文件、建设工程合同和建设工程委托监理合同，对工程的建设实施的专业化监督和管理。

18 世纪 60 年代，西方国家的产业革命导致了建筑业空前繁荣。惯于自己从事建设管理和监督的业主对日渐复杂、高技术的建设项目的管理逐渐感到力不从心，他们亟须求助于有专门知识和经验技能的专业人员来代替自己从事项目建设的管理和监督活动。于是，建设工程监理行业出现了。20 世纪 80 年代以后，一些发展中国家和地区开始效仿这种做法。许多国际金融机构也把实行监理作为提供建设项目贷款的条件之一。在这种大环境和国内经济体制改革的双重前提下，我国建设部于 1988 年 7 月 25 日发布《关于开展建设监理工作的通知》，标志着我国建设监理制度的起步。

《建筑法》第三十条规定，国家推行建筑工程监理制度。国务院可以规定实行强制监理的建筑工程的范围。第三十一条规定，实行监理的建筑工程，由建设单位委托具有相应资质条件的工程监理单位监理。建设单位与其委托的工程监理单位应当订立书面委托监理合同。《民法典》合同编第七百九十六条规定，建设工程实行监理的，发包人应当与监理人采用书面形式订立委托监理合同。发包人与监理人的权利和义务以及法律责任，应当依照本编委托合同以及其他有关法律、行政法规的规定。

由此可见，建设项目的业主(建设监理的委托人)与建设监理单位(建设监理的受托人)之间是由委托合同所确立的权利义务关系；这个委托监理合同又是监理单位开展监理工作的最主要的直接依据之一。监理合同的适当订立和履行不仅关系到建设项目监理工作的成败和建设项目控制目标的实现与否，还关系到合同双方的直接利益。正因为如此，业主和监理单位都应当十分重视监理合同的订立和履行。

由于建设项目本身具有复杂性的特点，监理合同的内容不仅复杂而且十分专业化。一般而言，对于处于委托人地位的建设项目业主来说，能够在平等、自愿的基础上自主签订内容完善、合乎科学规律的委托监理合同，非常不容易。因此，委托监理合同示范文本十分必要。建设部和国家工商行政管理局于 2000 年 2 月联合发布了《建设工程委托监理合同(示范文本)》(GF—2000—0202)。

4.2.2　《建设工程委托监理合同(示范文本)》的内容

业主主要通过公开招标程序选择监理单位并与之订立委托监理合同，因此对于合同双方具有法律约束力的所有文件，包括中标人的监理投标书、招标人的中标通知书、委托监理合同文本(包括委托合同、标准条件和专用条件)以及其他所有在合同实施过程中签署的用以规定合同双方权利义务关系的承诺和约定都是监理合同的内容，这是广义建设监理合同的范畴。

狭义的建设监理合同仅指委托监理合同文本，即示范文本，它由建设工程委托监理合同、标准条件和专用条件三部分组成。

1. 建设工程委托监理合同

建设工程委托监理合同是合同文件的正文和核心，起到总协议的作用。合同双方也在该部分签章。其条款样式如下。

第一部分　建设工程委托监理合同

委托人＿＿＿＿与监理人＿＿＿＿经双方协商一致，签订本合同。

第一条　委托人委托监理人监理的工程(以下简称"本工程")概况如下。

工程名称：＿＿＿＿＿＿＿＿＿＿＿＿＿＿＿＿＿＿＿＿＿＿＿＿＿＿＿

工程地点：＿＿＿＿＿＿＿＿＿＿＿＿＿＿＿＿＿＿＿＿＿＿＿＿＿＿＿

工程规模：＿＿＿＿＿＿＿＿＿＿＿＿＿＿＿＿＿＿＿＿＿＿＿＿＿＿＿

总投资：＿＿＿＿＿＿＿＿＿＿＿＿＿＿＿＿＿＿＿＿＿＿＿＿＿＿＿

第二条　本合同中的有关词语含义与本合同第二部分《标准条件》中赋予它们的定义相同。

第三条　下列文件均为本合同的组成部分：

① 监理投标书或中标通知书；

② 本合同标准条件；

③ 本合同专用条件；

④ 在实施过程中双方共同签署的补充与修正文件。

第四条　监理人向委托人承诺，按照本合同的规定，承担本合同专用条件中议定范围内的监理业务。

第五条　委托人向监理人承诺按照本合同注明的期限、方式、币种，向监理人支付报酬。

本合同自＿＿＿年＿＿＿月＿＿＿日开始实施，至＿＿＿年＿＿＿月＿＿＿日完成。

本合同一式＿＿＿份，具有同等法律效力，双方各执＿＿＿份。

委　托　人：＿＿＿＿＿(签章)	监　理　人：＿＿＿＿＿(签章)
住　　　　所：＿＿＿＿＿	住　　　　所：＿＿＿＿＿
法定代表人：＿＿＿＿＿(签章)	法定代表人：＿＿＿＿＿(签章)
开　户　银　行：＿＿＿＿＿	开　户　银　行：＿＿＿＿＿
账　　　　号：＿＿＿＿＿	账　　　　号：＿＿＿＿＿
邮　　　　编：＿＿＿＿＿	邮　　　　编：＿＿＿＿＿
电　　　　话：＿＿＿＿＿	电　　　　话：＿＿＿＿＿

本合同签订于：＿＿＿年＿＿＿月＿＿＿日

第一条概括反映监理工程的概况。需要说明的是，目前我国监理单位主要还是在项目建设的施工阶段承担造价、质量和工期等方面的监督和管理工作，因此这一条款反映的仅仅是建设工程的施工阶段。其实，随着监理行业的不断成熟和发展，其服务范围会逐渐拓展到项目的前期策划、设计甚至是项目竣工验收之后的运营或物业管理阶段。如此将会导致监理合同内容发生变化，示范文本的内容也会增加。

第三条说明有效文件的组成范围。其中，第①项是在进行监理招标投标过程中形成的具有法律效力的文件；第②项和第③项是在签订监理合同过程中形成的文件(将在下一问题中详细介绍)；而第④项则是在监理合同履行过程中对于出现的偶发事件，而合同又没有事先约定，或者对合同原有的约定作出修改，经双方商议而签订的补充与修正文件。这种补充与修正其实是合同履行中非常常见的现象，发生后一定要注意整理和归档。

需要说明的是，以上这些构成合同的文件，如果出现内容相互矛盾、抵触的情况，一般来说，后形成的文件具有优先的效力等级。因此，监理合同文件的解释顺序为：第一是双方签署的合同补充与修正文件，具有最优效力等级；第二是委托监理合同；第三是专用条件；第四是标准条件；第五是中标通知书；第六是中标人的监理投标书。

第四条和第五条反映合同双方受托和委托的意愿。

2. 标准条件

虽然建设项目各不相同，对项目进行的监理工作也不尽相同，但作为委托人和受托人其基本的权利义务有共同之处。标准条件就是对委托人和受托人的这些基本权利义务的规定，具有普遍性和通用性，是所有工程监理合同都可以参照使用的通用条款。

我国监理合同示范文本中的标准条件是参照国际工程监理通用合同条件，结合我国工程监理实际情况编制的。在实用中，这部分内容一般不作改动，双方依照采纳即可。其条款样式如下。

第二部分　标准条件

词语定义、适用范围和法规

第一条　下列名词和用语，除上下文另有规定外，有如下含义。

(1) "工程"是指委托人委托实施监理的工程。

(2) "委托人"是指承担直接投资责任和委托监理业务的一方以及其合法继承人。

(3) "监理人"是指承担监理业务和监理责任的一方，以及其合法继承人。

(4) "监理机构"是指监理人派驻本工程现场实施监理业务的组织。

(5) "总监理工程师"是指经委托人同意，监理人派到监理机构全面履行本合同的全权负责人。

(6) "承包人"是指除监理人以外，委托人就工程建设有关事宜签订合同的当事人。

(7) "工程监理的正常工作"是指双方在专用条件中约定，委托人委托的监理工作范围和内容。

(8) "工程监理的附加工作"是指：①委托人委托监理范围以外，通过双方书面协议另外增加的工作内容；②委托人或承包人原因，使监理工作受到阻碍或延误，因增加工作量或持续时间而增加的工作。

(9) "工程监理的额外工作"是指正常工作和附加工作以外或非监理人自己的原因而暂停或中止监理业务，其善后工作及恢复监理业务的工作。

(10) "日"是指任何一天零时至第二天零时的时间段。

(11) "月"是指根据公历从一个月份中任何一天开始到下一个月份相应日期的前一天的时间段。

第二条　建设工程委托监理合同适用的法律是指国家的法律、行政法规，以及专用条件中议定的部门规章或工程所在地的地方法规、地方规章。

第三条　本合同文件使用汉语语言文字书写、解释和说明。如专用条件约定使用两种以上(含两种)语言文字时，汉语应为解释和说明本合同的标准语言文字。

监理人义务

第四条　监理人按合同约定派出监理工作需要的监理机构及监理人员，向委托人报送委派的总监理工程师及其监理机构主要成员名单、监理规划，完成监理合同专用条件中约定的监理工程范围内的监理业务。在履行合同义务期间，应按合同约定定期向委托人报告监理工作。

第五条　监理人在履行本合同的义务期间，应认真、勤奋地工作，为委托人提供与其水平相适应的咨询意见，公正维护各方面的合法权益。

第六条　监理人使用委托人提供的设施和物品属委托人的财产。在监理工作完成或中止时，应将其设施和剩余的物品按合同约定的时间和方式移交给委托人。

第七条　在合同期内或合同终止后，未征得有关方同意，不得泄露与本工程、本合同业务有关的保密资料。

委托人义务

第八条　委托人在监理人开展监理业务之前应向监理人支付预付款。

第九条　委托人应当负责工程建设的所有外部关系的协调，为监理工作提供外部条件。根据需要，如将部分或全部协调工作委托监理人承担，则应在专用条件中明确委托的工作和相应的报酬。

第十条　委托人应当在双方约定的时间内免费向监理人提供与工程有关的为监理工作所需要的工程资料。

第十一条　委托人应当在专用条件中约定的时间内就监理人书面提交并要求作出决定的一切事宜作出书面决定。

第十二条　委托人应当授权一名熟悉工程情况、能在规定时间内作出决定的常驻代表(在专用条款中约定)，负责与监理人联系。更换常驻代表，要提前通知监理人。

第十三条　委托人应当将授予监理人的监理权力，以及监理人主要成员的职能分工、监理权限及时书面通知已选定的承包合同的承包人，并在与第三人签订的合同中予以明确。

第十四条　委托人应在不影响监理人开展监理工作的时间内提供如下资料。

(1) 与本工程合作的原材料、构配件、设备等生产厂家名录。

(2) 与本工程有关的协作单位、配合单位的名录。

第十五条　委托人应免费向监理人提供办公用房、通信设施、监理人员工地住房及合同专用条件约定的设施,对监理人自备的设施给予合理的经济补偿(补偿金额=设施在工程使用时间占折旧年限的比例×设施原值+管理费)。

第十六条　根据情况需要，如果双方约定，由委托人免费向监理人提供其他人员，应在监理合同专用条件中予以明确。

监理人权利

第十七条　监理人在委托人委托的工程范围内，享有以下权利。

(1) 选择工程总承包人的建议权。

(2) 选择工程分包人的认可权。

(3) 对工程建设有关事项包括工程规模、设计标准、规划设计、生产工艺设计和使用功能要求，向委托人的建议权。

(4) 对工程设计中的技术问题，按照安全和优化的原则，向设计人提出建议；如果拟提出的建议可能会提高工程造价，或延长工期，应当事先征得委托人的同意。当发现工程设计不符合国家颁布的建设工程质量标准或设计合同约定的质量标准时，监理人应当书面报

告委托人并要求设计人更正。

(5) 审批工程施工组织设计和技术方案，按照保质量、保工期和降低成本的原则，向承包人提出建议，并向委托人提出书面报告。

(6) 主持工程建设有关协作单位的组织协调，重要协调事项应当事先向委托人报告。

(7) 征得委托人同意，监理人有权发布开工令、停工令、复工令，但应当事先向委托人报告。如在紧急情况下未能事先报告时，则应在 24 小时内向委托人作出书面报告。

(8) 工程上使用的材料和施工质量的检验权。对于不符合设计要求和合同约定及国家质量标准的材料、构配件、设备，有权通知承包人停止使用；对于不符合规范和质量标准的工序、分部、分项工程和不安全施工作业，有权通知承包人停工整改、返工。承包人得到监理机构复工令后才能复工。

(9) 工程施工进度的检查、监督权，以及工程实际竣工日期提前或超过工程施工合同规定的竣工期限的签认权。

(10) 在工程施工合同约定的工程价格范围内，工程款支付的审核和签认权，以及工程结算的复核确认权与否决权。未经总监理工程师签字确认，委托人不支付工程款。

第十八条　监理人在委托人授权下，可对任何承包人合同规定的义务提出变更。如果由此严重影响了工程费用或质量或进度，则这种变更须经委托人事先批准。在紧急情况下未能事先报委托人批准时，监理人所做的变更也应尽快通知委托人。在监理过程中如发现工程承包人人员工作不力，监理机构可要求承包人调换有关人员。

第十九条　在委托的工程范围内，委托人或承包人对对方的任何意见和要求(包括索赔要求)，均必须首先向监理机构提出，由监理机构研究处置意见，再同双方协商确定。当委托人和承包人发生争议时，监理机构应根据自己的职能，以独立的身份判断，公正地进行调解。当双方的争议由政府建设行政主管部门调解或仲裁机构仲裁时，应当提供作证的事实材料。

委托人权利

第二十条　委托人有选定工程总承包人，以及与其订立合同的权利。

第二十一条　委托人有对工程规模、设计标准、规划设计、生产工艺设计和设计使用功能要求的认定权，以及对工程设计变更的审批权。

第二十二条　监理人调换总监理工程师须事先经委托人同意。

第二十三条　委托人有权要求监理人提交监理工作月报及监理业务范围内的专项报告。

第二十四条　当委托人发现监理人员不按监理合同履行监理职责，或与承包人串通给委托人或工程造成损失的，委托人有权要求监理人更换监理人员，直到终止合同并要求监理人承担相应的赔偿责任或连带赔偿责任。

监理人责任

第二十五条　监理人的责任期即委托监理合同有效期。在监理过程中，如果因工程建设进度的推迟或延误而超过书面约定的日期，双方应进一步约定相应延长的合同期。

第二十六条　监理人在责任期内，应当履行约定的义务。如果因监理人过失造成了委托人的经济损失，应当向委托人赔偿。累计赔偿总额(除本合同第二十四条规定以外)不应超过监理报酬总额(扣除税金)。

第二十七条　监理人对承包人违反合同规定的质量要求和完工(交图、交货)时限，不承担责任。因不可抗力导致委托监理合同不能全部或部分履行，监理人不承担责任。但对违反第五条规定引起的与之有关的事宜，向委托人承担赔偿责任。

第二十八条　监理人向委托人提出赔偿的要求不能成立时，监理人应当补偿由于该索赔所导致委托人的各种费用支出。

委托人责任

第二十九条　委托人应当履行委托监理合同约定的义务，如有违反则应当承担违约责任，赔偿给监理人造成的经济损失。监理人处理委托业务时，因非监理人原因的事由受到损失的，可以向委托人要求补偿损失。

第三十条　委托人如果向监理人提出赔偿的要求不能成立，则应当补偿由该索赔所引起的监理人的各种费用支出。

合同生效、变更与终止

第三十一条　委托人或承包人的原因使监理工作受到阻碍或延误，以致发生了附加工作或延长了持续时间，则监理人应当将此情况与可能产生的影响及时通知委托人。完成监理业务的时间相应延长，并得到附加工作的报酬。

第三十二条　在委托监理合同签订后，实际情况发生变化，使得监理人不能全部或部分执行监理业务时，监理人应当立即通知委托人。该监理业务的完成时间应予延长。当恢复执行监理业务时，应当增加不超过42日的时间用于恢复执行监理业务，并按双方约定的数额支付监理报酬。

第三十三条　监理人向委托人办理完竣工验收或工程移交手续，承包人和委托人已签订工程保修责任书，监理人收到监理报酬尾款，本合同即终止。保修期间的责任，双方在专用条款中约定。

第三十四条　当事人一方要求变更或解除合同时，应当在42日前通知对方，因解除合同使一方遭受损失的，除依法可以免除责任的外，应由责任方负责赔偿。变更或解除合同的通知或协议必须采取书面形式，协议未达成之前，原合同仍然有效。

第三十五条　监理人在应当获得监理报酬之日起30日内仍未收到支付单据，而委托人又未对监理人提出任何书面解释时，或根据第三十一条及第三十二条已暂停执行监理业务时限超过六个月的，监理人可向委托人发出终止合同的通知，发出通知后14日内仍未得到委托人答复，可进一步发出终止合同的通知，如果第二份通知发出后42日内仍未得到委托人答复，可终止合同或自行暂停或继续暂停执行全部或部分监理业务。委托人承担违约责任。

第三十六条　监理人由于非自己的原因而暂停或终止执行监理业务，其善后工作以及恢复执行监理业务的工作，应当视为额外工作，有权得到额外的报酬。

第三十七条　当委托人认为监理人无正当理由而又未履行监理义务时，可向监理人发出指明其未履行义务的通知。若委托人发出通知后21日内没有收到答复，可在第一个通知发出后35日内发出终止委托监理合同的通知，合同即行终止。监理人承担违约责任。

第三十八条　合同协议的终止并不影响各方应当享有的权利和应当承担的责任。

监理报酬

第三十九条　正常的监理工作、附加工作和额外工作的报酬，按照监理合同专用条件中约定的方法计算，并按约定的时间和数额支付。

第四十条　如果委托人在规定的支付期限内未支付监理报酬，自规定之日起，还应向监理人支付滞纳金。滞纳金从规定支付期限最后一日起计算。

第四十一条　支付监理报酬所采取的货币币种、汇率由合同专用条件约定。

第四十二条　如果委托人对监理人提交的支付通知中报酬或部分报酬项目提出异议，应当在收到支付通知书24小时内向监理人发出表示异议的通知，但委托人不得拖延其他无异议报酬项目的支付。

其他

第四十三条　委托的建设工程监理所必要的监理人员出外考察、材料、设备复试，其费用支出经委托人同意的，在预算范围内向委托人实报实销。

第四十四条　在监理业务范围内，如需聘用专家咨询或协助，由监理人聘用的，其费用由监理人承担；由委托人聘用的，其费用由委托人承担。

第四十五条　监理人在监理工作过程中提出的合理化建议，使委托人得到了经济效益，委托人应按专用条件中的约定给予经济奖励。

第四十六条　监理人驻地监理机构及其职员不得接受监理工程项目施工承包人的任何报酬或者经济利益。监理人不得参与可能与合同规定的委托人的利益相冲突的任何活动。

第四十七条　监理人在监理过程中，不得泄露委托人申明的秘密，亦不得泄露设计人、承包人等提供并申明的秘密。

第四十八条　监理人对于由其编制的所有文件拥有版权，委托人仅有权为本工程使用或复制此类文件。

争议的解决

第四十九条　因违反或终止合同而引起的对对方损失和损害的赔偿，双方应当协商解决，如未能达成一致，可提交主管部门协调，如仍未能达成一致时，根据双方约定提交仲裁机构仲裁，或向人民法院起诉。

第一条关于名词和用语含义的规定，是为避免双方在合同履行过程中因为对名词和专业用语的含义理解分歧产生不必要的纠纷而作出的。例如，标准条件第三十九条的规定说明了监理人的报酬分为三部分，分别是完成"正常的监理工作""附加工作"和"额外工作"的报酬。第一条第7款明确规定了"工程监理的正常工作"一词的含义，则监理报酬中的固定金额部分就是由于监理人完成了该部分的工作内容应得到的酬金；委托人支付给监理人报酬中的"附加工作报酬"是由监理人完成的附加工作量决定的，第8款规定的"工程监理的附加工作"的内容就是计算"附加工作报酬"的依据。由此可以看出，双方对于合同中出现的所有名词和用语没有分歧非常重要，因此第一条的规定十分有必要。

第十七条规定了监理人享有的各项权利。应当注意的是，《民法典》合同编第九百二十二条规定，受托人应当按照委托人的指示处理委托事务。需要变更委托人指示的，应当经委托人同意；因情况紧急，难以和委托人取得联系的，受托人应当妥善处理委托事务，但是事后应当将该情况及时报告委托人。监理合同是委托合同，所以监理人在行使其各项监理权利时，必须经过委托人的认可，并以书面形式在一定时间期限内向委托人报告。这就是第十七条第7款规定的原因。在实际运用时，标准条件中24小时的时间期限可以根据委托人和监理人的意愿和实际情况进行适当修改。委托监理合同自双方签章之日起生效，有效期由双方在示范文本第一部分中约定。

第三十一条至第三十八条规定了委托监理合同变更、解除和终止的处理办法。

3. 专用条件

示范文本中的标准条件是对各种行业和专业的所有建设项目监理委托关系双方权利义务的普遍性和通用性的规定。但是建设项目因地域、专业的不同而各不相同，对不同项目进行的监理工作也各有不同，因此仅有标准条件是远远不够的。例如，标准条件中的第十条规定，委托人应当在双方约定的时间内免费向监理人提供与工程有关的为监理工作所需要的工程资料。这其中，"双方约定的时间"以及"所需要的工程资料"就因工程的不同而各不相同，标准条件是无法确定的。这就需要双方在"专用条件"中作出约定和规定。因此，"专用条件"就是在标准条件的基础上，结合委托监理工程的项目特点，依据项目所在地地方法规、部门规章的规定，由双方经过协商，对于标准条件中无法确定的内容进行细化、具体化或修改而形成的条款。

为了方便对照，专用条件部分的条款编号不是按从小到大的顺序由第一条开始顺序编排的，而是与标准条件中相应条款的编号相对应的。例如，标准条件第十条规定，委托人应当在双方约定的时间内免费向监理人提供与工程有关的为监理工作所需要的工程资料。专用条件中的第十条就对此做了具体化的规定，委托人应提供的工程资料及提供时间：在×年×月×日之前向监理人提供如下资料：① ××××；② ××××；……这样，两个条件中相同序号的条款共同组成一条内容完备的条款。再比如，标准条件第四十二条规定，如果委托人对监理人提交的支付通知中报酬或部分报酬项目提出异议，应当在收到支付通知书 24 小时内向监理人发出表示异议的通知，……如果委托人认为该时间太短，在与监理人协商达成"72 小时"的一致意见后，可在专用条件中用相同序号的条款将时间修改为 72 小时。

监理服务提供的是工程施工期间的监督管理服务，这种服务在不同工程项目之间表现出来的差异性不像施工项目那么多，对于不同监理项目需要特别约定的内容不是很多。因此监理合同的专用条件与施工合同的专用条件相比单得多。

专用条件的条款样式如下。

第三部分　专　用　条　件

第二条　本合同适用的法律及监理依据：

第四条　监理范围和监理工作内容：

第九条　外部条件包括：

第十条　委托人应提供的工程资料及提供时间：

第十一条　委托人应在＿＿＿＿天内对监理人书面提交并要求作出决定的事宜作出书面答复。

第十二条　委托人的常驻代表为：

第十五条　委托人免费向监理机构提供如下设施：

对监理人自备的设施委托人给予的补偿如下：

补偿金额=施工在工程使用时间占折旧年限的比例×设施原值+管理费

第十六条　在监理期间，委托人免费向监理机构提供一名工作人员，由总监理工程师安排其工作，凡涉及服务时，此类职员只应从总监理工程师处接受指示。并免费提供＿＿＿＿

名服务人员。监理机构应与此类服务的提供者合作，但不对此类人员及其行为负责。

第二十六条　监理人在责任期内如果失职，同意按以下办法承担责任，赔偿损失[累计赔偿额不超过监理报酬总数(扣除税金)]。

赔偿金=直接经济损失×报酬比率(扣除税金)

第三十九条　委托人同意按以下的计算方法、支付时间与金额，支付监理人的报酬。

附加工作和额外工作的报酬计算公式通常相同，其公式如下：

报酬=附加或额外工作的日数×(监理合同报酬总额/监理服务日数)

第四十一条　双方同意用＿＿＿支付报酬，按＿＿＿汇率计付。

第四十五条　奖励办法如下。

奖励金额=工程费用节省额×报酬比率

第四十九条　本合同在履行过程中发生的争议，由双方当事人协商解决，协商不成的，按下列第＿＿＿种方式解决。

(一)　提交＿＿＿仲裁委员会仲裁；

(二)　依法向人民法院起诉。

附加协议条款：＿＿＿＿＿＿＿＿＿＿＿＿＿＿＿＿＿＿＿＿＿＿＿＿＿

第二条对应于标准条件的第二条。标准条件第二条规定，建设工程委托监理合同适用的法律是指国家的法律、行政法规，以及专用条件中议定的部门规章或工程所在地的地方法规、地方规章。合同双方可以根据该建设项目及其所在地，依照国家法律的有关规定，商议本合同适用的法规、规范、标准等，并将其列明在该条款中。例如，国家大剧院建设工程委托监理合同的专用条件第二条规定的合同适用的法规及依据包括以下内容。

(1) 国家及北京市有关工程建设法规、规章、规定。执行时按北京市的、国家的、国外的(经有关方协商确认的)、双方协商的顺序执行。

(2) 国家施工验收规范、规程、工程质量验收标准、北京市有关建筑安装工程技术资料管理的规定、国家和北京市档案馆的工程竣工资料规定。

(3) 北京市的工程建设概预算定额及有关费用标准、招投标工程中标通知及中标费用标准。

(4) 业主与监理公司签订的监理合同文件。

(5) 业主与总承包单位签订的施工总承包合同文件。

(6) 业主与工程分包单位签订的分包合同，业主与材料设备供应商签订的材料设备采购供应合同。

(7) 施工总承包与分包单位所签订的分包合同，施工总承包单位与材料设备供应商签订的材料设备采购供应合同。

(8) 本工程的设计文件、设计合同，包括工程施工过程中的设计变更洽商文件。

(9) 建设施工过程中业主与工程总承包之间签署的有关影响工程进度、费用、质量的函件。

(10) 本合同在实施过程中如与国家及本市颁布的新法规有抵触时，按国家当时颁布的新法规执行。

第四条对应于标准条件的第四条。标准条件第四条规定，……完成监理合同专用条件中约定的监理工程范围内的监理业务……该条款就用来约定该建设项目监理工作具体的范

围和内容。通常该条款应与工程项目总概算、单位工程概算所涵盖的工程范围相一致，或与工程总承包合同、单项工程承包所涵盖的范围相一致。例如，可以包括如下范围和内容。

(1) 协助委托人选择承包人，组织设计、施工、设备采购等招标。

(2) 技术监督和检查：检查工程设计，材料和设备质量；对操作或施工质量的监理和检查；等等。

(3) 施工管理，包括质量控制、成本控制、计划和进度控制等。

第九条对应于标准条件的第九条。标准条件第九条规定，委托人应当负责工程建设的所有外部关系的协调，为监理工作提供外部条件……这里所说的外部关系是指与政府有关职能管理部门、与工程所在地周边社区、与工程的总承包和分包单位之间的关系。由于标准条件中无法指明，所以由双方在专用条件中明确规定。

第十条对应于标准条件的第十条。标准条件第十条规定，委托人应当在双方约定的时间内免费向监理人提供与工程有关的为监理工作所需要的工程资料。在专用条件中就应当规定：委托人在×年×月×日之前向监理人提供如下资料：① ××××；② ××××；……

第十一条对应于标准条件的第十一条。标准条件第十一条规定，委托人应当在专用条款约定的时间内就监理人书面提交并要求作出决定的一切事宜作出书面决定。监理人与业主之间是委托合同关系，监理人是"受业主之托"，按照《民法典》第九百二十二条的规定，受托人应当按照委托人的指示处理委托事务……监理人在履行监理职责过程中经常需要要求业主对事务作出决定。业主作出这些决定的速度直接影响工程的进度和监理人的工作。因此专用条件的第十一条用来规定业主作出决定的最晚期限。

第十二条对应于标准条件的第十二条。标准条件第十二条规定，委托人应当授权一名熟悉工程情况、能在规定时间内作出决定的常驻代表(在专用条款中约定)……专用条件第十二条应明确该常驻代表的姓名。

第十五条对应于标准条件的第十五条。标准条件第十五条规定，委托人应免费向监理人提供办公用房、通信设施、监理人员工地住房及合同专用条件约定的设施，对监理人自备的设施给予合理的经济补偿(补偿金额=设施在工程使用时间占折旧年限的比例×设施原值+管理费)。监理人可以与业主约定除标准条件规定以外的由业主免费提供的设施，并将所有免费提供的设施清单详细地列于专用条件的第十五条之中。应当注意的是，这些设施，除了消耗品外，在委托监理合同履行完毕后要交还给委托人。对于本应由业主提供，但实际由监理人自备的设施，业主应当予以经济补偿。这些监理人自备设施清单也要在该条款中列明，同时要列明按照标准条件规定的计算公式计算出的应由业主承担的补偿金额。

第十六条对应于标准条件的第十六条。标准条件第十六条规定，根据情况需要，如果双方约定，由委托人免费向监理人提供其他人员，应在监理合同专用条件中予以明确。专用条件的第十六条就用来规定这些工作人员和服务人员的数量。应当注意的是，这些工作人员和服务人员并不隶属于监理单位，而是隶属于业主，他们与监理单位是合作关系。在工作中，他们主要的作用是协调监理单位与业主单位各部门之间的关系，并由总监理工程师调动使用。

第二十六条对应于标准条件的第二十六条。标准条件第二十六条规定，监理人在责任期内，应当履行约定的义务。如果因监理人过失造成了委托人的经济损失，应当向委托人赔偿。累计赔偿总额(除本合同第二十四条规定的以外)不应超过监理报酬总额(扣除税金)。

在实际执行中，监理人的报酬计算有多种方法。比较常见的是：报酬总额=工程概算总额×双方约定的比率(依据工程大小不同，幅度为 1.5%～2.5%)，该约定的比率就称为"报酬比率"。因此在计算赔偿金时，以扣除监理人应缴税金后实得报酬计算出的比率乘以委托人的直接经济损失为监理人应向委托人支付的赔偿。

第三十九条对应于标准条件的第三十九条。标准条件第三十九条规定：正常的监理工作、附加工作和额外工作的报酬，按照监理合同专用条件中约定的方法计算，并按约定的时间和数额支付。这里所说的报酬计算方法可以是第二十六条中提及的"报酬总额=工程概算总额×双方约定的比率"，其中，工程概算费在 500 万元以下、500 万～1000 万元、1000 万～5000 万元不同规模的工程，约定的比率相应为 2.5%、2.5%～2.0%、2.0%～1.4%。实践中，也可以采用总额包干或按照人月数来计算报酬。

附加工作和额外工作的报酬计算公式通常相同，即附加或额外工作的日数×(监理合同报酬总额/监理服务日数)。其中的"监理合同报酬总额/监理服务日数"表示的是监理人平均每日所获得的工作报酬。

第四十一条对应于标准条件的第四十一条。标准条件第四十一条规定，支付监理报酬所采取的货币币种、汇率由合同专用条件约定。该条款主要用于涉外工程监理合同，即监理合同一方当事人为涉外主体，结算涉及外币的情况。

第四十五条对应于标准条件的第四十五条。标准条件第四十五条规定，监理人在监理工作过程中提出的合理化建议，使委托人得到了经济效益，委托人应按专用条件中的约定给予经济奖励。对监理人实施奖励，以鼓励监理人积极运用其智力优势推行合理化建议，作用十分明显。本条款规定按照报酬比率将合理化建议所节省的资金额中的一部分奖励给监理人。当然，奖励与否，可以由双方当事人自主选择。

第四十九条对应于标准条件的第四十九条。标准条件第四十九条规定，因违反或终止合同而引起的对对方损失和损害的赔偿，双方应当协商解决，如未能达成一致，可提交主管部门协调，如仍未能达成一致时，根据双方约定提交仲裁机构仲裁，或向人民法院起诉。委托合同引发的纠纷属于经济纠纷，经济纠纷的解决，当事人之间的协商和他人出面进行的协调、调解不具有法律效力，因而也不是法定的纠纷解决的必经程序。根据有关法律的规定，具有法律效力的解决经济纠纷的途径是诉讼或仲裁。而《中华人民共和国民事诉讼法》(以下简称《民事诉讼法》)和《中华人民共和国仲裁法》(以下简称《仲裁法》)规定了"或审或裁"制度，即由纠纷当事人自行选择将其纠纷交由具有管辖权的人民法院审理或者交由当事人自己选定的仲裁机构进行裁决，二者仅可选择其一，并且法院的判决和仲裁机构的裁决都具有终局法律效力。专用条件的该条款就用以记载委托人和受托人的这种选择。如果选择仲裁，由于仲裁不存在地域管辖，所以双方还需要一致约定具体的仲裁机构，即该条第 1 款。如果选择向人民法院起诉，由于法院的地域管辖，"工程所在地就是纠纷解决地"，则无须双方约定法院。

最后的"附加协议条款"用来明确双方在标准条件和专用条件中尚未明确的事项，或者针对工程具体情况达成特殊协议。

4.2.3　合同双方对委托监理合同的管理

建设工程委托监理合同的订立只是监理工作的开端，双方通过履行合同实现各自经济目的是双方最终意愿。合同双方，特别是受托人一方必须实施有效管理，监理合同才能得以顺利履行。为此，在监理合同履行过程中应注意以下问题。

1. 监理人应当完成的工作

监理合同的专用条款规定了监理工作的范围和内容，这些工作是所谓"正常的工作"。但监理工作进行当中会经常发生订立合同时未能或不能合理预见而需要监理人完成的工作，这些工作就是所谓的"附加工作"和"额外工作"。需要注意的是，这部分工作一旦发生，也是监理人必须完成的。监理人对这些工作的懈怠会导致其法律意义上的"失职"，从而可能承担相应的法律责任，因此在监理合同履行过程中需要谨慎对待。

"附加工作"和"额外工作"的酬金不包含在"监理人的报酬"当中，其计算方法已在专用条件第三十九条做了约定。

"附加工作"可能包括委托人、第三方原因，使监理工作受到阻碍或延误，以致增加了工作量或延长了工作时间；增加监理工作的范围和内容；等等。例如，由于委托人或承包人的原因，承包合同不能按期竣工而必须延长的监理工作时间。又如，委托人要求监理人就施工中采用新工艺施工部分编制质量检测合格标准等都属于附加监理工作。

"额外工作"是指正常工作和附加工作以外的工作，即非监理人自己的原因而暂停或中止监理业务，其善后工作及恢复监理业务不超过 42 天的准备工作时间。例如，合同履行过程中发生不可抗力，承包人的施工被迫中断，监理工程师应完成的确认灾害发生前承包人已经完成工程的合格和不合格部分、指示承包人采取应急措施等，以及灾害消失后恢复施工前必要的监理准备工作。

2. 双方的义务

1) 委托人的义务

除了合同条款列明的各项义务，为使监理人顺利进行工作，需要注意以下的协助工作也应由委托人承担：将授予监理人的权力、监理机构主要成员的分工、监理权限及时通知已选定的项目建设承包商，并在与承包商签订的建设工程合同中予以明确；为监理人驻工地的监理机构开展正常工作提供包括信息服务、物质服务和人员服务在内的协助服务，如协助监理人获取工程使用的原材料、构配件、机械设备等生产厂家名录以掌握产品信息，向监理人提供与本工程有关的协作单位、配合单位的名录以方便监理工作的组织协调。再比如，委托人应免费向监理人提供职员和服务人员并在专用条件中写明提供的人数和服务时间，这些人员在监理服务期间只应服从监理工程师的指示，但监理人不对这些人员的失职行为负责。

2) 监理人的义务

监理人在履行合同期间，应运用其技能负责任地工作，公正维护委托人以及工程承包商的合法权益。如果监理人不按合同履行其职责，或与承包人串通给委托人或工程造成损失时，委托人有权要求监理人更换监理人员、终止监理合同或要求监理人承担相应的赔偿责任或连带赔偿责任。

监理人开始执行监理工作前应向委托人报送派往该工程项目的总监理工程师及项目机构其他工作人员的情况。合同履行过程中如需要调换总监理工程师，必须经过委托人同意，并派出具有相应资质和能力的人员。

监理人不得泄露与本工程、合同业务有关的包括委托人、承包人在内的各方的保密资料。

非经委托人同意，监理人一方的工作人员不应接受来自任何有关工程建设各方的、委托监理合同约定以外的与监理工程有关的报酬。

监理人不得参与可能与合同规定的委托人利益相冲突的任何活动。

当委托人和承包人因合同发生争议时，监理机构应以独立的身份判断，公正地进行调解。当双方的争议诉诸诉讼或仲裁解决时，监理机构应提供真实的材料以作证据。

3. 监理酬金的计算和支付

1) 正常工作的酬金

正常酬金包括监理工作所需要的全部成本、税金和合理利润三部分。所谓成本，包括直接成本(如人员报酬、差旅费用、设备摊销费用和外部协作费用等)和间接成本(如管理人员工资、业务费用、办公费用、培训资料费用和其他行政活动经费等)。

《关于印发〈建设工程监理与相关服务收费管理规定〉的通知》(发改价格〔2007〕670号)已由国家发展改革委 2016 年第 31 号令废止，根据《国家发展改革委关于进一步放开建设项目专业服务价格的通知》(发改价格〔2015〕299 号)，目前工程监理费实行市场调节价。

2) 附加工作的酬金

增加监理工作时间的补偿酬金按增加工作的天数计算，则：

$$报酬 = 附加工作天数×(合同约定的报酬/合同中约定的监理服务天数)$$

增加监理工作内容属于监理合同的变更，双方应另行签订补充协议，具体商定报酬额或报酬的计算方法。

3) 额外工作的酬金

监理额外工作酬金按实际增加工作的天数计算，可参照上式计算。

4) 酬金的支付

监理酬金的支付方式可以根据工程的具体情况双方协商确定。一般采取首期支付一定百分比酬金，以后每月(季)等额支付，工程完工并竣工验收后结算尾款的支付方式。

如果委托人对监理人提交的支付通知书中酬金或部分酬金项目提出异议，应在收到支付通知书的 24 小时内向监理人发出表示异议的通知，但不得拖延其他无异议酬金项目的支付。

委托人在商定的支付期限内未予支付酬金的，应向监理人补偿相应的利息，利息按规定支付期限最后一日银行贷款利息乘以拖欠酬金时间计算。

4. 违约责任

在《建设工程委托监理合同(示范文本)》中规定了约束双方行为的条款，如果监理人未按合同要求的职责提供服务，或委托人违背了其对监理人的责任时，均应向对方承担赔偿责任。

应当注意的是，如果委托人违约应承担违约责任，赔偿监理人的经济损失；但因监理人的过失给委托人造成损失的累计赔偿额不应超出扣除税金后的监理报酬总额。另外，监理人不对责任期以外发生的任何事情所引起的损失或损害负责，也不对第三方违反合同承担责任。

5. 监理合同的生效、有效期、变更与终止

监理合同自签订之日起生效。其有效期就是示范文本第一部分"委托监理合同"第五条规定的起止日期。如果合同履行过程中双方商定延期，则完成时间相应顺延，合同有效期就是自合同生效起至合同完成的时间。

委托监理合同常常会发生变更，如改变监理工作服务范围、工作深度、工作进程等。需要注意，变更合同需要在 42 日前通知对方并应书面载明，口头协议在无充分证据情况下不受法律保护。变更合同使对方遭受损失，除依法可免除责任的情况外，应由责任方予以赔偿。

委托人或第三方的原因使监理工作受到阻碍或延误，以致增加了工作量或工作持续时间，增加的工作应视为附加的工作，并应得到附加工作酬金。

工程竣工验收并办理了承包人与委托人的工程移交手续后，监理人应收到监理酬金尾款，至此，委托监理合同即告终止。

如果委托人认为监理人无正当理由而又未履行监理义务时，可向监理人发出其未履行义务的通知。若委托人在 21 天内未收到答复，可在第一个通知发出 35 日后发出终止监理合同的通知，合同即终止。

监理人在应当获得监理酬金之日起 30 日内仍未收到支付单据，而委托人又未对监理人作出任何书面解释，或暂停监理业务期限已超过半年时，监理人可向委托人发出终止合同的通知。如果 14 日内未得到委托人答复，可再次向委托人发出终止合同的通知。如果第二次通知发出 42 日后仍未得到答复，监理人可终止合同，也可自行暂停履行部分或全部监理业务。

合同的终止不影响双方应享有的权利和承担的义务。

【案例 4-1】双方对合同的管理问题

施工过程中，专业监理工程师发现乙施工单位施工的分包工程部分存在质量隐患。为此总监理工程师同时向甲、乙两个施工单位发出了整改通知。甲施工单位回函称：乙施工单位施工的工程是经建设单位同意进行分包的，所以本单位不承担该部分工程的质量责任。建设单位就此事提起诉讼。

【分析】甲施工单位回函所称，不妥。因为分包单位的任何违约行为导致工程损害或给建设单位造成损失，总承包单位承担连带责任。总监理工程师签发的整改通知，不妥。因为整改通知应签发给甲施工单位，乙施工单位与建设单位没有合同关系。

复习思考题

一、选择题

承包商可以按照合同的规定向发包人提出相应索赔要求的情形是(   )。

    A. 发包人不按合同要求按时、按质、按量提供资料，致使承包人无法正常开展工作

    B. 发包人在合同履行中途提出变更要求

C. 发包人不按合同规定支付合同价款

D. 因其他发包人责任给承包人造成利益损害的情况

二、填空题

1. 工程_____和_____是工程建设活动必不可少的程序。建设工程在施工之前，不仅要查明、分析、评价建设场地的_____、_____、_____和岩土工程条件，还要对建设工程所需的技术、_____、资源、环境等条件进行_____。根据_____的要求所进行的上述活动就是工程勘察和设计。

2. 建设工程监理，是指具有相应资质的_____受工程项目业主的委托，依据国家有关法律法规，经_____批准的工程项目建设文件、_____合同和_____合同，对工程的建设实施的_____和管理。

三、简答题

1. 简述工程概况的主要内容。

2. 简述四种监理的计算方法及适用性。

3. 简述"委托人""监理人""监理机构""总监理工程师"的含义。

第 5 章　FIDIC 施工合同条件

教学提示：本章简要介绍 FIDIC 及 FIDIC 的不同版本的合同文件；详细介绍 FIDIC 1999 年版的四个施工合同条件的特点及适用范围；重点介绍了《施工合同条件》(1999 年版)的内容，包括施工合同条件中的词语定义、各方的工作责任与权利、质量管理、进度管理、支付管理及其他管理性条款的内容。

教学要求：应使学生了解 FIDIC 出版的不同版本的施工合同条件；熟悉 1999 年版的四个施工合同条件的特点和适用范围；掌握《施工合同条件》(1999 年版)的内容。

5.1　FIDIC 及 FIDIC 施工合同简介

本节主要介绍 FIDIC 的相关知识以及合同发展历程。

5.1.1　FIDIC 简介

FIDIC 是"国际咨询工程师联合会"法文名称 Fédération Internationale Des Ingé-nieurs Conseils 的前 5 个字母。其英文名称是 International Federation of Consulting Engineers。FIDIC 于 1913 年由欧洲 5 国独立的咨询工程师协会在比利时根特成立，现迁至瑞士洛桑。

FIDIC 成立 100 多年来，对国际上实施工程建设项目，以及促进国际经济技术合作的发展起到了重要作用。由 FIDIC 编制的《业主、咨询工程师标准服务协议书》(白皮书)、《土木工程施工合同条件》(红皮书)、《电气与机械工程合同条件》 (黄皮书)、《工程总承包合同条件》(橘黄皮书)被世界银行、亚洲开发银行等国际和区域发展援助金融机构作为实施项目的合同和协议范本。这些合同和协议范本，条款内容严密，对履约各方和实施人员的职责义务作了明确的规定；对实施项目过程中可能出现的问题也都有较合理规定，以利于遵循解决。这些协议性文件为实施项目进行科学管理提供了可靠的依据，有利于保证工程质量、工期和控制成本，使雇主、承包人以及咨询工程师等有关人员的合法权益得到尊重。此外，FIDIC 还编辑出版了一些供雇主和咨询工程师使用的业务参考书籍和工作指南，以帮助雇主更好地选择咨询工程师，同时也帮助咨询工程师更全面地了解业务工作范围和根据指南进行工作。该会制定的承包商标准资格预审表、招标程序、咨询项目分包协议等都很实用，具有很高的参考价值，在国际上受到普遍欢迎，得到了广泛承认和应用，FIDIC 的名声也显著提高。

中国工程师咨询协会代表我国于 1996 年 10 月加入了该组织。

5.1.2 FIDIC 施工合同条件的发展历程

1. FIDIC 施工合同条件的演变

1957 年，FIDIC 与国际房屋建筑和公共工程联合会[现在的欧洲国际建筑联合会(FIEC)]在英国咨询工程师联合会(ACE)颁布的《土木工程合同文件格式》的基础上出版了《土木工程施工合同条件(国际)》(第 1 版)(俗称"红皮书")，常称为 FIDIC 条件。该条件分为两部分，第一部分是通用合同条件，第二部分是专用合同条件。

1963 年，首次出版了适用于业主和承包商的机械与设备供应和安装的《电气与机械工程合同条件》即黄皮书。

1969 年，《土木工程施工合同条件》(红皮书)出版了第 2 版。第 2 版增加了第三部分，疏浚和填筑工程专用条件。

1977 年，FIDIC 和 FIEC 联合编写 *Federation International Europeenne de la Construction*(巴黎)，这是红皮书的第 3 版。

1980 年，黄皮书出版了第 2 版。

1987 年 9 月，红皮书出版了第 4 版。第 4 版将第二部分(专用合同条件)扩大了，单独成册出版，但其条款编号与第一部分一一对应，使两部分合在一起共同构成确定合同双方权利和义务的合同条件。第二部分必须根据合同的具体情况起草。为了方便第二部分的编写，其编有解释性说明以及条款的例子，为合同双方提供了必要且可供选择的条文。

同时出版的还有《电气与机械工程合同条件》(黄皮书)第 3 版，分为三个独立的部分：序言、通用条件和专用条件。

1995 年，出版了橘皮书《设计—建造与交钥匙工程合同条件》。

以上的红皮书(1987)、黄皮书(1987)、橘皮书(1995)和《土木工程施工合同——分合同条件》、蓝皮书(《招标程序》)、白皮书(《顾客/咨询工程师模式服务协议》)、《联合承包协议》《咨询服务分包协议》共同构成 FIDIC 彩虹族系列合同文件。

1999 年 9 月，FIDIC 出版了一套 4 本新版的标准合同条件，具体如下。

《施工合同条件》(新红皮书)的全称是：《由业主设计的房屋和工程施工合同条件》(*Conditions of Contract for Construction for Building and Engineering Works Designed by the Employer*)；《设备与设计—建造合同条件》(新黄皮书)的全称是《由承包商设计的电气和机械设备安装与民用和工程合同条件》(*Conditions of Contract for Plant and Designed-Build for Electrical and Mechanical Plant and Building and Engineering Works Designed by the Contractor*)；《EPC/交钥匙项目合同条件》(*Conditions of Contract for EPC/Turnkey*) ——银皮书(Silver Book)。FIDIC 还编写了适合于小规模项目的《简明合同格式》(*Short Form of contract*) ——绿皮书(Green Book)。

2. FIDIC《施工合同条件》(新红皮书)(1999 年版)介绍

1) 《施工合同条件》(新红皮书) (1999 年版)

(1) 适用范围。

该施工合同条件适用于建设项目规模大、复杂程度高、雇主提供设计的项目。新红皮书基本继承了原红皮书的"风险分担"的原则,即雇主愿意承担比较大的风险。因此,雇主希望提供几乎全部设计(可能不包括施工图、结构补强等);雇用工程师管理合同,管理施工以及签证支付;希望在工程施工的全过程中持续得到全部信息,并能作变更等;希望支付根据工程量清单通过的工作总价。而承包商仅根据雇主提供的图纸资料进行施工。当然,承包商有时要根据要求承担结构、机械和电气部分的设计工作。

(2) 特点。

① 新红皮书放弃了原红皮书第 4 版的框架,而是继承了 1995 年橘皮书的格式,合同条件分为 20 个标题,与新版黄皮书、银皮书合同条件的大部分条款一致,同时加入了一些新的定义,便于使用和理解。

② 新红皮书对雇主的职责、权利、义务有了更严格的要求,如对雇主资金安排、支付时间和补偿、雇主违约等方面的内容进行了补充和细化。

③ 对承包商的工作提出了更严格的要求。例如,承包商应将质量保证体系和月进度报告的所有细节都提供给工程师,在何种条件下将没收履约保证金,工程检验维修的期限,等等。

④ 索赔、仲裁方面:增加了与索赔有关的条款并丰富了细节,加入了争端委员会的工作程序,由 3 个委员会负责处理那些工程师的裁决不被双方认可的争端。

2) 《设备与设计—建造合同条件》(新黄皮书)

(1) 适用范围

《设备与设计—建造合同条件》特别适合于"设计—建造"(design-construction)建设发行方式。该合同范本适用于建设项目规模大、复杂程度高、承包商提供设计、雇主愿意将部分风险转移给承包商的情况。《设备与设计—建造合同条件》与《施工合同条件》相比,最大区别在于前者雇主不再将合同的绝大部分风险由自己承担,而将一定风险转移至承包商。

(2) 特点。

① 借鉴 1995 年橘皮书的格式,合同结构类似新红皮书,并与新红皮书、银皮书相统一。

② 对设计管理的要求更加系统、严格,通用条件里就专门有一条共 7 款关于设计管理工作的规定。同时赋予了工程师较大权力——对设计文件进行审批;限制了雇主在更换工程师方面的随意性,如果承包商对雇主提出的新工程师人选不满意,则雇主无权更换;雇主对承包商的支付,采用以总价为基础的合同方式,期中支付和费用变更的方式均有详细规定。

③ 承包商要根据合同建立一套质量保证体系,在设计和实施开始前,要将其全部细节送工程师审查;增加可供选择的"竣工检验"并严格了"竣工检验"环节以确保工程的最终质量。另外,新黄皮书的规定使承包商要承担更多的风险,如将"工程所在国之外发生的叛乱、革命、暴动政变、内战、离子辐射、放射性污染等"在原黄皮书中由业主承担的风险改由承包商来承担,当然因为设计工作是由承包商来提供的,设计方面的风险自然也由承包商承担。

④ 索赔、仲裁方面:与新红皮书一样,采用 DAB 工作程序来解决争端。

3) 《EPC/交钥匙项目合同条件》(银皮书)

(1) 适用范围。

《EPC/交钥匙项目合同条件》是一种现代新型的建设履行方式。该合同范本适用于建设项目规模大、复杂程度高、承包商提供设计、承包商承担绝大部分风险的情况。与其他三个合同范本的最大区别在于,在《 EPC/交钥匙项目合同条件》下雇主只承担工程项目的

很小风险,而将绝大部分风险转移给承包商。这是由于作为这些项目 (特别是私人投资的商业项目)投资方的业主在投资前关心的是工程的最终价格和最终工期,以便他们能够准确地预测在该项目上投资的经济可行性。所以,他们希望少承担项目实施过程中的风险,以避免追加费用和延长工期。

《EPC/交钥匙项目合同条件》特别适宜于下列项目类型。

① 民间主动融资 PFI(private finance initiate),或公共/民间伙伴 PPP(public/private partnership),或 BOT(built operate transfer)及其他特许经营合同的项目。

② 发电厂或工厂且业主期望以固定价格的交钥匙方式来履行项目。

③ 基础设计项目(如公路、铁路、桥、水或污水处理石、水坝等)或类似项目,业主提供资金并希望以固定价格的交钥匙方式来履行项目。

④ 民用项目且业主希望采纳固定价格的交钥匙方式来履行项目,通常项目的完成包括所有家具、调试和设备。

(2) 特点。

① EPC 合同明确划分了雇主与承包商的风险,特别是承包商要独自承担发生最为频繁的"外部自然力"这一风险。

② 由于雇主承担的风险已极大减少,他就没有必要专门聘请工程师来代表他对工程进行全面细致的管理。EPC 合同中规定,业主或委派业主代表直接对项目进行管理,人选的更迭无须经承包商同意;雇主或雇主代表对设计的管理比黄皮书宽松,但是对工期和费用索赔管理是极为严格的,这也是 EPC 合同订立的初衷。

4) 《简明合同格式》(绿皮书)

(1) 适用范围。

FIDIC 编委会编写绿皮书的宗旨在于使该合同范本适用于投资规模相对较小的民用和土木工程,如以下工程。

① 造价在 500 000 美元以下以及工期在 6 个月以下。

② 工程相对简单,不需专业分包合同。

③ 重复性工作。

④ 施工周期短。承包商根据雇主或雇主代表提供的图纸进行施工。当然,《简明合同格式》也适用于部分或全部由承包商设计的土木电气、机械和建筑设计的项目。

类似银皮书关于管理模式的条款,"工程师"一词也没有出现在合同条件里。这是因为在相对直接和简单的项目中,工程师的存在没有必要性。当然,如果业主愿意,他仍然可以任命工程师。

鉴于绿皮书短小、简单、易于被用户掌握,编委会强烈地希望绿皮书能够被非英语系国家翻译成其母语,从而广泛地应用。此外,对发展中国家、不发达国家和在世界范围邀请招标的项目,绿皮书也被推荐使用。

(2) 特点。

① 正如绿皮书的名字一样,本合同格式的最大特点就是简单,合同条件中的一些定义被删除而另一些被重新解释;专用条件部分只有题目没有内容,仅当业主认为有必要时才加入内容;没有提供履约保函的建议格式;同时,文件的协议书中提供了一种简单的"报价和接受"的方法以简化工作程序,即将投标书和协议书格式合并为一个文件,业主在招标时在协议书上写好适当的内容,由承包商报价并填写其他部分,如果业主决定接受,就

在该承包商的标书上签字，当返还的一份协议书到达承包商处的时候，合同即生效。

② 合同条件中关于"业主批准"的条款只有两款，从而在一定程度上避免了承包商将自己的风险转移给业主；通过简化合同条件，将承包商索赔的内容都合并在一个条款中；同时，提供了好几种变更估价和合同估价方式以供选择。

③ 在竣工时间、工程接收、修补缺陷等条款方面也和其他合同文本有一定的差异。

3. FIDIC 施工合同条件的应用

1) 国际金融组织贷款和一些国际项目直接采用

在世界各地，凡世界银行、亚洲开发银行、非洲开发银行贷款的工程项目以及一些国家和地区的工程招标文件中，大部分全文采用 FIDIC 施工合同条件。在我国，凡亚洲开发银行贷款项目，全文采用 FIDIC"红皮书"。凡世界银行贷款项目，在执行世界银行有关合同原则的基础上，执行我国财政部在世界银行批准和指导下编制的有关合同条件。

2) 合同管理中对比分析使用

许多国家在学习、借鉴 FIDIC 施工合同条件的基础上，编制了一系列适合本国国情的标准合同条件。这些合同条件的项目和内容与 FIDIC 施工合同条件大同小异，主要差异体现在处理问题的程序规定上以及风险分担规定上。FIDIC 施工合同条件的各项程序是相当严谨的，处理业主和承包商风险、权利及义务也比较公正。因此，业主、咨询工程师、承包商通常都会将 FIDIC 施工合同条件作为一把尺子，与工作中遇到的其他合同条件相对比，进行合同分析和风险研究，制定相应的合同管理措施，防止合同管理上出现漏洞。

3) 在合同谈判中使用

FIDIC 施工合同条件的国际性、通用性和权威性使合同双方在谈判中可以以"国际惯例"为理由要求对方对其合同条款的不合理、不完善之处作出修改或补充，以维护双方的合法权益。这种方式在国际工程项目合同谈判中被普遍使用。

4) 部分选择使用

即使不全文采用 FIDIC 施工合同条件，在编制招标文件、分包合同条件时，仍可以部分选择其中的某些条款、某些规定、某些程序甚至某些思路，使所编制的文件更完善、更严谨。在项目实施过程中，也可以借鉴 FIDIC 施工合同条件的思路和程序来解决和处理有关问题。

需要说明的是，FIDIC 在编制各类合同条件的同时，还编制了相应的"应用指南"。在"应用指南"中，除了介绍招标程序、合同各方及工程师职责外，还对合同每一条款进行了详细解释和说明，这对使用者是很有帮助的。另外，每份合同条件的前面均列有有关措辞的定义和释义。这些定义和释义非常重要，它们不仅适合于合同条件，也适合于全部合同文件。

【案例 5-1】FIDIC 合同的应用

某工程施工阶段，当事人双方按照 FIDIC 施工合同条件签订了施工总承包合同。在施工过程中，连日降雨导致土方工程持续时间延长 12 天，窝工损失 12 万元。地基基础完工后，特大暴雨引发洪水，造成人员、施工机械损失共计 5 万元，导致部分地基基础工程需要返修，返修费为 10 万元，延误工期 5 天。为此承包商提出经济补偿 27 万元与延长工期 17 天的索赔申请。法院认为，工程师应该认为 15 万元的费用索赔和 5 天的工期索赔合法，

应提交业主批准。待业主批准后，让施工单位提交索赔报告。12 天的工期索赔不合理，12 万元的窝工损失也应该由施工方自己承担。

【分析】连日降雨属于自然条件的变化，应该属于施工方需要承担的风险，造成的窝工损失应该计算在施工方的不可预见费里，影响的工期应该由施工方负责，但如果合同中有具体约定的按照约定处理；特大暴雨属于不可预测风险，应该由业主承担这个风险。因此，支持因为特大暴雨引发的损失和返工费用赔偿，以及造成工期延迟的 5 天工期补偿。

5.2 FIDIC 施工合同条件

本节内容包括 FIDIC 施工合同的文本格式、合同条件的特点、部分重要词语定义，以及合同中的各种相关知识。

5.2.1 FIDIC 施工合同文本格式

FIDIC 出版的所有合同文本结构，都是以通用条件、专用条件和其他标准化格式的文件编制。

1. 通用条件

所谓"通用"，其含义是工程建设项目不管属于哪个行业，也不管处于何地，只要是土木工程类的施工均可适用。条款内容涉及合同履行过程中业主和承包商各方的权利与义务，工程师(交钥匙合同中为业主代表)的权利和职责，各种可能预见到事件发生后的责任界限，合同正常履行过程中各方应遵循的工作程序，以及因意外事件使合同被迫解除时各方应遵循的工作准则，等等。

2. 专用条件

专用条件是相对于"通用"而言，它要根据准备实施的项目的工程专业特点，以及工程所在地的政治、经济、法律、自然条件等地域特点，针对通用条件中条款的规定加以具体化。专用条件可以对通用条件中的规定进行相应补充完善、修订或取代其中的某些内容，以及增补通用条件中没有规定的条款。专用条件中条款序号应与通用条件中要说明条款的序号对应，通用条件和专用条件内相同序号的条款共同构成对某一问题的约定责任。如果通用条件内的某一条款内容完备、适用，专用条件内可不再重复列明此条款。

3. 标准化的格式文件

FIDIC 编制的标准化合同文本，除了通用条件和专用条件以外，还包括有标准化的投标书(及附录)和协议书的格式文件。

投标书的格式文件，是投标人愿意遵守招标文件规定的承诺表示。投标人只需要填写投标报价并签字后，即可与其他材料一起构成有法律效力的投标文件。投标书附件列出了通用条件和专用条件内涉及工期和费用内容的明确数值，与专用条件中的条款序号和具体要求相一致，以使承包商在投标时予以考虑。这些数据经承包商填写并签字确认后，作为合同履行过程中双方遵照执行的依据。

协议书是业主与中标承包商签订施工承包合同的标准化格式文件，双方只要在空格内填入相应内容，并签字盖章后合同即可生效。

5.2.2　施工合同条件的特点

1. 国际性、权威性、通用性

FIDIC《土木工程施工合同条件》的国际性和权威性，从其出台的过程以及它多年应用于国际工程所证实。其通用性，一方面，它表现在只要是土木工程，包括房屋工程、桥隧工程、公路工程等均通用；另一方面，它不仅应用于国际工程，也可以应用于国内工程。

2. 权利和义务明确、职责分明、趋于完善

FIDIC 施工合同条件不仅对工程的规模、范围、标准以及费用的结算办法都规定得十分明确，而且对工程管理过程中的许多细节都做了明确的规定，同时对雇主、承包商、工程师等各方权责规定得十分明确，这是保证工程实施的重要条件，从而减少执行过程中的误解和纠纷。例如，雇主与承包商之间是雇用与被雇用的关系，但是雇主必须通过工程师来传达自己的命令。雇主和工程师是委托与被委托的关系，雇主不能干预工程师的正常工作，但是可以向监理单位提出更换不称职的监理人员。工程师和承包商之间没有任何合同关系，双方是监理与被监理的关系，承包商所进行的工作都必须通过工程师的批准，严格遵照工程师的指示，但是承包商可以通过法律手段来保护自己的合法权益。FIDIC 施工合同条件所确定的各方之间的关系可保证工程按照合同顺利进行。

3. 文字严密、逻辑性强、内容广泛具体、可操作性强

合同各个条件之间既有相互制约的关系，又有互相补充的关系，从而构成了一个完整的合同体系。如《土木工程施工合同条件》1.5 款，同时也明确规定了文件的优先次序。

4. 法律制度完善

合同条件中形成了一套完整的具有法律特征的管理制度体系，如工程保险制度、合同担保制度、质量责任制度、价款支付制度、施工监理制度等，使合同顺利履行具备了制度上的保证。

5. 合同条件具有唯一性

FIDIC 施工合同条件是承包商和工程师各自工作的唯一依据。双方在签订合同之后，就只能以此合同作为依据。

5.2.3　部分重要词语的定义

1. 合同及合同文件

1) 合同

根据 FIDIC《土木工程施工合同条件》第 1.1.1.1 条的规定，合同是指合同协议书、中标函、投标函、合同条件(通用条件和专用条件)、规范、图纸、资料表以及合同协议书或中标函中列出的其他文件。

这里的合同实际上是全部合同文件的总称，包括对双方有约束力的全部文件。这些文件主要包括以下内容。

(1) 合同协议书。

(2) 中标函：一方面可能是指雇主对承包商投标函的正式接受函，另一方面它还可能包括双方商定的其他内容。例如，在评标中，雇主发现投标书中有些内容不清楚甚至错误，投标人对这些的澄清和确认。若整个合同文件中没有"中标函"一词，则此时中标函应理解是"协议书"。

(3) 投标函：是指投标人的报价函，通常包括投标人的承诺和投标人根据招标文件的内容，提出为雇主承建本招标项目而要求的合同价格。(注：若中标后签订了合同，这里提到的投标人就是承包人。)

(4) 合同条件：主要是指专用条件和通用条件。

(5) 规范：它的主要作用是在合同中对招标项目从技术方面进行描述，提出项目在实施中应满足的技术标准、程度等，与我国国内施工的技术规范、规程等含义一致。它是各方(雇主、承包商、工程师)解决项目相关技术问题的依据。究竟用什么规范，用哪国的规范由当事人双方在合同中约定。

(6) 图纸：是指项目实施过程中的工程图纸，以及由雇主(或其代表)按照合同发出的任何补充和修改的图纸。图纸实质上有两个来源，一个是雇主提供的，当然包括其对图纸的修改和变更；另一个是承包商设计提供的，当然应经过工程师的同意和认可。这里图纸的含义与国内施工合同文本中是一致的。

(7) 资料表：是指合同中名为资料表的文件中，由承包商填写并随投标函一起提交的资料文件。这类文件包括工程量表、数据、表册、费率或价格表(报价单)。

(8) 其他文件。另外，合同文件还包括在合同履行的过程中，当事人双方补充的一些协议如会议纪要等。

2) 合同文件的优先次序

由前文分析可知，在 FIDIC 施工合同条件中，构成对当事人双方有约束力的合同文件有 8 个。合同文件形成的时间长，在实施中情况在不断发生变化，可能受到诸多外界因素影响，客观上不可避免地会出现一些不同，甚至矛盾的现象，因此应对文件作出解释。FIDIC施工合同条件作了三个方面的说明。

(1) 组成合同的各文件是可以相互解释的。如专用条件就是对通用条件的解释和说明。

(2) 在解释时，各文件的优先次序应按"1)合同"中列到的合同文件的顺序进行，即"(1)→(2)→(3)→(4)→(5)→(6)→(7)→(8)"。应当说明的是，合同履行过程，双方补充的新协议、新文件是最具有优先解释权的。

(3) 若文件之间出现歧义或不一致，工程师应作出必要的澄清或指示。

3) 合同协议书

(1) 协议书的签订。一般承包商收到中标函后 28 天内双方签订协议书，其格式按专用条件中附的格式。同时，签订合同的印花税和类似费用如果有的话，由雇主承担。

(2) 协议书的内容。 FIDIC 施工合同条件规定的"合同协议书"实质上是一个统领性的文件。其对所有的合同文件作了归纳，从内容看主要有以下 3 个方面。

① 包含的全文件中的术语具有合同条件中所定义的含义。

② 构成整个工程合同的全部文件的清单。

③ 说明当事人双方对合同内容的认可及履行合同的承诺。

2. 投标文件相关的定义

1) 投标函

投标函是指投标人的报价函，其格式一般由雇主方在招标文件中拟订好，由投标人填写，作为其正式报价函，它是投标书的核心部分之一。

2) 投标书

投标书是指投标者投标时提交给招标人的且构成合同文件的全部文件的总标。它主要包括投标函；填写的各类表格及文件，如工程量表、计工表、投标保证函等，以及其他的技术文件，如施工方法、方案、进度计划安排、人员安排、设备清单、分包计划等。

3) 投标函附录

这个文件是附在投标函后面并构成投标函一部分的一个附录，它将合同条件中的核心内容简单列出，并给出在合同中相应的条款号。这个附录中的大部分内容雇主在招标时已规定，少部分由投标人填写，因而对雇主规定的相关内容、数据，投标人应仔细研究。

3. 合同各方及人员

1) 雇主

雇主是指在投标函附录中称为雇主的当事人以及其财产所有权的合法继承人(这里也可理解为业主或发包人)。

2) 承包商

承包商是指为雇主接受的在投标函中称为承包商的当事人，以及其财产所有权的合法继承人。

3) 工程师

工程师是指由雇主任命的并在投标函附录中指名的为实施合同担任工程师的人员，或者在实施中雇主替换工程师由其重新任命并通知承包商的人员。这里工程师的含义与国内的总监理工程师的含义基本一致，当然他们的职责有很大的不同。

4) 雇主人员

根据定义，雇主人员主要包括工程师、工程师的助理人员、工程师和雇主的雇员(包括职员)、工程师及雇主通知承包商为雇主方工作的人员。

由定义可以知道，新 FIDIC 施工合同条件明确将工程师列为雇主的人员，从而改变和淡化了工程师这一角色的"独立性"和"公正无偏"的性质，这也是与以前 FIDIC 施工合同条件各版本不同的地方之一。这种变化是与实际紧密结合的。在国内，一些学者对我国工程师(监理工程师)也有类似的定位，如他们认为工程师应在不损害承包商利益的前提下维护雇主的利益。

5) 承包商人员

承包商人员是指承包商的代表和承包商现场聘用的所有人员。这里所有人员包括一般职员如技术人员、管理人员、财务人员等，工人、承包商和一般分包商的人员，其他人员如大型设备厂家来安装或协助的人员。

这样明确规定承包商的人员，有利于在合同履行过程中划清责任，即这些人员若在现场出现了非雇主承担责任或风险的事件，则由承包商承担相关责任。

4. 日期、工期相关的概念

1) 基准日期

合同中定义的基准日期是指投标截止日期之前的 28 天所对应的日期。这一日期为雇主与承包商承担风险的界线，即在基准日期之后发生的一切风险作为一个有经验的承包商在投标时若不能合理预见，则由雇主承担，如物价的变化、当地政策的变化等；在此日期之前，无论是何种涉及投标报价风险发生，均由承包商承担。

2) 开工日期

按合同规定，开工日期若在合同中没有明确规定具体的时间，则开工日期应在承包商收到中标函后的 42 天内，由工程师在这个日期前 7 天通知承包商，承包商在开工日期后应尽可能快地施工。

此日期是计算工期的起点，同时雇主的原因使工程师不能发布开工日期的，若给承包商造成损失，则承包商可以向雇主索赔。

3) 工期

在合同条件中，没有明确工期的含义，但可理解为双方签订合同时所有确定的工期即双方"可接受的工期"。随着合同的履行可能会出现一些影响工期的事件，则工期可以顺延，即工期是会变化的，因而不能简单地用"工期"来判断承包商是否延误工期。

4) 竣工时间

这里其实指的是一个时间段，就是合同要求承包商完成工程的时间，这段时间包括承包商合理地获得的延长时间，因而可以理解竣工时间为签订合同时约定的时间加上合理的顺延时间，即为合同工期。因此可以用竣工时间(合同工期)来判定承包商是否延误工期。

5) 施工工期

施工工期是指开工日期到项目通过竣工验收移交，工程接收证书中指明的竣工日这一时间段。可以用施工工期与竣工时间(合同工期)对比，若施工工期长于竣工时间，则说明承包商延误工期；若等于竣工时间，则说明承包商按时完工；若短于竣工时间，则说明承包商提前完工。

6) 缺陷通知期

缺陷通知期指从竣工日期算起，通知工程或分项存在缺陷的期限，在此期间应完成工程接收证书中指明的扫尾工作以及完成修补缺陷或损害所需的工作。这个期限双方在附录中可以约定，工程师也可以根据具体情况予以延长。这个期限与我国规定的质保期相类似。

7) 合同的有效期

从双方签订合同开始到承包商提交的"结清单"生效而且雇主支付为止的这段时间为合同的有效期，此期间，合同对双方均有约束力。它包括了施工期、缺陷通知期等。

5. 价款与支付相关的概念

1) 中标合同金额

中标合同金额指中标函中所认可的工程施工、竣工和修补任何缺陷所需的费用。这实质上是中标的承包商的投标价格，此时成为双方签合同时的可接受价款。在合同履行中，此金额会发生变化，究其原因主要有以下几个方面的影响因素。

(1) FIDIC 施工合同条件一般运用于大型复杂的工程采用单价合同的承包方式。这样，承包商根据工程量清单来报价，由于工程量随着合同的履行可能会发生变化，而单价合同支付的原则是按承包商实际完成工程量乘以所报单价结算工程款，因而，投标时的中标合同会发生变化。

(2) 可调价合同。大型复杂工程的工期较长，通用条件中包括合同工期内因物价变化对施工成本产生影响后计算调价费用的条款，每次支付工程进度款时均要考虑约定可调价范围内项目当地市场价格的涨落变化。而这笔调价款没有包含在中标价格内，仅在合同条款中约定了调价原则和调价费用的计算方法。这说明单价在一定的条件下也会发生变化。

(3) 发生应由雇主承担责任的事件。合同履行过程中，可能因雇主的行为发生他应承担风险责任的事件，导致承包商增加施工成本，合同相应条款规定，雇主应对承包商受到的实际损害给予补偿。

(4) 承包商的质量责任，如承包商提供的不合格材料和工程的重复检验由承包商承担。

① 承包商没有改正忽视质量的错误行为，即当承包商不能在工程师限定的时间内将不合格的材料或设备移出施工现场，以及在限定时间内没有或无力修复缺陷工程，雇主可以雇用其他人完成，该项费用应从承包商应得款扣回，一般从保留金中扣回。

② 折价接收部分有缺陷工程，即某项处于非关键部位的工程施工质量未达到合同规定的标准，如果雇主和工程师经过适当考虑后，确信该部分的质量缺陷不会影响总体工程的运行安全，为了保证工程按期发挥效益，可以与承包商协商后折价接收。

(5) 承包商延误工期或提前竣工。当承包商提前竣工，他可能获得提前竣工奖；当承包商延误工期，他将受到罚款，赔付赔偿金。

(6) 包含在中标合同价款中的暂定金是雇主的一笔备用资金，由工程师来控制使用，承包商不一定能得到。

以上几个方面的因素都会影响承包商最终得到的合同价款，因而中标的合同价款是会发生变化的。

2) 合同价格

合同价格指按照合同条款的约定，承包商完成工程建造和缺陷责任后，对所有合格工程有权获得的全部工程支付，实质上就是工程结算时，发生的应由雇主支付的实际价格，可以简单理解为完工后的"竣工结算价款"。

3) 费用

费用指承包商在场内外发生的(或将发生的)所有合理开支，包括管理费和类似支出，但不包括利润。

4) 暂列金额

它是合同中明文规定的一项雇主备用资金，一般情况下包括在合同价款中，出现下列情况时，可以动用暂列金，由工程师来控制使用。

(1) 工程实施过程中可能发生由雇主方负责的应急费/不可预见费(contingency costs)，如计日工涉及的费用。

(2) 在招标时，对工程的某些部分，雇主方还不可能确定到使投标者能够报出固定单价的深度。

(3) 在招标时，雇主方还不能决定某项工作是否包含在合同中。

(4) 对于某项作业，雇主方希望以指定分包商的方式来实施。

5) 保留金

合同中约定在每月进度款中扣留的用于保证承包商在合同履行过程中恰当履约的一笔金额，其数目大小由双方约定。若承包商认真履约，则这笔保留金应返还。其作用类似我国规定的质保金，但保留金作用大一些，它不仅用于承包商担保保修义务，而且担保在合同履行中恰当履约。

6) 期中支付证书

由承包商按合同规定申请期中付款要求，经工程师审核验收的向承包人期中付款的凭证，这些证书都是临时性的。其作用类似于国内进度付款证书。

7) 最终付款证书

工程通过了缺陷通知期，工程师签发了履约证书后，由承包商提交的最终付款申请(即"结清单")。经工程师审核的向承包商签发最后支付的凭证。在此证书中包括承包人完成工程应得的所有款项，以及扣除期中支付款项后最后应由雇主支付的款额。

6. 指定分包商

1) 概念

指定分包商是由雇主(或工程师)指定、选定，完成某项特定工作内容并与承包商签订分包合同的特殊分包商。合同条款规定，雇主有权将部分工程项目的施工任务或涉及提供材料、设备、服务等工作内容发包给指定分包商实施。

2) 设置指定分包商的原因

合同内规定有承担施工任务的指定分包商，大多因雇主在招标阶段划分合同时，考虑到某些部分施工的工作内容有较强的专业技术要求，一般承包单位不具备相应的能力，但如果以一个单独的合同对待又限于现场的施工条件或合同管理的复杂性，工程师无法合理地进行协调管理，为避免各独立合同之间的干扰，则将这部分工作发包给指定分包商实施。由于指定分包商是与承包商签订分包合同，因而在合同关系和管理关系方面与一般分包商处于同等地位，对其施工过程中的监督、协调工作纳入承包商的管理之中。

3) 指定分包商的特点

虽然指定分包商与一般分包商处于相同的合同地位，但二者并不完全一致，主要差异体现在以下几个方面。

(1) 选择分包单位的权利不同。承担指定分包工作任务的单位由雇主或工程师选定，而一般分包商则由承包商选择。

(2) 分包合同的工作内容不同。指定分包工作不属于合同约定应由承包商必须完成范围之内的工作，即承包商投标报价时没有摊入间接费、管理费、利润、税金的工作，因此不损害承包商的合法权益，但对指定分包商的管理费可以在投标报价时考虑。而一般分包商的工作则为承包商承包工作范围的一部分。

(3) 工程款的支付开支项目不同。为了不损害承包商的利益，给指定分包商的付款应从暂列金额内开支。而对一般分包商的付款，则从工程量清单中相应工作内容项内支付。

(4) 雇主对分包商利益的保护不同。尽管指定分包商与承包商签订分包合同后，按照权利义务关系他直接对承包商负责，但由于指定分包商终究是雇主选定的，而且其工程款的支付从暂列金额内开支，所以，在合同条件内列有保护指定分包商的条款。通用条件规定，承包商在每个月末报送工程进度款支付报表时，工程师有权要求他出示以前已按指定分包合同给指定分包商付款的证明。如果承包商没有合法理由而扣押了指定分包商上个月应得工程款的话，雇主有权按工程师出具的证明从本月应得款内扣除这笔金额直接付给指定分包商。而对于一般分包商则无此类规定，雇主和工程师不介入一般分包合同履行的监督。

(5) 承包商对分包商违约行为承担责任的范围不同。除非承包商向指定分包商发布了错误的指示其要承担责任外，对指定分包商的任何违约行为给雇主或第三者造成损害而导致索赔或诉讼，承包商不承担责任。而如果一般分包商有违约行为，雇主将其视为承包商的违约行为，按照主合同的规定追究承包商的责任。

5.2.4 合同中各方的工作责任与权利

1. 雇主

1) 雇主的风险

在 FIDIC 施工合同条件中，雇主与承包商风险责任的划分总体原则是一个有经验的承包商在投标时能否合理预见此风险，若不能合理预见，该风险在基准日期之后发生了应由雇主来承担，否则应由承包商承担。按此原则，雇主承担的风险包括以下内容。

(1) 合同中直接规定的风险。合同通用条件第 17.4 条规定雇主的风险为以下几种。

① 战争、敌对行动(不论宣战与否)、入侵、外敌行动。

② 工程所在国内的叛乱、恐怖主义、革命、暴动、军事政变或篡夺政权，或内战。

③ 承包商人员及承包商和分包商的其他雇员以外的人员在工程所在国内的暴乱、骚动或混乱。

④ 工程所在国内的战争军火、爆炸物资、电离辐射或放射性引起的污染，但可能由承包商使用此类军火、炸药、辐射或放射性引起的除外。

⑤ 由音速或超声速飞行的飞机或飞行装置所产生的压力波。

⑥ 除合同规定以外雇主使用或占有的永久工程的任何部分。

⑦ 由雇主人员或雇主对其负责的其他人员所做的工程任何部分的设计。

⑧ 不可预见的或不能合理预期一个有经验的承包商已采取适宜预防措施的任何自然力的作用。

(2) 不可预见的物质条件。

① 不可预见物质条件的范围。承包商施工过程中遇到不利于施工的外界自然条件、人为干扰，招标文件和图纸均未说明的外界障碍物、污染物的影响，招标文件未提供或与提供资料不一致的地表以下的地质和水文条件，但不包括气候条件。

② 承包商及时发出通知。遇到上述情况后，承包商递交给工程师的通知中应具体描述该外界条件，并说明为什么承包商认为是不可预见的。发生这类情况后承包商应继续实施工程，采用在此外界条件下合适的以及合理的措施，并且应遵守工程师给予的任何指示。

③ 工程师与承包商进行协商并作出决定。判定原则包括以下几点。

A. 承包商在多大程度上对该外界条件不可预见。事件的原因可能属于雇主风险或有经验的承包商应该合理预见，也可能双方都应负有一定责任，工程师应合理划分责任或责任限度。

B. 不属于承包商责任的事件影响程度，评定损害或损失的额度。

C. 与雇主和承包商协商或决定补偿之前,工程师还应审查是否在工程类似部分(如有时)上出现过其他外界条件比承包商在提交投标书时合理预见的物质条件更为有利的情况。如果在一定程度上承包商遇到过此类更为有利的条件,工程师还应确定补偿时对因此有利条件而应支付费用的扣除与承包商作出商定或决定,并且加入合同价格和支付证书中(作为扣除)。

D. 但由于工程类似部分遇到的所有外界有利条件而作出对已支付工程款的调整结果不应导致合同价格的减少,即如果承包商不依据"不可预见的物质条件"提出索赔时,不考虑类似情况下有利条件承包商所得到的好处,另外对有利部分的扣除不应超过对不利补偿的金额。

(3) 其他风险。

① 外币支付部分由于汇率变化的影响。当合同内约定给承包商的全部或部分付款为某种外币,或约定整个合同内始终以基准日承包商报价所依据的投标汇率为不变汇率按约定百分比支付某种外币时,汇率的实际变化对支付外币的计算不产生影响。若合同内规定按支付日当天中央银行公布的汇率为标准,则支付时需随汇率的市场浮动进行换算。合同期内汇率的浮动变化是双方签约时无法预计的情况,不论采用何种方式,雇主均应承担汇率实际变化对工程总造价影响的风险,可能对其有利,也可能不利。

② 法令、政策变化对工程成本的影响。如果基准日后法律、法令和政策变化引起承包商实际投入成本的增加,应由雇主给予补偿。若导致施工成本的减少,也由雇主获得其中的好处,如施工期内国家或地方对税收的调整等。

2) 提供施工现场

雇主应按照约定的时间向承包商提供现场,若没有约定则雇主应依据承包商提交的进度计划,按照施工的要求来提供。雇主不能按时提供现场,给承包商造成损失,承包商可以向雇主提出索赔。

3) 提供协助配合的义务

在国际工程承包中,承包商的许多工作可能涉及工程所在国的机构批复文件,对于当地的相关机构,雇主比较熟悉,FIDIC施工合同条件中规定雇主应配合承包商办理此类事项。其主要表现为以下内容。

(1) 雇主承诺配备相关人员,配合承包商的工作,及时与各方沟通,并遵守现场有关安全和环保规定。

(2) 帮助承包商获得工程所在国(一般是雇主国)的有关法律文本。

(3) 协助承包商办理相关证照,如劳动许可证、物资进出口许可证、营业执照,以及安全、环保方面的证照等。

4) 提交资金安排计划

合同条件中规定,如承包商提供了进度及资金需求计划并要求雇主提交其资金安排计划,则雇主应在28天内向承包商提供合理证据,证明其资金到位有能力向承包商支付。若其资金安排有重大变化,则应通知承包商。这种做法是值得我们在国内借鉴的。

5) 终止合同的权利

(1) 可以终止合同的情况。如果承包商有下列情况，雇主就可以终止合同。

① 不按规定提交履约保证或接到工程师的改正通知后仍不改正。

② 放弃工程或公然表示不再继续履行其合同义务。

③ 没有正当理由，拖延开工，或者在收到工程师关于质量问题方面的通知后，没有在 28 天内整改。

④ 没有征得同意，擅自将整个工程分包出去，或将整个合同转让出去。

⑤ 承包商已经破产、清算，或出现承包商已经无法再控制其财产的类似问题等。

⑥ 直接或间接向工程有关人员行贿，引诱其作 T 出不轨之行为或言不符实之词，包括承包商雇员的类似行为，但承包商支付其雇员的合法奖励则不在此列。

(2) 终止合同程序。

发生上述任何一种情况后，雇主提前 14 天通知承包商终止合同并将承包商驱逐出场；若出现上述⑤、⑥两种情况，则通知承包商立即终止合同，不需提前 14 天通知。

(3) 相关责任。

① 上述终止合同的原因均系承包商造成，因而承包商承担一切责任，并按工程师的要求，在撤场后将有关物品、承包商的文件以及其他设计文件提交工程师。

② 雇主可以自行或安排其他人完成工程，并有权使用承包商提交给工程师的物品和资料。同时雇主有权扣押承包商的一切物品，根据情况来处理这些物品。如果承包商欠雇主资金，则雇主有权将其物品变更，得到价款优先受偿。

6) 索赔的权利

若承包商不当履行合同或出现应由承包商承担责任的事件，给雇主造成损失，则雇主可向承包商索赔。

2. 承包商

1) 遵纪守法

合同条件中要求承包商在履行合同期间，应遵守适用的法律，特别是与本工程建设相关的法律规章等。承包商应缴纳各项税费，按照法律关于工程设计、实施和竣工以及修补任何缺陷等要求，办理各种证照。

2) 承包商的一般义务

根据合同通用条件第 4.1 条的规定，承包商基本义务主要有以下几种。

(1) 承包商应根据合同和工程师的指令来施工和修复缺陷。

(2) 承包商应提供合同规定的永久性设备和承包商的文件。

(3) 承包商应提供其实施工程期间所需的一切人员和物品。

(4) 承包商应为其现场作业以及施工方法的安全性和可靠性负责。

(5) 承包商为其文件、临时工程，以及永久设备和材料的设计负责，但不对永久工程的设计或规范负责，除非有明确规定。

(6) 工程师随时可以要求承包商提供施工方法和安排等内容；如果承包商随后需要修改，应事先通知工程师。

本款还规定了另一种情况，即如果合同要求承包商负责设计某部分永久工程，承包商执行该设计的程序如下。

① 承包商应按合同规定的程序向工程师提交有关设计的承包商的文件。

② 这些文件应符合规范和图纸，并用合同规定的语言书写；这些文件还应包括工程师为了协调所需要的附加资料。

③ 承包商应为设计的部分负责，并在完成后，该部分设计应符合合同规定这部分应达到的目标。

④ 在竣工检验开始之前，承包商应向工程师提交竣工文件和操作维护手册，以便雇主使用；不提交这些文件，该部分工程不能认为完工和验收。

3) 提交履约保证

承包商在收到中标函之后的 28 天之内向雇主提交履约保证，出具保证的机构应征得雇主的认可，并且来自工程所在国或雇主批准的其他辖区。履约保证的有效期一般到缺陷通知期结束，在雇主收到了工程师签发的履约证书之后 21 天内将履约保证退还给承包商。

要求承包商提交履约保证的目的就是保证承包商按照合同履行其合同义务和职责。否则，雇主就可据此向承包商索赔，这种做法在国内也常常被采用。

4) 安全、安全保卫及环境保护责任

(1) 安全责任。FIDIC 施工合同中有关承包商的安全责任规定与国内相似，即承包商对现场施工安全负责，如要求承包商遵守一切适用于安全的规章，应照管好有权进入现场的一切人员的安全，提供现场围栏、照明等。

(2) 安全保卫责任。承包商应负责现场的安全保卫工作，如防止无权进入现场的人员进入现场，防止偷盗和人为破坏等。

(3) 环境保护责任。承包商应负责施工过程中的环境保护工作，如应采取一切措施保护场内外的环境，控制施工中的噪声、污染，应保证施工期间向空中排放的散发物、地面排污等不超过标准。

5) 工程分包

FIDIC 施工合同条件允许承包商进行合法的分包，作为一般的工程分包及分包商的选择，与国内相类似。其主要规定包括以下内容。

(1) 承包商不得将整个工程分包出去。

(2) 承包商应对分包商的一切行为和过失负责。

(3) 除非合同中有明确约定分包的内容，否则分包应经雇主的同意，并且应至少提前 28 天通知工程师分包商计划、开始分包工作的日期以及开始现场工作的日期。

(4) 从合同关系的角度来看，分包商与雇主没有直接的合同关系，因而其不能直接接受雇主的工程师或代表下达的指令。

(5) 总承包商应对现场的协调管理负责。

6) 文物保护责任

在施工中，发现了文物，承包商应做以下工作并享有相应权利。

(1) 承包商应立即通知工程师，并且采取合理的措施保护文物。

(2) 若因施工中遇到文物使工期延期和造成费用损失，承包商可以向雇主提出索赔。

7) 终止合同的权利

(1) 可以终止合同的情况。

① 如果就雇主不提供资金证明之问题，承包商发出暂停工作的通知，而通知发出后 42

天内，仍没有收到任何合理证据。

② 工程师在收到报表和证明文件后 56 天内没有签发有关支付证书。

③ 承包商在期中支付款到期后的 42 天内仍没有收到该笔款项。

④ 雇主严重不履行其合同义务。

⑤ 雇主不按合同规定签署合同协议书，或违反合同转让的规定。

⑥ 如果工程师暂停工程的时间超过 84 天，而在承包商的要求下在 28 天内还是没有同意复工，并且暂停的工作影响到整个工程时，承包商有权终止合同。

⑦ 雇主已经破产、被清算或已经无法再控制其财产等。

(2) 终止合同的程序。

发生以上七种情况中的任何一种，承包商可以终止合同。在①～⑤种情况发生后提前 14 天通知雇主，合同终止；对⑥、⑦两种情况承包商发出通知后立即终止合同。

(3) 责任承担。

承包商终止合同的责任在雇主，因而雇主应承担一切责任，如支付违约金、支付赔偿金等，承包商在合同中应有的权利不受影响。当然承包商此时也应尽一定的义务，如果停止进一步的工作应保护生命财产和工程的安全，凡是得到了支付的承包商的文件，以及永久设备、材料，都应移交给雇主。

8) 索赔的权利

若雇主不当履行合同或出现应由雇主承担责任的事件，给承包商造成损失的，则承包商可向雇主索赔。

3. 工程师

1) 工程师的职责和权力

从工程师的定义及雇主人员的组成来看，工程师是受雇于雇主而且是属于雇主的人员，这样就淡化了其"独立性"，因而对其职责和权力有一些特殊的规定。

(1) 工程师应履行合同中规定的职责，并可以行使合同明文规定和必然隐含的赋予他的权力。

(2) 工程师无权更改合同，无权解除雇主和承包商的任务和责任。

(3) 在工程承包合同签订之后，没有承包商的同意，雇主不得进一步限制工程师的权力。

(4) 无论是工程师行使权力还是履行职责，均视为是为雇主做的工作。

2) 工程师的委托

在合同履行中，工程师可以委托相关的人员行使其部分职权，合同条件中对其委托作了相关的规定，主要内容如下。

(1) 工程师可以随时将其有关权力和职责委托给下属人员，也可以撤回，这种委托或撤回应以书面形式，并在雇主和承包商均收到书面通知后生效。

(2) 工程师通过了有效的委托后，其委托的下属人员发布的各种指令的效力与工程师下达的完全一样。

(3) 承包商对工程师委托的助理人员的决定或指令有异议的，可以向工程师提出，工程师应立即确认、撤回或修改。

3) 工程师的指示

合同条件中规定，为了实施工程所需，工程师可以根据合同随时向承包商签发指示和

有关图纸,对于这些指示承包商应遵照执行。若工程师的指示构成了变更,影响了工期和费用,则可按工程变更来处理,给予承包商工期、费用的补偿。

工程师的指示一般应以书面的形式签发,必要时也可以口头指示。此时,承包商应在接到口头指示后的两个工作日内,主动将自己记录的口头指示以书面形式报告给工程师,要求工程师确认,若工程师收到后两个工作日不答复,则承包商记录的口头指示视为是工程师发布的书面指示。

4) 工程师的易人

在合同管理中,若雇主不满意工程师的工作,可以更换工程师,但应至少提前42天将拟替代人的名字、地址及其相关经验通知承包商。

5) 工程师的决定

在合同管理中,工程师在很多情况下可以对双方的行为作出自己的决定,这是工程师的一项权力,但是在合同条件中对工程师的这项权力作了相关规定,其主要内容有,工程师在作涉及双方利益的决定时,应首先与双方沟通力争达成一致,若双方不能达成一致,工程师可以根据合同结合实际情况,公正合理地作出自己的决定并通知双方,若双方仍有异议,则双方可自行协商或选择 DAB 或仲裁来解决。从这里可知,工程师所作的决定不一定是最终的决定。

5.2.5 合同中质量管理条款及内容

1. 施工阶段的质量管理

1) 承包商的质量管理体系

通用条件规定,承包商应按照合同的要求建立一套质量管理体系,以保证施工符合合同要求,在每一工作阶段开始实施之前,承包商应将所有工作程序的细节和执行文件提交工程师,供其参考。工程师有权审查质量体系的任何方面,包括月进度报告中包含的质量文件,对不完善之处可以提出改进要求。保证工程的质量是承包商的基本义务,当其遵守工程师认可的质量体系施工时,并不能解除依据合同应承担的任何职责、义务和责任。

2) 施工放线

通用条件规定,承包商应按合同规定或工程师通知的原始数据进行放线并应对雇主方提供的原始数据准确性进行核实,若雇主(工程师)提供了错误的数据信息,作为一个有经验的承包商无法合理发现,并且无法避免有关延误和费用发生,则承包商可以向雇主索赔工期、费用和利润。

当然,承包商的索赔要获得成功必须具备以下3个条件。

(1) 雇主提供的错误数据导致有工期损失和额外费用。

(2) 承包商尽力核实数据而无法合理发现此类错误。

(3) 承包商应及时发出了索赔意向通知和索赔报告。

3) 工艺、材料、设备质量控制

(1) 一般要求。

对于工艺、材料、设备的质量通用条件中对承包商提出了几条原则性的要求。

① 若合同中有具体要求规定,承包商应按此具体方式来实施,这里主要体现在规范的规定中,承包商按照规范中的标准执行即可。

② 若没有明确的要求，则应按照公认的良好惯例，以恰当的施工工艺和谨慎的态度去实施，同时应使用恰当配备的设施和无害材料来实施。

③ 对于材料质量的控制，承包商在材料用于工程之前，应向工程师提交有关材料的样品和资料，取得工程师的同意，这些样品包括承包商自费提供的厂家的标准样品及合同中约定的其他样品。

(2) 质量的检查与检验。

检查与检验是控制质量的主要方法和手段之一，同时检查与检验的含义各不相同，检验是深层次的检查，有时需要借助专门的仪器和装置进行，因此通用条件对质量的检查与检验有不同的要求和规定。

① 检查方面的规定。

A. 雇主的人员(包括工程师)有权在一切合理的时间内进入现场，以及项目设备和材料的制造基地进行检查测量永久性设备和材料的用材及制造工艺和进度。承包商应予以配合协助，这一规定是规定了雇主的人员有权进入现场进行跟踪检查的权力。

B. 任何一项隐蔽工程在隐蔽之前，承包商应通知工程师验收，同时工程师也不得无故延误，若工程师不要求检查应及时通知承包商。若承包商没有通知工程师检查，工程师有权要求承包商自费打开已经覆盖的工程，供检查并自己恢复原状，这一规定实质是检查隐蔽工程的程序，其做法与国内是相同的。

② 检验方面的规定。

A. 合同明文规定要检验的均应检验。同时还可能包括工程师所作出的额外检验即超出约定的检验，检验相关的费用应由此额外检验的结果来判定。若合格，则雇主承担责任；若不合格，则承包商承担责任。

B. 承包商应为检验提供服务，主要包括人员、设施仪器、消耗品等。

C. 对于永久设备、材料及工程的其他部分检验，承包商与工程师应提前商定检验的时间和地点，若工程师参加检验，应在此时间前 24 小时告知承包商；若工程师不参加，承包商可以自行检验，检验结果有效，等同于工程师在场。

(3) 检查与检验不合格的处理与补救。

在检查与检验中若发现设备、材料、工艺有缺陷或不符合合同的要求，工程师可以要求承包商更换或修改，承包商应按要求予以更换或修改，直到达到规定的要求。若承包商更换的材料或设备需重新检验的，应当重检，所需的检验费应由承包商承担。

对于检查与检验过的材料、设备或工艺等，若事后工程师发现仍存在问题，则工程师有权作出指示，要求对此作出补救工作，如工程师可以要求承包商换掉不符合要求的材料和设备，对不符合要求的工作一律返工。若承包商不执行工程师的指示，雇主可雇人来完成相关的工作，此费用一般从承包商的保留金中开支。

这一"补救工作"的规定，是国际工程中的典型规定，即工程师的认可和批准，不解除承包商的任何合同责任和义务，承包商是质量的第一创造者和责任人，其应向雇主提供符合合同约定的工程。

4) 对承包商施工设备的管理

(1) 承包商自有的施工设备。

承包商自有的施工机械、设备、临时工程和材料，一经运抵施工现场就被视为专门为本合同工程施工之用。除运送承包商人员物资的运输车辆以外，其他施工机具和设备虽然承包商拥有所有权和使用权，但未经过工程师的批准，不能将其中的任何一部分运出施工现场。作出上述规定的目的是保证本工程的施工，但并非绝对不允许在施工期内承包商将自有设备运出工地，某些使用台班数较少的施工机械在现场闲置期间，如果承包商的其他合同工程需要使用时，可以向工程师申请暂时运出。当工程师依据施工计划考虑该部分机械暂时不用而同意他运出时，应同时指示何时必须运回以保证本工程的施工之用，要求承包商遵照执行。对于后期施工不再使用的设备，竣工前经过工程师批准后，承包商可以将其提前撤出工地。

(2) 要求承包工程增加或更换施工设备。

若工程师发现承包商使用的施工设备影响了工程进度或施工质量时，有权要求承包商增加或更换施工设备，由此增加的费用和工期延误责任由承包商承担。

2. 工程变更管理

1) 工程变更的范围

工程变更属于合同履行过程中的正常管理工作，工程师可以根据施工进展的实际情况，在认为必要时就以下几个方面发布变更指令。

(1) 对合同中任何工作量的改变。

(2) 任何工作质量或其他特性的变更。

(3) 工程任何部分标高、位置和尺寸的改变，第(2)和第(3)属于重大的设计变更。

(4) 删减任何合同约定的工作内容，省略的工作应是不再需要的工程，不允许用变更指令的方式将承包范围内的工作变更给其他承包商实施。

(5) 进行永久工程所必需的任何附加工作及永久设备、材料供应或其他服务，包括任何联合竣工检验、钻孔和其他检验以及勘察工作。

(6) 改变原计划的施工顺序或时间安排。

2) 变更程序

(1) 指示变更。工程师在雇主授权范围内根据施工现场的实际情况，在确实需要时有权发布变更指示。指示的内容应包括详细的变更内容、变更项目的施工技术要求和相关部门文件图纸，以及变更处理的原则。

(2) 要求承包商递交建议书后再确定的变更。其程序包括以下内容。

① 工程师将计划变更事项通知承包商，并要求他递交实施变更的建议书。

② 承包商应尽快予以答复。

③ 工程师作出是否变更的决定，尽快通知承包商说明批准与否或提出意见。

④ 承包商在等待答复期间，不应延误任何工作。

⑤ 工程师在发出每一项实施变更的指示时，应要求承包商记录支出费用。

⑥ 承包商提出的变更建议书，只是作为工程师决定是否实施变更的参考。除了工程师作出指示或批准以总价方式支付的情况外，每一项变更应依据计量工程量进行估价和支付。

3) 变更估价

(1) 变更估价的原则

计算变更工程应采用的费率或价格，可分为以下3种情况。

① 变更工作在工程量表中有同种工作内容的单价，就应以该费率计算变更工程费用。

如果实施变更工作未导致工程施工组织和施工方法发生实质性变动，就不应调整该项目的单价。

② 如果工程量表中虽然单列有同类工作的单价或价格，但对具体变更工作而言已不适用，则应在原单价或价格的基础上制定合理的新单价或价格。

③ 如果变更工作的内容在工程量表中没有同类工作的费率和价格，就应按照与合同单价水平一致的原则，确定新的费率或价格。

(2) 删减原定工作后对承包商的补偿。

工程师发布删减工作的变更指示后，承包商就不再实施部分工作，虽然合同价格中包括的直接费用部分没有受到损害，但摊销在该部分的间接费、税金和利润则实际上已经不能合理回收。因此承包商可以就其损失向工程师发出通知并提供具体的证明资料，工程师与合同双方协商后确定一笔补偿金额加入合同价格内。

4) 承包商申请的变更

承包商根据工程施工的具体情况，可以向工程师提出对合同内任何一个项目或工作的详细变更请求报告。未经工程师批准承包商不得擅自变更，若工程师同意，则按工程师发布的变更指示的程序执行。

(1) 承包商提出变更建议。承包商可以随时向工程师提交一份书面建议，承包商认为如果采纳其建议将可能达到以下目标。

① 加速完工。

② 降低雇主实施、维护或运行工程的费用。

③ 对雇主而言能提高竣工工程的费用。

④ 为雇主带来其他利益。

(2) 承包商应自费编制此类建议书。

(3) 如果由工程师批准的承包商建议包括一项对部分永久工程的设计的改变，通用条件的条款规定，如果双方没有其他协议，承包商应设计该部分工程，如果他不具备设计资质，也可以委托有资质的单位进行设计。变更的设计工作应按合同中承包商负责设计的规定执行，包括以下内容。

① 承包商应按照合同中说明的程序向工程师提交该部分工程的承包商的文件。

② 承包商的文件必须符合规范和图纸的要求。

③ 承包商应对该部分工程负责，并且该部分工程完工后应适合于合同中规定的工程的预期目的。

④ 在开始竣工检验之前，承包商应按照规范规定向工程师提交竣工文件以及操作和维修手册。

(4) 接受变更建议的估价。

① 如果此改变造成该部分工程的合同价格减少，工程师应与承包商商定或决定一笔费用，并将之加入合同价格。这笔费用应是以下金额差额的一半(50%)。

A. 合同价格的减少——由此改变造成的合同价格的减少，不包括依据后续法规变化作出的调整和因物价浮动调价所作的调整。

B. 变更对使用功能的影响——考虑到质量、预期寿命或运行效率的降低，对雇主而言已变更工作价值上的减少(如有时)。

② 如果降低工程功能的价值大于减少合同价格对雇主的好处，则没有该笔奖励费用。

3. 竣工验收阶段的质量管理

1) 验收的程序及要求

承包商完成工程准备好相应的竣工验收资料(如竣工验收报告、操作维护手册等)后,将准备好进行竣工验收的日期提前 21 天通知工程师,说明此日期后已准备好进行竣工检验。工程师应指示在此日期后的 14 天内某一天开始验收,具体日期由工程师确定。

在工程通过验收达到合同规定的竣工要求后,如果承包商认为在 14 天内工程将完成并能准备好供雇主接收,可以向工程师申请颁发工程接收证书。工程师接到申请后 28 天内,若认为满足竣工和移交条件则应颁发工程接收证书,证书中注明工程完工日期;若工程师在接到承包商的申请后 28 天内既不签发接收证书也没有对承包商的申请提出疑问,并且此时工程或某一区段基本符合合同的规定,则可视上述 28 天的最后一天接收证书已经签发。此时,工程的照管责任由承包商转移给雇主。

2) 延误检验

(1) 如果雇主的原因使竣工检验不能进行,那么承包商可以向雇主提出工期和费用索赔。

(2) 如果承包商的原因导致无故延误检查,工程师可以要求承包商在工程师发出通知后的 21 天内检查。否则,工程师可以自行进行竣工检验,检验的费用和风险由承包商承担。

3) 特殊情况下接收证书的签发

(1) 部分工程接收。FIDIC 施工合同条件中规定,若部分工程完工,雇主可以提前使用该工程,但应在工程师签发了该部分接收证书后才可以使用。若工程师未签发工程接收证书,雇主使用了该工程,视为在开始使用日已经被雇主接收,承包商对工程的照管责任转移给雇主,承包商此时可以要求工程师为该部分工程签发一份接收证书,工程师应该签发。

(2) 雇主应负责的原因导致不能正常检验,致使竣工检验在 14 天内不能进行,则应在本应该完成竣工检验的那一天,视为雇主接收了相应的工程或区段,工程师应签发接收证书。这里所说的 14 天是指承包商准备好开始进行竣工检验的前一天之后的 14 天,如承包商确定 7 月 1 日后他将准备好随时检验,若雇主应负责的原因导致到 7 月 15 日仍不能检验,则从 7 月 16 日起视为工程移交给雇主。

4) 未能通过检验的处理

(1) 重新检验。

若某个区段或部位未通过第一次检验,承包商可以对缺陷进行修复和改正,在相同的检验条件下,进行重新检验。

(2) 重复检验未能通过的处理。

当整个工程或某区段未能通过按重新检验条款规定所进行的重复竣工检验时,工程师应有权选择以下任何一种处理方法。

① 指示再进行一次重复的竣工检验。

② 如果该工程缺陷致使雇主基本上无法享用该工程或区段所带来的全部利益,拒收整个工程或区段(视情况而定),在此情况下,雇主有权获得承包商的赔偿,具体包括以下两点。

A. 雇主为整个工程或该部分工程(视情况而定)所支付的全部费用以及融资费用。

B. 拆除工程、清理现场和将永久设备和材料退还给承包商所支付的费用。

③ 颁发一份接收证书(如果雇主同意的话)，折价接收该部分工程。合同价格应按照可以适当弥补此类失误给雇主造成减少的价值数额予以扣减。

4. 缺陷通知阶段的质量管理

1) 承包商的主要责任

(1) 完成签发工程接收证书时未完成的扫尾工作。

(2) 修复雇主在缺陷通知期内通知的缺陷，并达到合同的要求。若未能在合理的时间内修复工程出现的问题，雇主可以确定一个截止日期要求承包商完成，否则雇主就可以采取以下的任何一种措施。

① 可以委托其他人完成此项工作，费用由承包商承担。

② 要求工程师确定合理的合同价格的扣减。

③ 若出现的缺陷或损害实质上使雇主丧失了工程或其他任何主要部分的使用价值时，可以终止合同，收回所有支付的工程款，并要求承包商支付其因工程建设而产生的融资费、工程拆除费等。

当然这时强调的是这种缺陷的出现应是承包商的责任造成雇主损失，雇主才可行使这样的权力。

(3) 按工程师的要求将不符合合同规定的永久设备、材料从现场移走并替换。

2) 履约证书的签发

若工程圆满通过了缺陷通知期，且承包商完成了各项扫尾工作，工程师应在期满后的 28 天内签发履约证书，同时将副本提交给雇主。

履约证书的签发标志着承包商完成了合同中规定的施工任务，标志着承包商对工程质量责任的结束，同时雇主应在证书签发后的 21 天内退还承包商的履约保函。

3) 承包商应注意的问题

(1) 在缺陷通知期间，若工程出现了相关问题，承包商有责任根据工程师的要求对缺陷原因进行调查。

(2) 收到了履约证书后的 28 天内应将留存在现场的承包商的设备、剩余材料、垃圾和废墟等清理走。否则，雇主可将此类物品出售或处理掉，进行现场整理，而且雇主完成以上工作的费用由承包商支付。

5.2.6　合同中进度管理条款及内容

1. 开工

根据合同通用条件第 8.1 条的规定，工程开工日应是承包商收到中标函后的 42 天内的某一日期，并且由工程师至少提前 7 天将此日期通知承包商，如果专用条件中双方另有约定，则按约定的时间开工，开工日是计算施工期限的起点。

对于承包商，收到开工通知后应积极准备尽可能快地组织开工，若是雇主的原因，迟迟不签发开工通知，导致承包商无法合理地安排开工，最终导致人工窝工、机械闲置，则承包商可以向雇主索赔费用及工期的补偿。

2. 承包商提交施工进度计划

1) 承包商提交计划

承包商应在合同约定的日期或接到中标函后的 42 天内(合同未作约定)开工,工程师则应至少提前 7 天通知承包商开工日期。承包商收到开工通知后的 28 天内,按工程师要求的格式和详细程度提交施工进度计划,说明为完成施工任务而打算采用的施工方法、施工组织方案、进度计划安排以及按季度列出根据合同预计应支付给承包商费用的资金估算表。

2) 计划包含的内容

(1) 实施工程的进度计划。视承包工程的任务范围不同,可能还涉及设计进度(如果包括部分工程的施工图设计),材料采购计划,永久工程设备的制造、运到现场、施工、安装、调试和检验各个阶段的预期时间(永久工程设备包括在承包范围内)。

(2) 每个指定分包商施工各阶段的安排。

(3) 合同中规定的重要检查、检验的次序和时间。

(4) 保证计划实施的说明文件包括以下两点。

① 承包商各施工阶段准备采用的方法和主要阶段的总体描述。

② 各主要阶段承包商准备投入的人员和设备数量的计划等。

3) 进度计划的确认

承包商有权按照他认为最合理的方法进行施工组织,工程师不应干预。工程师对承包商提交的施工计划的审查主要涉及以下几个方面。

(1) 计划实施工程的总工期和重要阶段的里程碑工期是否与合同的约定一致。

(2) 承包商各阶段准备投入的机械和人力资源计划能否保证计划的实现。

(3) 承包商拟采用的施工方案与同时实施的其他合同是否有冲突或干扰等。

3. 工程师对施工进度的监督

1) 进度监督的方式——月进度报告

为了便于工程师对合同的履行进行有效的监督和管理,协调各合同之间的配合,承包商应每个月向工程师提交进度报告,说明前一阶段的进度情况和施工中存在的总问题,以及下一阶段的实施计划和准备采取的相应措施。进度报告包括以下内容。

(1) 设计(如有时)、承包商的文件、采购、制造、货物运达现场、施工、安装和调试的每一阶段,以及指定分包商实施工程的这些阶段进展情况的图表与详细说明。

(2) 表明制造(如有时)和现场进展状况的照片。

(3) 与每项主要永久设备和材料制造有关的制造商名称、制造地点、进度百分比,以及开始制造、承包商的检查、检验、运输和到达现场的实际或预期日期。

(4) 说明承包商在现场的施工人员和各类施工设备数量。

(5) 若干份质量保证文件、材料的检验结果及证书。

(6) 安全统计,包括涉及环境和公共关系方面的任何危险事件与活动的详情。

(7) 实际进度与计划进度的对比,包括可能影响按照合同完工的任何事件和情况的详情,以及为消除延误而正在(或准备)采取的措施等。

2) 施工进度计划的修订

当工程师发现实际进度与计划进度严重偏离时，不论实际进度是超前还是滞后于计划进度，为了使进度计划有实际指导意义，他随时有权指示承包商编制改进的施工进度计划，并再次提交工程师认可后执行，新进度计划将代替原来的计划。

4. 暂停施工

1) 工程师提出的暂停施工

(1) 暂停施工程序。工程师可以随时指示承包商暂停施工，并将暂停施工的原因及处理的要求通知承包商，承包商暂停并维护好工程。

(2) 相关规定。若工程师提出的暂停施工是雇主造成的，且给承包商造成了工期和费用损失，则雇主应给予补偿。若暂停施工是承包商造成的，则承包商得不到相应的补偿。

(3) 超过 84 天的暂停施工

若工程师指示暂停施工超过 84 天，承包商可以要求工程师允许复工，在承包商提出复工要求后的 28 天内，工程师没有许可复工，则承包商可以将暂停的工作视为是删减了，可以不施工。若此时暂停涉及的是整个工程的暂停，则承包商可以向雇主发出终止合同的通知。这些规定在某种程度上是对承包商的一种保护。

2) 承包商提出的暂停施工

(1) 可以暂停施工的情况及程序。

合同条件规定，在合同履行中出现下列情况或条件，承包商可以放慢施工速度或暂停施工。

① 工程师没有按照规定的时间签发支付证书。

② 雇主没有按照规定时间提供资金证明或没有按时支付工程款。

③ 雇主不能按时提供其他施工条件如材料、设备等。

出现了这些情况后，承包商欲暂停施工应提前 21 天通知雇主。

(2) 相关规定。

① 在合同履行中即使承包商暂停施工，仍有权得到对迟付款享有的融资费以及终止合同的相关权利。

② 若承包商在发出终止合同通知之前，收到了相关的各类证书、证明或付款，则应尽快复工。

③ 承包商的暂停施工造成了其费用、工期的损失，则可以向雇主索赔。

5. 工期顺延

通用条件明确规定，在合同履行中如果出现下列情况，则工期可以顺延。

(1) 延误发放图纸。

(2) 延误移交施工现场。

(3) 承包商依据工程师提供的错误数据导致放线错误。

(4) 不可预见的外界条件。

(5) 施工中遇到文物和古迹对施工进度的干扰。

(6) 非承包商原因检验导致施工的延误。

(7) 发生变更或合同中实际工程量与计划工程量出现实质性变化。

(8) 施工中遇到有经验的承包商不能合理预见的异常不利气候条件影响。

(9) 传染病或政府行为导致工期的延误。

(10) 施工中受到雇主或其他承包商的干扰。

(11) 施工涉及有关公共部门原因引起的延误。

(12) 雇主提前占用工程导致对后续施工的延误。

(13) 非承包商原因使竣工检验不能按计划正常进行。

(14) 后续法规调整引起的延误。

(15) 不可抗力事件发生的影响。

6. 竣工日期

项目通过了竣工验收后，工程师签发工程接收证书，在接收证书中工程师注明项目的竣工日期。一般来说，项目竣工的条件包括完成了合同约定的工作内容，并符合合同对工程质量的要求，承包商向工程师申请验收，而且验收通过即可认为项目全部或部分竣工。竣工日期一般为承包商申请验收的日期，有时工程师可以根据实际情况在接收证书中指明竣工日期。

7. 缺陷通知期的延长

项目竣工日之后，项目就进入缺陷通知期，缺陷通知期的长短双方可以根据具体情况来约定，如半年、1 年等。若承包商在缺陷通知期内出现问题，导致工程或区段无法按预期目的使用，雇主有权对缺陷通知期延长，但是缺陷通知期的延长不得超过两年。若雇主负责导致暂停了材料和永久设备的交付或安装，在此类设备、材料原定的缺陷通知期届满两年后，承包商不再承担任何修复缺陷的义务。

5.2.7 合同中支付管理条款及内容

FIDIC 施工合同中，支付一般有三个阶段，包括开工前雇主可能向承包商支付预付款(动员预付款)、在施工中支付进度款、在工程通过了竣工检验后进行竣工结算和最终结算。

1. 期中支付

1) 预付款

在国际工程承包中，一般在项目施工的启动阶段，承包商需要投入大笔的资金，为了帮助解决承包商启动资金的困难，FIDIC 施工合同条件中规定，雇主应向承包商支付一定数额预付款，故此时的预付款，又可称为动员预付款。

(1) 支付的额度和条件。

动员预付款支付的具体情况如支付比例、分期支付的次数、支付时间、支付货币及货币比例等，由双方来确定，承包商应提交预付款保函。承包商得到第一笔预付款的条件包括以下几种。

① 向工程师提出预付款申请。

② 雇主收到承包商提交的履约保证。

③ 雇主收到一份金额与货币类型相同的预付款保函。

这样，工程师收到支付申请后的一段时间内，可以签发预付款凭证，雇主支付预付款。

(2) 预付款的扣还。

① 起扣。

自承包商获得工程进度款累计总额(不包括预付款的支付和保留金的扣减) 达到合同总价(减去暂列金额)10%那个月起扣。其计算式如下：

$$\frac{工程师签证累计支付款总额-预付款-已扣保留金}{接受的合同价-暂列金额}=10\%$$

② 每次支付时的扣减额度。

本月证书中承包商应获得的合同款额(不包括预付款及保留金的扣减)中扣除 25%作为预付款的偿还，直至还清全部预付款。其计算公式如下。

每次扣还金额=(本次支付证书中承包商应获得的款额-本次应扣的保留金)×25%

若在整个工程的接收证书签发之前，或发生终止合同，或发生不可抗力之前预付款还没有偿还完，此类事件发生后，承包商应立即偿还剩余部分。

2) 用于永久工程的设备和材料预付款

在 FIDIC 施工合同条件中，为了帮助承包商解决订购大票材料和设备占用资金周转的困难，规定雇主在一定条件下应向承包商支付材料、设备预付款。

(1) 支付额度及条件。

通用条件中规定一般材料、设备预支额度为其费用的 80%，作为承包商可得到这笔预付款的条件包括以下内容。

① 此类材料、设备属于投标附录中所列的起运后支付预付款的材料、设备。

② 材料、设备运抵现场并经验收合格。

③ 材料、设备的质量和储存条件符合技术条款的要求。

④ 承包商按要求提交了订货单及收据价格证明文件。

满足以上条件后，承包商申请工程师签发付款文件并与进度款同期支付。

(2) 材料、设备预付款的返还。

通用条款规定，当已预付款项的材料或设备用于永久工程，构成永久工程合同价格的一部分后，在计量工程量的承包商应得款内扣除预付的款项，扣除金额与预付金额的计算方法相同。专用条款内也可以约定其他扣除方式，如每次预付的材料款在付款后的约定月内(最长不超过 6 个月)，每个月平均扣回等。

3) 暂定金

暂定金是雇主的一笔备用资金，一般包含在承包商的投标报价中，成为其整个报价的一部分。暂定金的使用由工程师来控制。暂定金主要涉及某些变更工作和指定分包商的工作。承包商能得到暂定金的开支应满足两个条件：一是工程师下达指令，要求承包商实施该工作；二是实施的工作属于暂定金额范围内的工作。

同时工程师有权要求承包商提交有关的报价单、发票、凭证、账目、收据等来证明承包商完成该项工作的实际费用。由此可见，暂定金额虽然包含在报价中，但承包商不一定能得到。

4) 计日工费

在施工合同履行中，可能会出现一些额外的零星工作，此时工程师可以下达变更指令，要求承包商按计日工作方式来实施此类工作，其计价应按照包括在合同中的计日工作计划

表进行估价。若完成此类工作涉及订购货物，承包商应向工程师提交报价单，在申请支付时还应提交各种货物的发票、凭证以及账单或收据，同时承包商应向工程师提交一式两份的精确报表，此表中应包括此工作中使用的各项资源的详细资料。

① 承包商人员的姓名、职业和使用时间。

② 承包商设备和临时工程的标识、型号和使用时间。

③ 所用的生产设备和材料的数量和型号。

承包商的申请表经工程师同意后，承包商可以向工程师申请签发计日工的付款凭证，计日工费用一般从暂定金中开支。

5) 支付款的调整

(1) 因法律改变的调整。

在基准日期之后，工程所在国的法律发生变动(包括使用新的法律、废除或修改现有法律)或对此类法律的司法解释或政府官方解释发生变动，从而影响承包商履行合同义务，导致工程施工费用的增加或减少，则应对合同价款进行调整。若立法改变导致费用增加了，则承包商可以通过索赔来要求增加费用；工期增加了，则承包商可以通过索赔来要求增加费用延长工期。若立法改变导致费用降低了，则雇主应签证说明费用降低，同样可以通过索赔来要求减少对承包商的支付。

(2) 因物价浮动的调整。

对于施工期较长的合同，为了合理分担市场价格浮动变化对施工成本影响的风险，在合同内要约定调价的方法。通用条款内规定的调价公式为

$$P_n = a + b \times \frac{L_n}{L_o} + c \times \frac{M_n}{M_o} + d \times \frac{E_n}{E_o} + \cdots \tag{5-1}$$

式中：P_n ——第 n 期内完成工作以相应货币所估算的合同价值所采用的调整系数，这期间通常是 1 个月，除非投标函附录中另有规定；

a——在数据调整表中规定的一个系数，代表合同支付中不调整的部分占的比例；

b、c、d——数据调整表中规定的一个系数，代表与实施工程有关的每项费用因素的估算比例，如劳务、设备和材料等，其中 $a+b+c+d+\cdots=1$；

L_n、E_n、M_n ——第 n 期间使用的现行费用指数或参照价格，以该期间(具体的支付证书的相关期限)最后一日之前第 49 天当天对于相关表中的费用因素适用的费用指数或参照价格确定；

L_o、E_o、M_o ——基本费用参数或参照价格。

6) 保留金

保留金是按合同约定从承包商应得的工程进度款中相应扣减的一笔金额保留在雇主手中，作为约束承包商严格履行合同义务的措施之一。当承包商有一般违约行为使雇主受到损失时，可从该项金额内直接扣除损害索赔费。例如，承包商未能在工程师规定的时间内修复缺陷工程部位，雇主雇用其他人完成后，这笔费用可从保留金内扣除。

(1) 保留金的约定。

承包商在投标书附录中按招标文件提供的信息和要求确认了每次扣留保留金的百分比和保留金限额。每次月进度款支付时仅扣留 5%～10%，累计扣留的最高限额为合同价的2.5%～5%。

(2) 每次中期支付时扣留的保留金。

从首次支付工程进度款开始，用该承包商完成合格工程应得款加上因后续法规政策变化的调整和时常价格浮动变化的调价款为基数，乘以合同约定保留金的百分比作为本次支付时应扣留的保留金。逐月累计扣到合同约定的保留金最高限额为止。

(3) 保留金的返还。

扣留承包商的保留金分两次返还。

① 签发工程接收证书后的返还。

A. 签发了整个工程的接收证书时，将保留金的前一半支付给承包商。

B. 如果签发的接收证书只是限于一个区段或工程的一部分，则返还金额按如下公式计算。

$$返还金额 = 保留金总额 \times \frac{移交工程区段或部分的合同价值}{最终合同价值的估算值} \times 40\%$$

② 保修期满签发履约证书后将剩余保留金返还。

A. 整个合同的缺陷通知期满，返还剩余的保留金。

B. 如果签发的履约证书只限于一个区段，则在这个区段的缺陷通知期满后，并不全部返还该部分剩余的保留金，返还金额的多少由下式决定。

$$返还金额 = 保留金总额 \times \frac{移交工程区段或部分的合同价值}{最终合同价值的估算值} \times 40\%$$

7) 进度款的支付

(1) 承包商提交付款报告。

每个月的月末，承包商应按工程师规定的格式提交一式 6 份本月支付报表。内容包括提出本月已完成合格工程的应付款要求和对应扣款的确认，一般包括以下几个方面。

① 本月完成的工程量清单中工程项目及其他项目的应付金额(包括变更)。

② 法规变化引起的调整应增加和扣减的任何款项。

③ 作为保留金扣减的任何款项。

④ 预付款的支付(分期支付的预付款)和扣还应增加和扣减的任何款额。

⑤ 承包商采购用于永久工程的设备和材料应预付和扣减款额。

⑥ 根据合同或其他规定(包括索赔、争端裁决和仲裁)，应付的任何其他应增加和扣减的款项。

⑦ 对所有以前的支付证书中证明的款额的扣除或减少(对已付款支付证书的修正)。

(2) 工程师签证。

工程师接到报表后，对承包商完成的工程项目的质量、数量以及各项价款的计算进行核查。若有疑问时，可要求承包商共同复核工程量。在收到承包商的支付报表后 28 天内，按核查结果以及总价承包分解表中核实的实际完成情况签发支付证书。工程师可以不签发证书或扣减承包商报表中部分金额的情况包括以下几个方面。

① 当合同内约定有工程师签证的最小金额时，本月应签发的金额小于签证的最小金额，工程师不出具本月进度款的支付证书。本月应付款结转下月，超过最小签证金额后一并支付。

② 承包商提供的货物或施工的工程不符合合同要求，可扣发修整或重置相应的费用，直到修整或重置工作完成后再支付。

③ 承包商未能按合同规定进行工作或履行义务，并且工程师已经通知了承包商，则可以扣留该工作或义务的价值，直至工作或义务履行为止。

工程进度款支付证书属于临时支付证书，工程师有权对以前签发过的证书中发现的错误、疏漏或重复进行更正或修改，承包商也有权提出更改或修正，经双方复核同意后，将增加或扣减的金额纳入本次签证中。

(3) 雇主支付。

承包商的报表经过工程师认可并签发工程进度款的支付证书后，雇主应在接到证书后及时给承包商付款。雇主的付款时间不应超过工程师收到承包商的月进度报告后的 56 天。

2. 竣工结算

1) 承包商报送竣工报表

签发工程接收证书后的 84 天内，承包商应按工程师规定的格式报送竣工报表，报表内容包括以下几方面

(1) 到工程接收证书中指明的竣工日止，根据合同完成全部工作的最终价值。

(2) 承包商认为应该支付给他的其他款项，如要求的索赔款、应退还的部分保留金等。

(3) 承包商认为根据合同应支付给他的估算总额。所谓"估算总额"是这笔金额还未经过工程师审核同意。估算总额应在竣工结算报表中单独列出，以便工程师签发支付证书。

2) 竣工结算与支付

工程师接到竣工报表后，应对照竣工图进行工程量详细核算，对其他支付要求进行审查，然后再依据检查结果签署竣工结算的支付证书。此项签证工作，工程师也应于收到竣工报表后 28 天内完成。雇主根据工程师的签证予以支付。

3. 最终结算

最终结算是指签发履约证书后，对承包商完成全部工作价值的详细结算，以及根据合同条件对应付给承包商的其他费用进行核实，确定合同的最终价格。

签发履约证书后的 56 天内，承包商应向工程师提交最终报表草案，以及工程师要求提交的有关资料。最终报表草案要详细说明根据合同完成的全部工程价值和承包商依据合同认为还应支付给他的任何进一步款项，如剩余的保留金及缺陷通知期内发生的索赔费用等。

工程师审核后与承包商协商，对最终报表草案进行适当的补充或修改后形成最终报表。承包商将最终报表送交工程师的同时，还需向雇主提交一份"结清单"，进一步证实最终报表中的支付总额，作为同意与雇主终止合同关系的书面文件。工程师在接到最终报表和结清单附件后的 28 天内签发最终支付证书，雇主应在收到证书后的 56 天内支付。只有当雇主按照最终支付证书的金额予以支付并退还履约保函后，结清单才生效，承包商的索赔权也即行终止。

5.2.8 合同中其他管理性条款及内容

1. 保险

1) 保险总体要求

在 FIDIC《施工合同条件》(1999 年版)中，没有明确哪一方投保，但对保险作了以下

总体要求。

(1) 若承包商投保，办理保险时应遵循雇主批准的条件，这些条件应与双方在承包商中标前谈判中商定的投保条件一致。

(2) 若雇主投保，则应按双方在专用条件中列出的具体条件投保。

(3) 若保险合同中的被保险人同时为雇主和承包商，则任何一方在发生与自己有关的保险事件时，均可单独用此保险合同，向保险人提出索赔。

(4) 若保险合同中的被保险人还包括其他被保险人，则除雇主为他的人员去进行保险索赔外，其他情况由承包商负责处理。这些所谓的"其他被保险人"无权直接与保险公司处理索赔事宜。

(5) 投保一方应按投标函附录中的时间规定，向另一方提交办理保险的证据以及保险单的复印件，同时通知工程师。

(6) 若按约定应当办理保险的一方没有办理保险或保险持续有效，或没有按规定向另一方提供办理保险的有关情况，则另一方可以去办理保险，支付保险费，并有权从投保方收回该费用，合同价款相应进行调整。

(7) 若发生了相关风险、造成了一定的损失，且没能有效得到保险公司的赔付情况，则双方根据合同约定的义务和责任来承担该损失。

(8) 工程在实施中有些情况发生了变化，可能导致与投保时提供给保险公司的情况不一致，则投保方应及时通知保险公司，作出相应的调整，使保险持续有效。

虽然在合同条件中没有明确哪一方投保，按照惯例在国际工程承包中一般由承包商办理投保，当然，保险费用由雇主承担。对于某项复杂而且规模较大、承包商较多的项目，一般由雇主统一办理保险，这样不仅有利于节约投资费用，而且有利于管理。

2) 工程和承包商设备保险

在保险中，财产保险的对象主要有工程本身，相关的永久设备、材料及承包商的施工设备，因此，合同条件中对此保险作了以下的规定。

(1) 投保方应为工程本身、永久材料、设备及承包商的施工设备办理保险，投保金额不能低于其重置成本、拆迁费及相应的利润额。

(2) 使保险的有效期一直持续到签发履约证书的日期为止。

(3) 除非在专用条件中另有规定，此处有关工程和承包商设备的保险应满足下列要求。

① 应由承包商作为投保方办理和维持。

② 应由共同有权从保险人处得到赔偿的各方联名投保，所得到的理赔款应作为专款用于修复损失或损害的内容。

③ 保险应覆盖"雇主的风险"以外的全部风险造成的损失以及雇主使用或占用工程另一部分造成的工程某一部分的损失或损害。

(4) 不承担以下的损失、损害和修复。

① 设计、材料、工艺导致处于缺陷状态的工程部分，但对于缺陷状态直接导致其他工程部分受到的损失或损害，除下面第②项的情况外，仍需要保险。

② 修复处于缺陷状态的工程部分导致其他部分工程的损失或损害。

③ 雇主已经接收的部分工程，除非该部分工程的损害责任应由承包商承担。

④ 仍没有运到工程所在国的物品，但不得违背通用条件第 14.5 款(拟用于工程的永久

设备和材料)的规定。

3) 人员伤亡及财产损害险

FIDIC 施工合同条件中所列的"人员伤亡及财产损害险"主要是指第三方责任险，即在投保时，投保人应投第三人责任险，这样对承包商在履约的过程中可能造成的第三方人员伤亡或财产损失，就可以将此风险转移给保险公司，以避免或减少合同双方对此承担的责任。这种保险的投保额应不低于投标函附录中规定的数额，若专用条件款没有明确投保人，则一般由承包商以合同双方的名义办理保险。

4) 承包商人员的保险

承包商应为其雇用的任何人员办理保险，同时应保障雇主和工程师，当然雇主或其人员的过错或渎职造成的损害不包含其中。这种保险的有效期为其雇员从事项目工作的全部时间，对于分包商的人员，由分包商办理保险。

2. 不可抗力

1) 不可抗力的范围

通用条件第 19.1 条规定，施工中的不可抗力是指某种异常事件或情况，这些异常事件或情况包括以下几个方面。

(1) 一方无法控制的。

(2) 双方在签订合同前，不能对之进行合理准备的。

(3) 发生后，该方不能合理避免或克服的。

(4) 不能主要归因于他方的。

只要满足上述(1)~(4)项的条件，不可抗力可以包括但不限于下列各种异常事件或情况。

① 战争、敌对行动(不论宣战与否)、入侵、外敌行为。

② 叛乱、恐怖主义、革命、暴动、军事政变或篡夺政权或内战。

③ 承包商人员和承包商及其分包商的其他雇员以外的人员的骚动、喧闹、混乱、罢工或停工。

④ 战争军火、爆炸物资、电离辐射或放射性污染，但可能因承包商使用此类军火、炸药、辐射或放射性引起的除外。

⑤ 自然灾害，如地震、飓风、台风或火山喷发。

2) 不可抗力发生后各方的工作

(1) 通知对方。

若一方遇到不可抗力后，导致其无法履行合同则应在 14 天内通知对方，并说明哪些义务不能履行。发出通知后，该方可以免于此义务的履行。

(2) 采取措施减少损失。

发生不可抗力后，各方应采取措施，将此事件造成的损失降到最低程度，包括自己的和对方的。若不可抗力事件结束了，一方应向另一方发出通知，这一条规定是基于合同双方在诚实信用的原则下应有的义务。

3) 不可抗力的后果及处理

(1) 承包商的索赔。若承包商受到不可抗力的影响，首先可以进行工期索赔，要求延长工期。对于费用索赔，若是前述"不可抗力范围"中的(1)~(4)项造成的，并有②~④类情况发生在工程所在国，则承包商可以进行费用索赔，因为这些因素是一个有经验的承包商在投标时不能合理预见的，所以应由雇主来承担相关责任。

(2) 对分包商的影响。不可抗力若影响到分包商，分包商可以通过分包合同向承包商索赔，若其索赔的额度大于承包商向雇主的索赔，则超出的这一部分由承包商承担。

(3) 不可抗力致使合同无法履行的处理。

① 当不可抗力发生后，若其持续的时间很长，任何一方可在满足下列规定的前提下向对方发出终止合同的通知：若因不可抗力事件连续使合同不能履行超过 84 天或间断影响超过 140 天，即可发出终止合同通知，通知发出后 7 天合同终止生效。此时，工程师应立即确定承包商完成的工作价值，并签发支付证书。

② 若不可抗力发生，使得双方无法履行合同，符合当地法律法规规定的可以解除合同的条件，当事人双方可以解除合同，但应该支付给承包商已完工程的价款，工程师也应及时审核并签发支付凭证。

3. 索赔管理

1) 索赔程序

(1) 承包商应在引起索赔的事件或情况发生后 28 天内向工程师提交索赔通知，承包商还应提交一切与此类事件或情况有关的任何其他通知，以及索赔的详细证明报告。

(2) 承包商应做好用以证明索赔的同期记录。工程师在收到上述通知后，在不必事先承认业主责任的情况下，监督此类记录，并可以指令承包商保持进一步的同期记录。承包商应按工程师的要求提供此类记录的复印件，并允许工程师审查所有这类记录。

(3) 提交索赔报告。在引起索赔的事件或情况发生后 42 天内，或在工程师批准的其他合理时间内，承包商应向工程师提交一份索赔报告，详细说明索赔的依据以及索赔的工期和索赔的金额。

(4) 工程师在收到索赔报告或该索赔的任何进一步的详细证明报告后 42 天内，或在承包商批准的其他合理时间内，应表示批准或不批准，并就索赔的原则作出反应。

(5) 工程师根据合同规定确定承包商可获得的工期延长和费用补偿。如果承包商提供的详细报告不足以证明全部的索赔，则他仅有权得到已被证实的那部分索赔；对于已被证实的索赔金额应列入每份支付证明中。

(6) 索赔的丧失和被削弱。如果承包商未能在引起索赔的事件或情况发生后 28 天内向工程师提交索赔通知，则承包商的索赔权丧失。

2) 承包商可以引用的索赔条款

承包商索赔可以直接引用和间接引用的条款分别如表 5-1、表 5-2 所示。

表 5-1　承包商索赔可以直接引用的条款

编号	条款号	条款主体内容	有可能调整的内容
1	1.9	延误的图纸或指示	C+P+T
2	2.1	进入现场的权利	C+P+T
3	3.3	工程师的指示	C+P+T
4	4.6	合作	C+P+T

编号	条款号	条款主体内容	有可能调整的内容
5	4.7	放线	C+P+T
6	4.12	不可预见的外界条件	C+T
7	4.24	化石	C+T
8	7.2	样本	C+P
9	7.4	检验	C+P+T
10	8.3	进度计划	C+P+T
11	8.4	竣工时间的延长	T
12	8.5	由公共当局引起的延误	T
13	8.8&8.9&8.11	工程暂停；暂停引起的后果；持续的暂停	C+T
14	9.2	延误的检验	C+P+T
15	10.2	对部分工程的验收	C+P
16	10.3	对竣工检验的干扰	C+P+T
17	11.2	修补缺陷的费用	C+P
18	11.6	进一步的检验	C+P
19	11.8	承包商的检查	C+P
20	12.4	省略	C
21	13.1	有权变更	C+P+T
22	13.2	价值工程	C
23	13.5	暂定金额	C+P
24	13.7	法规变化引起的调整	C+T
25	13.8	费用变化引起的调整	C
26	15.5	雇主终止合同的权利	C+P
27	16.1	承包商有权暂停工作	C+P+T
28	16.2&16.4	承包商终止合同；终止时的支付	C+P
29	17.3&17.4	雇主风险；雇主的风险造成的后果	C+(P)+T
30	17.5	知识产权与工业产权	C
31	18.1	有关保险的具体要求	C
32	19.4	不可抗力引起的后果	C+T
33	19.6	可选择的终止、支付和返回	C
34	19.7	根据法律解除履约	C

表 5-2 承包商的隐含索赔条款

编号	条款号	条款主体内容	可以调整的内容
1	1.3	通信联络	C+P+T
2	1.3	文件的优先次序	C+T
3	1.8	文件的保管和提供	C+P+T

续表

编号	条款号	条款主体内容	可以调整的内容
4	1.13	遵守法律	C+P+T
5	2.3	雇主的人员	T+C
6	2.5	雇主的索赔	C
7	3.2	工程师的授权	C+P+T
8	4.2	履约保证	C
9	4.10	现场数据	C+T
10	4.20	雇主的设备和免费提供的材料	C+P+T
11	5.2	对指定的反对	C+T
12	7.3	检查	C+P+T
13	8.1	工程开工	C+T
14	8.12	复工	C+P+T
15	12.1	需测量的工程	C+P
16	12.3	估价	C+P

4. 合同争议的解决

FIDIC《施工合同条件》(1999 年版)第 20.2～20.8 条对合同争议的解决作出了详细的规定，有关争议解决的方式有提交工程师决定、提交争端裁决委员会决定、双方协商及仲裁。

1) 提交工程师决定

FIDIC 编制施工合同条件的基本出发点之一就是建立以工程师为核心的管理模式，因此，不论是承包商的索赔还是雇主的索赔都要首先提交给工程师。任何一方要求工程师作出决定时，工程师应与双方协商一致；若未能达成一致，则工程师按照合同根据公正的原则作出决定(应当说明的是，工程师的决定是指合同履行过程中的相关决定，不是争端的解决)。

2) 提交争端裁决委员会决定

双方对于合同的任何争端，包括对工程师签发的证书及作出的决定、指示、意见或估价不同意接受时，可以将争议提交给争端裁决委员会决定。收到申请后的 84 天内争端裁决委员会应作出决定，此时任何一方对裁决不满意可以在收到决定后的 28 天内将不满意的意见通知另一方。

3) 双方协商

对争端裁决委员会的决定不满意，双方在开始争端前应努力友好解决争端，可以在不少于 56 天的时间内进行协商，若协商不成，可以申请仲裁。

4) 仲裁

合同条件中所建议的双方最终解决争议的方式是仲裁。仲裁规则应采用国际商会的规则，就争端涉及的问题工程师有权被传唤作为证人。若仲裁是在工程进行中开始的，则合同各方应继续履行合同义务，不受仲裁的影响。

【案例 5-2】承包商的责任

某建筑商在南京承建某商业用房工程项目中，发现部分梁拆除模板后，出现较多细裂缝。细裂缝主要沿梁侧面由下至上延伸，大致与梁的方向垂直。梁侧细裂缝多的有 30 余条，少的也有 10 余条。该质量事故发生以后，发包人认为质量事故应当由建筑商负责，并且其应当承担由此引起的损失。建筑商则认为其不应当承担责任，因为设计图纸的一部分主梁与次梁的受力钢筋直径偏小，是设计原因造成了梁裂缝问题。对此问题双方争持不下，那么，在本案中建筑商是否应承担质量责任呢？

【分析】 建设工程质量责任根据《建筑法》等法律的规定，实行的是类似于"有罪推定"的原则，《建筑法》第五十五条规定，建筑工程实行总承包的，工程质量由工程总承包单位负责，总承包单位将建筑工程分包给其他单位的，应当对分包工程的质量与分包单位承担连带责任。分包单位应当接受总承包单位的质量管理。以上法律明确规定工程质量由建筑商负责，而且我国《民法典》合同编采用严格责任归责原则，一旦工程质量有缺陷，推定是建筑商原因导致工程质量责任。所谓严格责任归责原则，一般被认为是过错推定原则，在建设工程施工合同质量责任中，就是推定建筑商存在过错，并需要承担责任，除非建筑商能够证明存在法定免责事由。因此，明确法律规定的免责事由，在合同管理和施工过程中发生免责事件时及时固定证据，对建筑商尤为重要，否则就会背上不该背的"黑锅"。

复习思考题

一、选择题

1. 下列关于 FIDIC《施工合同条件》(1999 年版)相关内容叙述不正确的是(　　)
   A. 该合同条件适用于建设项目规模大、复杂程度高、雇主提供设计的项目
   B. 新红皮书对雇主的职责、权利、义务有了更严格的要求，如对雇主资金安排、支付时间和补偿、雇主违约等方面的内容进行了补充和细化
   C. 新红皮书完全没有继承原红皮书的"风险分担"的原则，即雇主愿意承担比较大的风险
   D. 索赔、仲裁方面：增加了与索赔有关的条款并丰富了细节，加入了争端委员会的工作程序，由 3 个委员会负责处理那些工程师的裁决不被双方认可的争端

2. 下列属于 FIDIC《施工合同条件》(1999 年版)的特点的是(　　)
   A. 国际性、权威性、通用性
   B. 法律制度完善
   C. 文字严密、逻辑性强、内容广泛具体、可操作性强
   D. 合同条件具有唯一性

3. 下列不属于不可预见的物质条件的是(　　)
   A. 承包商施工过程中遇到不利于施工的人为干扰
   B. 招标文件未提供或与提供资料不一致的地表以下的地质和水文条件
   C. 承包商施工过程中遇到不利于施工的招标文件和图纸均未说明的外界障碍物
   D. 承包商施工过程中遇到不利于施工的气候条件

二、填空题

1. 按照 FIDIC《施工合同条件》(1999 年版)第 1.1.1.1 条的规定，合同是指合同协议书、_____、_____、本条件(合同条件：包括通用条件和专用条件)、_____、图纸、_____以及合同协议书或_____中列出的其他文件。

2. 由定义可知，FIDIC《施工合同条件》(1999 年版)明确将工程师列为雇主的人员，从而改变和淡化了工程师这一角色的"_____"和"_____"的性质，这也是与以前 FIDIC 施工合同条件各版本不同的地方之一。

3. 承包商的索赔要获得成功必须具备 3 个条件：雇主提供的错误数据导致有_____和_____；承包商尽力核实数据而无法合理发现此类错误；承包商应及时发出_____和_____。

4. 承包商应在引起索赔的事件或情况发生后_____向工程师提交索赔通知，承包商还应提交一切与此类事件或情况有关的任何其他通知，以及_____。

5. FIDIC《施工合同条件》(1999 年版)第 20.2～20.8 条对合同争议的解决作出了详细的规定，有关争议解决的方式有_____、_____、_____及_____。

三、简答题

1. 承包商发生什么情况时雇主可以终止合同？
2. 承包商基本义务主要有哪些？
3. 简述承包商提交施工进度计划包含的内容。
4. 简述指定分包商与一般分包商的主要差异。
5. 简述工程师对承包商提交的施工计划的审查主要涉及的方面。

第 6 章　工程合同索赔管理

教学提示：本章介绍索赔的概念、分类、特点、作用及条件；详细阐述索赔的原因、程序及索赔时使用的各种文件；重点论述工期索赔、费用索赔的处理与计算方法，并结合算例和实际案例来分析；最后介绍反索赔的概念及其处理的方法。

教学要求：

通过本章教学，应使学生了解索赔的概念、分类及特点；熟悉索赔与反索赔的程序。

6.1　索 赔 概 述

本节主要内容为索赔的概念及特征、分类、作用及条件。

6.1.1　索赔的概念及特征

1. 索赔的概念

索赔(claim)一词具有较为广泛的含义，其一般含义是指对某事、某物权利的一种主张、要求和坚持等。建设工程索赔是指当事人在合同实施过程中，根据法律、合同规定及惯例，对并非由于自己的过错，而是由合同对方应承担责任或风险的事件造成损失后，向对方提出补偿的权利要求。在工程建设的各个阶段，都有可能发生索赔，但在施工阶段的索赔发生较多。

索赔具有广义和狭义两种解释：广义的索赔是指合同双方向对方提出的索赔，既包括承包商向业主的索赔，也包括业主向承包商的索赔；狭义的索赔一般是指承包商向业主的索赔。

2. 索赔的特征

在工程建设合同履行过程中，索赔是不可避免的。从索赔的定义可以归纳出以下基本特征。

1) 索赔的依据是法律法规、合同文件及工程惯例

合同当事人一方向另一方索赔必须有合理、合法的证据，否则索赔不可能成功。这些证据包括合同履行地的法律法规及政策和规章、合同文件及工程建设交易习惯。当然，最

主要的依据是合同文件。

2) 索赔是双向的

基于合同中当事人双方平等的原则，承包商可以向发包方索赔，发包方也可以向承包商索赔。在索赔处理的实践中，发包方向承包商索赔处于有利的地位，他可以直接从支付给承包商的工程款中扣取相关费用，以实现索赔的目标；而承包商向发包方索赔相对而言实现较困难一些，因而通常所理解的索赔是承包商向发包方的索赔，也就是前面所述的狭义索赔。

承包商的索赔范围非常广泛，一般认为只要是非承包商自身责任造成其工期延长或成本增加，承包商都有可能向发包方提出索赔。例如，有时发包方违反合同，如未及时交付施工图纸、提供满足条件的施工现场、决策错误等造成工程修改、停工、返工、窝工及未按合同规定支付工程款等，承包商可向发包方提出赔偿要求；有时发包方并未违反合同，而是其他原因，包括合同范围内的工程变更、恶劣气候条件影响、国家法律法规修改等造成承包商损失或损害的，承包商也可以向发包方提出补偿要求，因为这些风险应由发包方承担。

3) 与合同对比，索赔一方必须有损失

这种损失可能是经济损失或权利损害。经济损失是指对方因素造成合同外的额外支出，如人工费、材料费、机械费、管理费等额外开支；权利损害是指虽然没有经济上的损失，但造成了一方权利上的损害，如由于恶劣气候条件对工程进度的不利影响，承包商有权要求工期延长等。因此，发生了实际的经济损失或权利损害，应是一方提出索赔的一个基本前提条件。没有实际损失，索赔不可能成功。这与承担违约责任不一样，一方违约了，不管有没有给对方造成损失，都应向对方承担责任，如支付违约金等。

4) 索赔应由对方承担责任或风险事件造成，索赔一方无过错

这一特征也体现了索赔成功的一个重要条件，即索赔一方对造成索赔的事件不承担责任或风险，而是根据法律法规、合同文件或交易习惯应由对方承担风险，否则索赔不可能成功。当然由对方承担风险但不一定对方有过错，如物价上涨、发生不可抗力等，均不是发包人的过错造成，但这些风险应由发包人承担，因而若发生此类事件给承包商造成损失，承包商可以向发包方索赔。

5) 索赔是一种未经对方确认的单方行为

一方面，在合同履行过程中，只要符合索赔的条件，一方向另一方的索赔可以随时进行，不必事先经过对方的认可，至于索赔能否成功及索赔值多少则应根据索赔的证据等具体情况而定。另一方面，单方行为含义指一方向另一方的索赔何时进行，哪些事件可以进行索赔，当事人双方事先不可能约定，只要符合索赔的条件，就可以启动索赔程序。

基于上述对索赔特征的分析可以知道，实质上索赔是一种正当的权利或要求，是合情、合理、合法的行为，它是在正确履行合同的基础上争取合理的偿付，不是无中生有、无理争利。索赔同守约、合作并不矛盾、对立，索赔本身就是市场经济中合作的一部分，只要是符合有关规定的、合法的或者符合有关惯例的，就应该理直气壮地、主动地向对方索赔。对一个承包商而言，只有善于索赔，才能维护自身的合法权益，才能获得更大的利润。

3. 索赔与违约责任的比较

合同在订立与履行过程中，当事人可以约定违约责任来约束双方的行为，以保证合同

标的的实现，索赔的处理同样是当事人实现自己权益的一种重要的合同管理途径。但两者在法律概念及处理方式上有以下不同。

(1) 索赔事件的发生，可以是当事人一定的行为，也可以是非当事人的行为造成，如物价上涨、不可抗力事件发生等，均非当事人的行为造成，但是承包商也可以向发包方索赔费用和要求延长工期；而追究违约责任，必然是当事人行为造成，而且是违反了合同约定的内容，否则不能追究违约责任。

(2) 索赔事件的发生可以是当事人一方引起的，也可以是非当事人引起的，当事人可能有过错，也可能没有过错。而追究违约责任必须是当事人的行为造成，而且有过错。

(3) 索赔的成功必须以索赔一方有实际损失为前提，没有损失，索赔不可能成功，因为索赔具有补偿性。而违约责任的追究只要当事人有违约过错行为发生，且无论其是否给对方造成损失均应承担责任，因为违约责任具有惩罚性，如一方违约应向另一方支付违约金等。

(4) 索赔事件的发生，不一定在合同文件中有规定；而合同违约责任，必然在合同中有约定。因而索赔的依据，不仅是合同文件，还包括法律法规及工程交易习惯等，而追究违约责任的主要依据是合同文件。

6.1.2 索赔的分类

1. 按索赔的依据分类

(1) 合同内索赔。合同内索赔是指索赔所涉及的内容可以在合同条款中找到依据，并可根据合同规定明确划分责任。一般情况下，合同内索赔的处理和解决要顺利一些。

(2) 合同外索赔。合同外索赔是指索赔的内容和权利难以在合同条款中直接找到依据，但可从合同引申含义和合同适用法律或政府颁发的有关法规及相关的交易习惯中找到索赔的依据。

2. 按索赔当事人分类

(1) 承包商与发包方间的索赔。这种索赔一般与工程计量、工程变更、工期、质量、价格等方面有关，有时也与工程中断、合同终止有关。

(2) 总承包商与分包商间的索赔。在总分包的模式下，总承包商与分包商之间可能就分包工程的相关事项产生索赔。

(3) 承包商与供货商间的索赔。他们之间可能因产品或货物的质量不符合技术要求或数量不足或不能按时交货或不能按时支付货款产生索赔。

(4) 业主与监理单位间的索赔。在监理合同履行中，双方的原因或单方原因使合同不能很好地履行或外界原因如政策变化、不可抗力等产生的索赔。

3. 按索赔的目的分类

(1) 费用索赔。在合同履行中，非自身的原因而应由对方承担责任或风险情况，使自己有额外的费用支付或损失，可以向对方提出费用索赔。例如，工程量增加，承包商可以向发包方提出费用补偿的索赔要求。

(2) 工期索赔。这里主要是指出现了应由发包方承担风险责任的事件影响了工期，承包商可以向发包方提出工期补偿的索赔要求。

4. 按索赔事件的性质分类

(1) 工程延误索赔。业主未按合同要求提供施工条件，如未及时交付设计图纸、施工现场、道路等，或业主指令工程暂停或不可抗力事件等造成工期拖延的，承包商对此提出索赔。这是工程中常见的一类索赔。

(2) 工程变更索赔。业主或监理工程师指令增加或减少工程量或增加附加工程、修改设计、变更工程施工顺序等，造成工期延长和费用增加，承包商对此提出索赔。

(3) 工程终止索赔。业主违约或发生了不可抗力事件等造成工程非正式终止，承包商因蒙受经济损失而提出索赔。

(4) 工程加速索赔。业主或监理工程师指令承包商加快施工速度、缩短工期，引起承包商人、财、物的额外开支而提出的索赔。

(5) 意外风险和不可预见因素索赔。在工程实践中，人力不可抗拒的自然灾害、特殊风险以及一个有经验的承包商通常不能合理预见的不利施工条件或外界障碍，如地下水、地质断层、溶洞、地下障碍物等引起的索赔。

(6) 其他索赔。如货币贬值、汇率变化、物价、工资上涨、政策法令变化等引起的索赔。

5. 按索赔处理的方式分类

(1) 单项索赔。单项索赔是针对某一干扰事件提出的，在影响原合同正常运行的干扰事件发生时或发生后，由合同管理人员立即处理，并在合同规定的索赔有效期内向业主或监理工程师提交索赔要求和报告。

(2) 综合索赔。综合索赔又称一揽子索赔，一般在工程竣工前和工程移交前，承包商将工程实施过程中因各种原因未能及时解决的单项索赔集中起来进行综合考虑，提出一份综合索赔报告，由合同双方在工程交付前后进行最终谈判，以一揽子方案解决索赔问题。这种索赔程序复杂，涉及的索赔值大，不易解决，因此在实践中最好能及时做好单项索赔，尽量不采用综合索赔。

6.1.3 索赔的作用及基本条件

1. 索赔的作用

(1) 索赔是合同全面、适当履行的重要保证。合同一经当事人双方签订，即对双方产生相应的法律约束力，双方应认真履行自己的责任与义务。索赔是合同法律效力的具体体现，并且由合同的性质决定。如果没有索赔和关于索赔的法律规定，合同则形同虚设，对双方都难以形成约束，这样，合同的实施得不到保证，就不会有正常的社会经济秩序。索赔能对违约者起警诫作用，使他考虑到违约的后果，以尽量避免违约事件发生。因此，索赔有助于工程中双方更紧密的合作，有助于合同目标的实现。

(2) 索赔是落实和调整合同双方经济责任、权利及利益关系的手段，也是合同双方风险分担的又一次分配，离开了索赔，合同责任就不能全面体现，合同双方的责、权、利关系就难以平衡。

(3) 索赔是合同和法律赋予受损者的权利。对承包商来说，索赔是一种保护自己、维护自己正当权益、避免损失、增加利润的手段。在现代承包工程中，特别是在国际承包工程

中，如果承包商不能进行有效的索赔，不精通索赔业务，往往就会使损失得不到合理的、及时的补偿，从而不能进行正常的生产经营，使自身遭受更大的损失。

(4) 索赔对提高企业和工程项目管理水平起着促进作用。要想索赔取得成功，必须加强工程项目管理，特别是合同管理，加练内功提高自身的管理水平。

(5) 索赔可促使工程造价更加合理。施工索赔的正常开展，把原来打入工程造价的一些不可预见费用，改为按实际发生的损失支付，有助于降低工程报价，使工程造价更趋合理。

2. 索赔的基本条件

在合同履行过程中，当事人一方向另一方索赔应满足一定的条件才可能获得成功。这些最基本的要求与条件及其相关的内容如表 6-1 所示。

表 6-1　索赔的基本条件

要求	内容
客观性	(1) 干扰事件确实存在； (2) 干扰事件的影响存在； (3) 造成工期拖延，承包商损失； (4) 有证据证明
合法性	按合同、法律或交易习惯规定应予补偿
合理性	(1) 索赔要求符合合同规定； (2) 符合实际情况； (3) 索赔值的计算符合以下几个方面： ① 符合合同规定的计算方法和计算基础； ② 符合公认的会计核算原则； ③ 符合工程惯例； (4) 干扰事件、责任、干扰事件的影响与索赔值之间有直接的因果关系，索赔要求符合逻辑
及时性	(1) 出现索赔事件应提出索赔意向通知； (2) 索赔事件结束后的一段时间内应提出正式索赔报告。 例如，国内施工合同文本规定应在出现索赔事件后的 28 天内提出意向通知，索赔事件结束后的 28 天内提出正式索赔报告，否则失去索赔的机会

6.2　索赔程序及文件

本节的主要内容为索赔的一般程序、报告及策略。

6.2.1　一般程序

1. 索赔工作程序

索赔工作程序一般是指从出现索赔事件到最终处理全过程所包括的工作内容及工作步

骤。承包商向业主索赔的主要步骤包括以下几个方面。

1) 提出索赔意向通知

承包商向业主或工程师就某一个或若干索赔事件表示索赔愿望、要求或声明保留索赔的权利。索赔意向的提出是索赔工作程序中的第一步，其关键是抓住索赔机会，及时提出索赔意向。

2) 准备索赔资料及文件

在提出了索赔意向通知后，承包商应就索赔事件收集相关资料，跟踪和调查影响事件，并分析其产生的原因，划分责任，实事求是地计算索赔值，并起草正式的索赔报告。

3) 提交正式索赔报告

索赔报告应在合同规定的时间内向业主或工程师提交，否则，可能会失去索赔的机会。

4) 工程师(业主)对索赔报告审核

工程师(业主)审核索赔是否成立。索赔要成立必须满足以下条件。

(1) 索赔一方有损失。如承包商应有费用的增加或工期损失。

(2) 这种损失是由业主应承担责任或风险的事件造成的，承包商没有过错。

(3) 承包商及时提交了索赔意向通知和索赔报告。

这三个条件没有先后主次之分，必须同时满足，承包商的索赔才可能成功。

5) 索赔的处理与解决

工程师应及时、公正、合理地处理索赔，在处理索赔要求时，应充分听取承包商的意见并与承包商协商，若协商不一致，工程师可以单方作出处理意见。

6) 业主批准

工程师在签发处理意见后报业主审核或批准。

7) 业主与承包商协商

若双方均不能接受工程师的处理意见，也不能通过协商达成一致。为此双方就索赔事件产生了争议或纠纷，此时按争议的解决方式来处理索赔事件。

2. 施工合同条件中规定的程序

《建设工程施工合同文本》第三十六条规定的程序包括以下内容。

(1) 当一方向另一方提出索赔时，要有正当索赔理由，且有索赔事件发生时的有效证据。

(2) 发包人未能按合同约定履行自己的义务，或发生错误以及发生应由发包人承担责任的其他情况，造成工期延误和(或)承包人不能及时得到工程款及承包人的其他经济损失，承包人可以按以下程序向发包人索赔。

① 索赔事件发生 28 天内，向工程师发出索赔意向通知。

② 发出索赔意向通知后 28 天内，向工程师提出延长工期(或)补偿经济损失的索赔报告及有关资料。

③ 当该索赔事件持续进行，承包人应当相应地向工程师发出索赔意向，在索赔事件结束后 28 天内，向工程师提供索赔的有关资料和最终索赔报告。

④ 工程师在收到承包人送交的索赔报告的有关资料后，于 28 天内给予答复或要求承包人进一步补充索赔理由和证据。如果工程师在收到承包人的索赔报告的有关资料后 28 天内未予答复，视为该项索赔已被认可。

(3) 承包人未能按合同约定履行自己的各项义务或发生错误给发包人造成经济损失的，

发包人可按同样的程序向承包人提出索赔。

6.2.2　索赔报告

1. 索赔报告概述

索赔报告，是合同一方向对方提出索赔的书面文件，全面反映了一方当事人对一个或若干索赔事件的所有要求和主张，对方当事人也是通过对索赔报告的审核、分析和评价来作认可、要求修改、反驳甚至拒绝索赔要求的决定，同时索赔报告也是双方进行索赔谈判或调解、仲裁、诉讼的基础，因此索赔报告的表达与内容对索赔的解决有重大影响，索赔方必须认真编写索赔报告。

(1) 对于一般的单项索赔，其报告的一般格式如表 6-2 所示。

表 6-2　单项索赔报告的一般格式

序号	索赔报告构成	一般内容
1	题目	关于×××事件的索赔
2	事件	详细描述事件过程，双方信件交往、会谈，并指出对方应承担责任或风险的证据等
3	理由	主要是法律依据、合同条款和工程惯例等
4	结论	损失或损害及其大小，提出索赔的具体要求
5	损失估价	列出损失费用的计算方法、计算基础等，并计算出损失费用的大小
6	延期计算	列出工期延长的计算方法、计算公式等，并计算出要求延长的天数
7	附录	各种证据、文件等

(2) 对于综合索赔报告，其形式和内容可结合具体情况来确定，实质是将许多未解决的单项索赔加以分类和综合整理而形成。一般应包括以下几方面的内容。

① 索赔致函，向对方提出索赔的主张、声明等。

② 索赔事件描述，包括发生的原因、责任或风险承担的分析与认定。

③ 索赔要求，包括各索赔事件引起的费用与工期索赔值。

④ 费用和工期索赔值的详细计算过程及依据。

⑤ 分包商索赔。

⑥ 各种有效的、合法的、及时的证据及证明资料等附件，主要包括合同文件、政策法律法规及工程惯例、现场记录、往来函件和工程照片等。

(3) 我国《建设工程监理规范》规定的形式及内容。

2013 年出台的《建设工程监理规范》(GBT 50319—2013)，自 2014 年 3 月 1 日起施行。该规范共分 9 章和 3 个附录，主要内容包括总则，术语，项目监理机构及其设施，监理规划及监理实施细则，工程质量、造价、进度控制及安全生产管理的监理工作，工程变更、索赔及施工合同争议的处理，监理文件资料管理，设备采购与设备监造，相关服务等。

《最高人民法院关于审理建设工程施工合同纠纷案件适用法律问题的解释》(以下简称《建设工程施工合同司法解释》)第十六条第 2 款规定："因设计变更导致建设工程的工程量或者质量标准发生变化，当事人对该部分工程价款不能协商一致的，可以参照签订建设工程施工合同时当地建设行政主管部门发布的计价方法或者计价标准结算工程价款。"

2. 索赔报告的编写要求

索赔报告是向对方索赔的最重要文件，因而应有说服力，合情合理，有理有据，逻辑性强，能说服工程师、业主，从而使索赔获得成功。编写索赔报告应满足下列要求。

1) 索赔事件真实，符合实际

索赔事件真实，符合实际是索赔的基本要求，关系到索赔一方的信誉和索赔的成功。一个符合实际的索赔报告，可使审阅者看后的第一印象是合情合理，不会立即予以拒绝。相反，如果索赔要求缺乏根据，漫天要价，使对方一看就极为反感，甚至连其中有道理的索赔部分也被置之不理，不利于索赔问题的最终解决。

2) 说服力强，责任分析清楚明确

一般索赔报告中针对的干扰事件是由对方应承担责任或风险引起的，应充分引用合同文件中的有关条款，为自己的索赔要求引证合同依据，将风险责任推给对方。特别值得注意的是，在报告中不可用含混的语言和自我批评的语言，否则，会丧失在索赔中的有利地位。

3) 索赔值计算准确

索赔报告中应完整列入索赔值的详细计算资料，计算结果要反复校核，做到准确无误。计算上的错误，尤其是扩大索赔款的计算错误，会给对方留下恶劣的印象，对方会认为提出的索赔要求太不严肃，其中必有多处弄虚作假，会直接影响索赔的成功。

4) 简明扼要，条理清楚，逻辑清晰

索赔报告在内容上应组织合理、条理清楚，各种定义、论述、结论正确，逻辑性强，既能完整地反映索赔要求，又要简明扼要，使对方很快理解索赔的要求及理由。索赔报告的逻辑性，主要在于将索赔要求(工期延长和费用增加)与干扰事件、责任、合同条款、影响连成一条打不断的逻辑链。

6.2.3　索赔策略

索赔策略是经营策略的一部分。对某一个具体的索赔事件往往没有预定的、特定的解决方法及结果，它往往受到双方签订的合同文件、各自的管理水平和索赔能力及处理问题的公正性和合理性的影响。索赔不仅要有充分的证据、理由和依据，索赔的艺术与技巧也是影响索赔能否成功及达到预期目的的重要因素。

1. 确定索赔目标

1) 提出任务，确定索赔目标

索赔目标即索赔的基本要求和索赔的最终期望值。它的确定应根据合同实施情况及承包商的损失确定，尊重客观情况、实事求是，不能弄虚作假，应充分分析目标实现的可能性。

2) 分析索赔目标实现的基本条件

3) 分析索赔实现可能面临的风险

目标实现面临着许多风险。在索赔处理期间，在履行合同时出现失误，可能成为另一

方反驳的攻击点。如承认没有及时索赔、没能完成合同规定的工程量、没能达到质量标准等。这些都会影响索赔目标的实现，因而承认应通过有效的管理来逃避这些风险。

2. 分析对方

"知己知彼，百战不殆。"因而在索赔的处理过程中，首先分析对方的兴趣和利益所在，充分利用这一点，可以使索赔处理的谈判在友好的气氛中进行，并通过分析对方的利益所在，研究双方利益的一致性和矛盾性，使对方在感兴趣的地方作出让步。

其次分析对方的商业习惯、文化特点等，在索赔处理中，充分尊重对方的价值观念、文化传统、社会心理，甚至索赔处理者的个人兴趣，这样有利于索赔目标的实现。

3. 把握索赔的艺术与技巧

1) 正确把握提出索赔的时机

索赔过早提出，往往容易遭到对方反驳或在其他方面可能施加的挑剔、报复等；过迟提出，则容易留给对方超过索赔有效期的借口使索赔要求遭到拒绝，因此索赔方必须在索赔时效范围内适时提出。

2) 索赔谈判中注意方式方法

合同一方向对方提出索赔要求，进行索赔谈判时，措辞应婉转，说理应透彻，以理服人，而不是得理不让人，尽量避免使用抗议式提法，既要正确表达自己的索赔要求，又不伤害双方的和气和感情，以达到索赔的良好效果。

3) 索赔处理时作适当必要的让步

在索赔谈判和处理时应根据情况作出必要的让步，扔"芝麻"抱"西瓜"，有所失才有所得，可以放弃金额小的小项索赔，坚持索赔值大的索赔。

6.3 索赔值的计算

本节主要内容包括计算理论分析、工期索赔值与费用索赔值的计算方法。

6.3.1 计算理论分析

1. 索赔事件

1) 定义

索赔事件又称干扰事件，是指那些使实际情况与合同规定不符合，最终引起工期和费用变化的事件。不断地追踪、监督索赔事件就是不断地发展索赔机会。

2) 索赔事件表现形式

在工程建设合同履行的实践中，常见的索赔事件表现形式如下。

(1) 业主未按合同规定的时间和数量交付设计图纸和资料，未按时交付合格的施工现场及行驶道路、接通水电等，造成工程拖延和费用增加。

(2) 工程实际地质条件与勘察不一致。

(3) 业主或工程师变更原合同规定的施工顺序，打乱了工程施工计划。

(4) 设计变更、设计错误或业主、工程师错误的指令或提供错误的数据等造成工程修改、返工、停工或窝工等。

(5) 工程数量变化，使实际工程量与原定工程量不同。

(6) 业主指令提高设计、施工、材料的质量标准。

(7) 业主或工程师指令增加额外工程。

(8) 业主指令工程加速。

(9) 不可抗力因素。

(10) 业主未及时支付工程款。

(11) 合同缺陷，如条款不完善、错误或前后矛盾，双方就合同理解产生争议。

(12) 物价上涨，造成材料价格、工人工资上涨。

(13) 国家政策、法令修改，如增加或提高新的税费、颁布新的外汇管制条例等。

(14) 货币贬值，使承包商蒙受较大的汇率损失等。

2. 索赔事件的影响分析

在工程实施及合同履行中，有许多索赔事件(干扰事件)发生，这些干扰事件的发生原因很复杂，但其对合同履行的影响从责任或风险的承担角度看，可以分成三大类：第一类是应由业主承担的责任或风险，如物价的变化、工程设计变更、工程师的不当行为等；第二类是应由承包商承担的责任或风险，如延误工期、分包人的违约、质量不合格等；第三类是应由业主与承包商双方各自承担风险的事件，如洪水、地震等自然灾害。这些干扰事件造成的影响由双方各自承担责任，当然若工期受到影响应顺延工期。

这些事件对合同的影响程度可以以合同状态、可能状态和实际状态三种状态进行分析，分析各种干扰事件的实际影响，从而准确计算工期与费用索赔值。

1) 合同状态

(1) 含义：不考虑任何干扰事件的影响，仅对签订合同时的状态进行分析，得到相应的工期与价格，即为合同状态。

合同确定的工期和价格是针对"合同状态"(即合同签订时)的合同条件、工程环境和实施方案。在工程施工中，干扰事件的发生，造成"合同状态"的变化，原"合同状态"被打破，应按合同规定，重新确定合同工期和价格。新的工期和价格必须在"合同状态"的基础上分析计算。

合同状态(又为计划状态或报价状态)的计算方法和计算基础是极为重要的，它是整个索赔值计算的基础。

(2) 合同状态的分析基础。从总体上说，合同状态是重新分析合同签订的合同条件、工程环境、实施方案和价格的基础。其分析基础为招标文件和各种报价文件，包括合同条件、合同规定的工程范围、工程量表、施工图纸、工程说明、规范、总工期、双方认可的施工方案和施工进度计划，以及人力、材料、设备的需要量和安排、里程碑事件和承包商合同报价时的价格水平等。

2) 可能状态

在考虑非承包商应承担的责任或风险干扰事件对合同状态的影响后，重新分析计算得到的工期与价格，这种情况实质仍为一种计划状态，是合同状态在受非承包商应承担责任或风险的干扰事件影响后的可能情况，因而称为可能状态。从合同履行来看，是承包商完

成合同任务业主应给承包商的工期及价格。

3) 实际状态

在合同履行中，考虑所有的干扰事件对合同状态的影响后，重新分析计算得到的工期及价格，这种状况称为实际状态，即合同履行完毕后的实际工期和价格。

4) 三种状态分析

(1) 实际状态和合同状态结果之差即为工期的实际延长和成本的实际增加量。这里包括所有因素的影响，如业主责任、承包商责任、其他外界干扰的责任等。

(2) 可能状态和合同状态结果之差即为按合同规定承包商真正有理由提出工期和费用索赔的部分。它可以直接作为工期和费用的索赔值。

(3) 实际状态和可能状态结果之差为承包商自身责任造成的损失和合同规定的承包商应承担的风险。它应由承包商自己承担，得不到补偿。这里还包括承包商投标报价失误造成的经济损失。

因而，索赔值的计算主要是计算出可能状态与合同状态之间工期与价格(费用)差值，此差值为索赔值。

6.3.2　工期索赔值的计算

1. 工程延期分类及处理

1) 按延期原因划分

(1) 业主及工程师的原因引起的延期。其主要表现有业主拖延交付现场，拖延交付图纸，工程师拖延审批图纸、方案，拖延支付工程款，不按时组织验收造成下道工序受到影响，业主提供错误的现场资料，工程量增加及工程变更，等等。

这些事件发生后，影响了工期，工期就应顺延。

(2) 承包商的原因引起的延误。其主要表现有施工组织不当，如出现窝工或停工待料现象；质量不符合合同要求而造成的返工；资源配置不足，如劳动力不足、机械设备不足或不配套；技术力量薄弱、管理水平低、缺乏流动资金等造成的延误；开工延误；承包商雇用分包商或供应商引起的延误；等等。

显然，上述延误难以得到业主的谅解，也不可能得到业主或工程师给予延长工期的补偿。

(3) 不可控制的因素导致的延误。其主要表现有人力不可抗拒的自然灾害导致的延误，特殊风险如战争、叛乱、革命、核装置污染等导致的延误，不利的施工条件或外界障碍引起的延误，等等。

这些风险事件导致的工期延误，工期应顺延。

2) 按工程延误的可能结果划分

(1) 可索赔工期的延误。一般是由业主或工程师及不可抗力因素导致的工期延误应顺延工期。

(2) 不可索赔的延误。一般是由承包商应承担责任或风险事件造成的，即使是工期受到了影响，也不顺延工期。

3) 按延误事件的时间关联性划分

(1) 单一延误。单一延误是指在某一延误事件从发生到终止的时间间隔内，没有其他延误事件的发生，该延误事件引起的延误称为单一延误。是否顺延工期，根据影响原因分析，若是业主应承担责任或风险事件造成的，应顺延。否则不顺延。

(2) 共同延误。当两个或两个以上的延误事件从发生到终止的时间完全相同时，这些事件引起的延误称为共同延误。共同延误的补偿分析比单一延误要复杂些。图 6-1 中列出了共同延误发生的部分可能性组合及其索赔补偿分析结果。当业主引起的或双方不可控制因素引起的延误与承包商引起的延误同时发生时，即当可索赔延误与不可索赔延误同时发生时，则可索赔延误就变成不可索赔的延误，这是工程索赔的惯例之一。

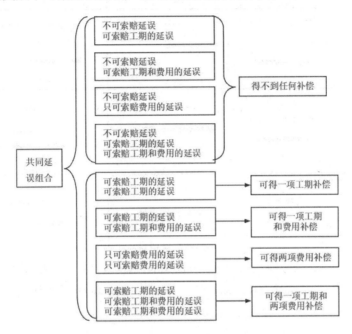

图 6-1　共同延误组合及其补偿分析

(3) 交叉延误。当两个或两个以上的延误事件从发生到终止只有部分时间重合时，称为交叉延误。工程项目是一个复杂的系统工程，影响因素众多，常常会出现多种原因的延误交织在一起，这种交叉延误的补偿分析比较复杂。但这种情况与实际相符合，实际中单一延误和共同延误情况出现相对较少。对于交叉延误，是否可以索赔可能会出现以下几种情况，如图 6-2 所示。具体分析如下。

① 初始延误是承包商引起的情况下，随之产生的任何非承包商原因的延误都不会对最初的延误性质产生任何影响，直到承包商的延误缘由和影响已不复存在。因此在该延误时间内，业主延误和双方不可控制因素引起的延误均为不可索赔延误。如图 6-2 中的(1)~(4)所示。

② 如果在承包商的初始延误已解除后，业主延误或双方不可控制因素造成的延误依然在起作用，那么承包商可以对超出部分的时间进行索赔。在图 6-2 中(2)和(3)的情况下，承包商可以获得所示时段的工期延长，并且在图 6-2 中的(4)等情况下还能得到费用补偿。

③ 如果初始延误是业主或工程师引起的，那么其后由承包商造成的延误将不会使业主摆脱(尽管有时或许可以减轻)其责任。此时，承包商将有权获得从业主的延误开始到延误结束期间的工期延长及相应的合理费用补偿，如图 6-2 中的(5)~(8)所示。

④ 如果初始延误是双方不可控制因素引起的，那么在该延误时间内，承包商只可索赔

工期，而不能索赔费用，如图6-2所示的(9)~(12)。只有在该延误结束后，承包商才能对业主或工程师造成的延误进行工期和费用索赔，如图6-2中的(12)所示。

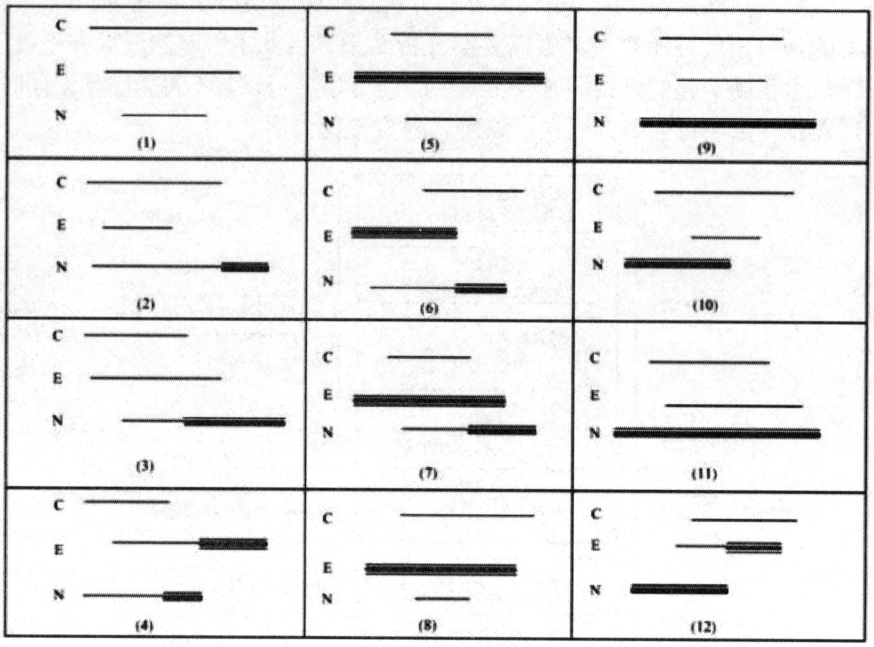

注：C为承包商造成的延误；E为业主或工程师造成的延误；N为双方不可控制因素造成的延误。━━━━为不可得到补偿的延期；▓▓▓▓为可以得到时间补偿的延期；▒▒▒▒为可以得到时间和费用补偿的延期。

图6-2　工程延误的交叉与补偿分析

2. 计算方法

1) 分清责任

在处理工期索赔时，首先分清引起工期延误的原因，若是承包商自身造成的，则不能索赔，只有工期延误是业主或工程师应承担责任或风险的事件造成的，才可以索赔。

2) 网络计划的计算法

(1) 计算合同状态下的工期(T_c)。

(2) 计算可能状态下的工期(T_k)，即考虑在合同履行过程中，应当由业主或工程师承担责任或风险的干扰事件对工期的影响而确定的工期值。

(3) 计算实际状态下的工期(t)，即考虑所有干扰事件对工期影响而确定的工期值。

(4) 分析判断。

① 可索赔的工期值。

$$\Delta T = T_k - T_c \tag{6-1}$$

式中：ΔT——可索赔工期值；

　　　T_c——合同状态下的工期；

　　　T_k——可能状态下的工期。

② 是否延误工期的判断。

$$\Delta t = t - T_k \tag{6-2}$$

式中：t——实际状态下的工期；

Δt——工期延误或提前值。

若$\Delta t < 0$，则提前竣工；

$\Delta t = 0$，则按时完工；

$\Delta t > 0$，则延误工期。

3) 比例类推法

在实际工程中，若干扰事件仅影响某些单项工程、单位工程可分部分项工程的工期，要分析它们对总工期的影响，可采用较简单的比例类推法。比例类推法可分为以下两种情况。

(1) 按工程量进行比例类推。即根据已知的工程量及对应的工期来计算增加的工程量应延长的工期。

(2) 按造价进行比例类推。根据已知的合同价款及对应的工期，来计算增加完成价款应增加的工期值。

比例类推法有以下特点：计算较简单、方便，但有些情况可能不适用，计算不太合理和科学，如业主要求变更工程施工次序、业主指令加速施工等，不适合此方法。另外，当计划中的非关键工作工程量增加或造价增加，由于时差的存在，不一定影响工期，若仍按这种方法计算就不合理，因而从理论上来说，比例类推法应用较少。

4) 算例

【算例一】 某工程施工网络计划如图6-3所示，在施工过程中发生了以下事件。

A 工作因业主原因晚开工2天；

B 工作承包商只用18天便完成；

H 工作由于不可抗力影响晚开工3天；

G 工作由于工程师指令晚开工5天。

试问，承包商可索赔的工期为多少天？

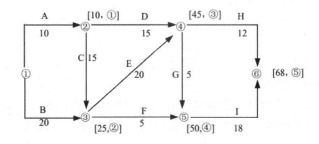

图6-3 某工程施工网络计划

解：(1) 求合同状态下的工期T_c。

利用网络计划的标号法可求得$T_c = 68$天，如图6-3所示。

(2) 求可能状态下的工期T_k，即求非承包商应承担责任干扰事件影响下的工期，如图6-4所示。

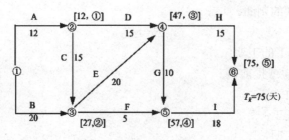

图 6-4　可能状态工期计算

由图 6-4 计算可知，T_k=75 天。

(3) 求 ΔT。

$$\Delta T = T_k - T_c = 75 - 68 = 7(天)$$

即承包商可索赔的工期为 7 天。

【算例二】　某工程基础中，出现了不利的地质障碍，工程师指令承包商进行处理，土方工程量由原来的 2760 m³ 增至 3280 m³，原定工期为 45 天，同时合同约定 10%范围内的工程量增加为承包商承担的风险。试求承包商可索赔的工期为多少天？

解：(1)　可索赔工期的工程量为

$$Q = 3280 - 2760(1+10\%) = 244(\text{m}^3)$$

(2)　按比例法计算可索赔的工期为

$$\Delta T = 45 \times \frac{244}{2760(1+10\%)} = 3.62天 \approx 4天$$

6.3.3　费用索赔值的计算

1. 索赔费用分类及构成

1) 按索赔费用内容划分

(1) 人工费，主要包括人工单价上涨增加费用、人工窝工费、人工工时增加引起的费用、人工劳动效率降低引起的人工费损失等。

(2) 材料费，主要包括材料用量增加的费用、材料价格上涨增加的费用、材料库存时间延长增加的保管费。

(3) 机械费，主要包括机械台班上涨增加的费用、作业时间额外增加的使用费用、机械闲置费用及机械进出场费等。

(4) 管理费，包括现场管理费和企业管理费，现场管理费主要包括管理人员工资、食宿设施和交通通信费用增加等，企业管理费主要包括办公费用、差旅费、通信费和职工福利费等。

(5) 利润，包括合同变更利润、工程延期利润机会损失、合同解除利润和其他利润补偿等。

(6) 其他应予以补偿的费用，包括利息、分包费、保险费及各种担保费等。

2) 按引起索赔事件划分

对于不同的索赔事件，将会有不同的费用构成内容。索赔方应根据索赔事件的性质，分析其具体的费用构成内容。表 6-3 列出了不同索赔事件可能的费用项目构成。

表 6-3　索赔事件及费用项目构成

索赔事件	可能的费用项目	说明
工程延误	(1) 人工费增加	包括工资上涨、现场停工、窝工、生产效率降低，不合理使用劳动力等损失
	(2) 材料费增加	工期延长引起的材料价格上涨(材料品种、用量变化)
	(3) 机械设备费	设备延期引起的折旧费、保养费、进出场费或租赁费等
	(4) 现场管理费增加	包括现场管理人员的工资、津贴等，现场办公设施、现场日常管理费支出，交通费等
	(5) 工期延长的通货膨胀使成本增加	
	(6) 相应保险费、保函费增加	工期延长增加保险、保函费用
	(7) 分包商索赔	分包商因延期向承包商提出的费用索赔
	(8) 总部管理费分摊	工期延长造成公司总部管理费增加
	(9) 推迟支付引起的兑换率损失	工期延长引起支付延迟
	(10) 利息	不能按时得到工程款导致不能按时还贷而增加利息
工程加速	(1) 人工费增加	业主指令工程加速造成增加劳动投入，不经济地使用劳动力，生产效率降低，节假日加班
	(2) 材料费增加	不经济地使用材料，材料提前交货的费用补偿，材料运输费增加
	(3) 机械设备费	增加机械投入，不经济地使用机械
	(4) 加速增加现场管理费	也应扣除因工期缩短减少的现场管理费
	(5) 资金成本增加	费用增加和支出提前引起负现金流量所支付的利息
工程中断	(1) 人工费增加	如留守人员工资、人员的遣返和重新招雇费、对工人的赔偿等
	(2) 机械使用费	设备停置费、额外的进出场院费、租赁机械的费用等
	(3) 保函费、保险费、银行手续费	
	(4) 贷款利息	
	(5) 总部管理费	
	(6) 其他额外费用	如停工、复工所产生的额外费用，工地重新整理等费用
工程量增加变更	费用构成与合同报价相同	合同规定承包商应承担一定比例(如 5%,10%)的工程量增加风险，超出部分才予以补偿 合同规定工程量增加超出一定比例(如 15%~20%)时可调整单价，否则合同单价不变

3) 按可索赔费用的性质划分

(1) 额外工作费用索赔。如工程量增加使承包商工作量增加，这种费用索赔一般包括利润。

(2) 损失索赔。如在合同履行中，物价的变化使承包商的施工成本增加，承包商机械闲置、工人窝工等造成承包商的额外损失，承包商可以向业主索赔这方面的损失。

2. 费用索赔的计算

1) 计算原则

在整个索赔处理中，费用索赔是重点和最终目标。干扰事件(索赔事件)的复杂性，对承包商费用索赔的计算和定量分析影响是非常大的。在工程实践中，对于费用索赔的计算必须采用大家公认的方法及计算原则，否则，索赔可能得不到批准。对于费用索赔值的计算一般应遵循以下几条原则。

(1) 遵守合同、交易习惯及法规。即在索赔处理中应符合合同条件，分清当事双方的责任，按照合同、交易习惯及现行的法规所确定的方法来计算费用索赔值。对于承包商自己应承担责任造成的费用增加应从损失计算值中扣除。在费用索赔中应做到有理有据，遵守双方的约定。

(2) 实事求是的原则。索赔成功的一个重要条件就是索赔一方必须有损失而且是由对方应承担责任或风险的索赔事件(干扰事件)引起的。因而，承包商在计算费用索赔值时，应以干扰事件对承包商造成的实际成本和费用影响为基础，不能不诚信地过分夸大损失值，使自身收到额外的收益。这种损失可能包括承包商的直接损失和间接损失。

(3) 有理有节的原则。在索赔处理中，承包商应选择合理的计算方法，让工程师、业主接受和认可。当然，有时候可以适当将损失值计算大一些，给工程师、业主处理索赔留下空间。同时，在最终解决索赔过程中，必要时承包商可以作出让步，以换取对方的信任，从而达到"放小抓大"的效果。

2) 计算方法

(1) 人工费的计算。其公式为

$$L=L_1+L_2+L_3+L_4 \tag{6-3}$$

式中：L——可索赔的人工费；

L_1——人工单价上涨费用；

L_2——人工工作量增加费用；

L_3——人工窝工费用；

L_4——人工工效降低费用。

以下几种情况发生，承包商可以索赔人工费。

① 业主增加额外工程，或业主、工程师造成工程延误，导致承包商人工单价的上涨和工作时间的延长。

② 工程所在国家法律、法规、政策等变化导致承包商人工费用方面的额外增加，如提高当地雇佣工人的工资标准、福利待遇或增加保险费用等。

③ 若业主或工程师造成的延误或对工程的不合理干扰打乱了承包商的施工计划，致使承包商劳动生产率降低，导致人工工时增加的损失，承包商有权向业主提出生产率降低损

失的索赔。

④ 业主导致不能按时作业，出现窝工，可索赔人工窝工费。

⑤ 业主要求加速施工，不合理使用人工导致人工效率降低，可以索赔费用。

【算例三】 某木窗帘盒施工，长度为 10 000 m，合同中约定用工量为 2498 个工日，工资为 40 元/工日。实际施工中，业主供应材料不符合要求，使承包商的实际用工量为 2700 个工日，同时，实际的工资上涨到 43 元/工日。合同中双方约定工日数及工资可按实际情况调整。试求在此情况下承包商可索赔的总费用，并分析此费用的构成。

解：(1) 求索赔费用。

原合同价为：2498×40=99 920(元)

实际结算价为：2700×43=116 100(元)

所以可索赔总费用ΔC=116 100-99 920=16 180(元)

(2) 分析索赔费用的构成。

按实际工资及实际用工的结算款为：2700×43 = 116 100(元)

按计划工资考虑实际用工的价款为：2700×40 = 108 000 元

按计划工资考虑合同用工的价款为：2498×40 = 99 920 元

由已知条件可知，承包商索赔的人工费用由两部分构成，一部分是由于人工工资涨价的费用，其值为 116 100-108 000=8100 元；另一部分是由于业主提供的原材料不符合要求，工人工效降低的费用，其值为 108 000-99 920=8080元，这两部分共计 8100+8080=16 180 元。与第一步中计算的总索赔费用相等。

(2) 材料费用的计算。材料费用索赔可按式(6-4)计算。

$$m=m_1+m_2+m_3 \tag{6-4}$$

式中：m——可索赔的材料费用；

m_1——材料用量增加费用；

m_2——材料价格上涨费用；

m_3——材料库存时间延长保管费等。

在以下几种情况下，承包商可提出材料费用的索赔。

① 业主或工程师要求追加额外工作、变更工作性质、改变施工方法等，造成承包商的材料耗用量增加，包括使用数量的增加和材料品种或种类的改变。

② 在工程变更或业主延误时，可能会造成承包商材料库存时间延长、材料采购滞后或采用代用材料等，从而引起材料单位成本的增加。

(3) 机械费用的计算。机械费用索赔可按式(6-5)计算。

$$E =E_1+E_2+E_3+E_4+E_5 \tag{6-5}$$

式中：E——可索赔的机械费用；

E_1——机械作业台班增加费用；

E_2——机械台班上涨费用；

E_3——机械作业效率降低损失费用；

E_4——机械闲置费用，一般包括折旧费和租赁费；

E_5——机械设备进出场费的增加。

在以下几种情况下，可以索赔机械费用。

① 设计变更引起的工程量增加，使机械作业时间增加。

② 业主应承担责任或风险事件发生使工期延长导致机械台班费用上涨。

③ 业主应承担责任或风险事件发生导致施工机械的闲置而发生的费用。

④ 业主要求加速施工，不合理使用机械设备而发生的费用损失。

(4) 管理费的计算。

① 现场管理费：是指某单个合同发生的、用于现场管理的总费用，一般包括现场管理人员的费用、办公费、差旅费、工具用具使用费、保险费、工程排污费等。现场管理费的索赔计算一般有以下两种情况。

A. 直接成本增加的现场管理费索赔计算，可以用索赔事件的直接费乘以现场管理费率，而现场管理费率则由合同中的现场管理费总额除以该合同工程直接成本来计算。其计算公式为

$$MF(c) = C_1 \frac{F_0}{C_0} \tag{6-6}$$

式中：$MF(c)$——索赔的现场管理费；

C_1——索赔事件的直接成本；

F_0——合同中总的现场管理费；

C_0——合同中总直接成本。

【算例四】 某工程承包合同，价款为 2100 万元，其中利润占 5%，总部管理费为 150 万元，现场管理费为 250 万元。在合同履行中，新增加工程的直接费为 400 万元，试计算应索赔的现场管理费为多少？

解：合同中利润为

$$I = \frac{5\%}{1+5\%} \times 2100 = 100(万元)$$

则合同中的直接成本为：$C_0 = 2100 - 100 - 150 - 250 = 1600(万元)$

合同中总现场管理费为：$F_0 = 250(万元)$

根据式(6-6)得

$$MF(c) = C_1 \frac{F_0}{C_0} = 400 \times \frac{250}{1600} = 62.5(万元)$$

即可索赔的现场管理费为 62.5 万元。

B. 工期延长引起现场管理费的索赔。利用合同中约定的单位时间内现场管理费率乘以延长工期来计算。其计算公式为

$$MF(T) = \Delta T \frac{F_0}{C_0} \tag{6-7}$$

式中：$MF(T)$——因工期延长索赔现场管理费；

ΔT——顺延工期；

T_0——合同工期；

F_0——合同中总的现场管理费。

② 总部管理费：总部管理费是承包商企业总部发生的、为整个企业的经营运作提供支

持和服务所发生的管理费用，一般包括总部管理人员费用、企业经营活动费用、差旅交通费、办公费、固定资产折旧、修理费、职工教育培训费用、保险费。

对于总部管理费一般采取分摊方法计算，主要有以下两种方法。

A. 总直接费分摊法。分摊方法是首先将承包商的总部管理费在所有合同工程之间分摊，求出承包商单位直接费的总部管理费率(f)，然后在每个具体的索赔合同中的各项目之间分摊。即求出索赔合同对应的索赔直接费总额，利用此直接费总额乘以总部管理费率(f)。其计算公式为

$$f = \frac{总部管理费总额}{合同期承包商完成总直接费} \tag{6-8}$$

$$索赔合同总部管理费 = f \times 索赔合同索赔的直接费 \tag{6-9}$$

式中：f——单位直接费的总部管理费率。

【算例五】　某工程承包合同，索赔的直接费为 40 万元，在此期间该承包商完成其他合同的总直接费为 160 万元。已知在此期间，该承包商发生总部管理费为 10 万元。试计算此承包合同应索赔的总部管理费。

解：根据式(6-8)、式(6-9)可知

$$f = \frac{10}{40+160} \times 100\% = 5\%$$

可索赔的总部管理费 = 40×5% = 2 万元。

B. 日费率分摊法。这种方法的基本思路是按合同额分配总部管理费，再用日费率计算应分摊的总部管理费索赔值。其计算公式为

$$争议合同应分摊的总部管理费 = \frac{争议合同额}{合同期承包商完成的合同总额} \times 同期总部管理费总额$$

$$\tag{6-10}$$

$$日总部管理费 = \frac{争议合同应分摊的总部管理费}{合同履行天数} \tag{6-11}$$

$$总部管理费索赔额 = 日总部管理费 \times 合同延误天数 \tag{6-12}$$

【算例六】　某工程承包合同，合同工期为 240 天，实施过程中由于业主原因延期 60 天，在此期间，承包商的经营状况如表 6-4 所示。试计算争议合同应索赔总部管理费额。

解：
$$索赔合同分摊总部管理费 = \frac{20}{60} \times 3 = 1(万元)$$

$$日总部管理费 = \frac{10\,000}{240+60} \approx 33.33(元/天)$$

$$索赔总部管理费 = 33.33 \times 60 = 2000(元)$$

表 6-4　承包商经营状况

单位：万元

项目/合同	争议合同	其他合同	全部合同
合同额	20	40	60
实际直接总成本	18	32	50
当期总部管理费			3
总利润			7

(5) 利润。对于利润损失的索赔,一般只有承包商做了额外的与工程相关的工作才能得到,如设计变更,导致工程量增加,不仅可以索赔成本、管理费,而且可以索赔利润。对下列几种情况,承包商可以提出利润索赔。

① 设计变更等引起的工程量增加。

② 施工条件变化导致的索赔。

③ 施工范围变更导致的索赔。

④ 合同延误导致机会利润损失。

⑤ 合同终止带来预期利润损失等。

对于 FIDIC《施工合同条件》(1999 年版),可以索赔的情况如表 6-5 所示。

表 6-5 对于 FIDIC《施工合同条件》(1999 年版)可以索赔的情况

序号	条款号	主要内容	可补偿内容		
			工期	费用	利润
1	1.9	延误发放图纸	√	√	
2	2.1	延误移交施工现场	√	√	√
3	4.7	承包商依据工程师提供的错误数据导致放线错误	√	√	√
4	4.12	不可预见的外界条件	√	√	√
5	4.24	施工中遇到文物和古迹	√	√	
6	7.4	非承包商原因检验导致施工的延误	√	√	√
7	8.4(a)	变更导致竣工时间的延长	√		
8	(c)	异常不利的气候条件	√		
9	(d)	传染病或其他政府行为导致工期的延误	√		
10	(e)	业主或其他承包商的干扰	√		
11	8.5	公共当局引起的延误	√		
12	10.2	业主提前占用工程		√	√
13	10.3	对竣工检验的干扰	√	√	√
14	13.7	后续法规的调整	√	√	
15	18.1	业主办理的保险未能从保险公司获得补偿部分		√	
16	19.4	不可抗力事件造成的损害	√	√	

3. 费用索赔综合计算案例

【算例七】 某施工单位与业主按 GF—1999—0201 合同签订施工承包工程合同,施工进度计划得到监理工程师的批准如图 6-5 所示(单位: 天)。

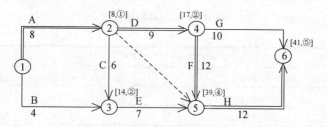

图 6-5 某工程施工进度计划

施工中，A、E 使用同一种机械，其台班费为 500 元/台班，折旧(租赁)费为 300 元/台班，假设人工工资为 40 元/工日，窝工费为 20 元/工日。合同规定提前竣工奖为 1000 元/天，延误工期罚款 1500 元/天(各工作均按最早时间开工)。

施工中发生了以下的情况。

(1) A 工作由于业主晚开工 2 天，致使 11 人在现场停工待命，其中 1 人是机械司机。

(2) C 工作原工程量为 100 个单位，相应合同价为 2000 元，后设计变更工程量增加了 100 个单位。

(3) D 工作承包商只用了 7 天时间。

(4) G 工作由于承包商晚开工 1 天。

(5) H 工作由于不可抗力发生，增加了 4 天作业时间，场地清理用了 20 工日，试计算在此计划执行中，承包商可索赔的工期和费用各为多少？

解:

1) 工期顺延计算

(1) 合同工期。

计算如图 6-6 所示，T_c = 41(天)

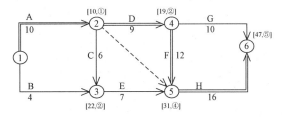

图 6-6　可能状态下的网络图

(2) 可能状态下的工期

A 作业持续时间: 8 + 2 = 10(天)

C 工作持续时间: 6 + 6 = 12(天)

H 工作持续时间: 12 + 4 = 16(天)

计算如图 6-7 所示，可能状态下工期为: T_k = 47 天

(3) 可索赔工期为: 47 - 41 = 6(天)

2) 费用索赔(或补偿)的计算

(1) A 工作: (11 - 1)×20×2 + 2×300 = 1000 (元)

(2) C 工作: 2000 元

(3) 清场费: 20×40 = 800 (元)

(4) 机械闲置的增加。

按原合同计划，闲置时间: 14 - 8 = 6(天)

考虑了非承包商的原因，闲置时间: 22 - 10 = 12(天)

增加闲置时间: 12 - 6 = 6(天)

费用补偿: 6×300 = 1800(元)

(5) 奖励或罚款。

实际状态的工期计算如图 6-7 所示。

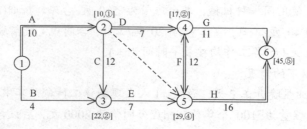

图6-7 实际状态下的网络图

实际状态工期为 $t = 45$(天)

$\Delta t = t - T_k = 45 - 47 = -2$，小于零，说明工期提前。

提前奖：$2 \times 1000 = 2000$(元)

所以，可索赔及奖励的费用补偿为：$1000 + 2000 + 800 + 1800 + 2000 = 7600$ (元)

【算例八】 某小型水坝工程采用 FIDIC《施工合同条件》(1999 年版)，合同主要内容如下：水坝土方填筑 876 156 m^3，砂砾石料为 78 500 m^3，中标合同价为 7 369 920 美元，工期为 1.5 年(18 个月)。报价中：工程除直接成本以外，包括 12% 的现场管理费，构成工地总成本，另加 8% 的总部管理费及利润。

施工中工程师先后发布了几个变更令，其中土料和沙砾料的运距及量都有所增加，土料增加量为 40 250 m^3，沙砾料增加量为 12 500 m^3，增加量的净直接费分别为 3.6 美元/m^3、4.53 美元/m^3；同时经工程师同意顺延工期 3 个月(包括工程量增加的时间)。

试问承包商可索赔费用为多少？(注：不考虑工程结算款的调价)

解：

1) 土料增加索赔费用

直接费：3.6 美元/m^3

现场管理费：$3.6 \times 12\% = 0.43$(美元/m^3)

工地成本：$3.6 + 0.43 = 4.03$(美元/m^3)

利润及总管理费：$4.03 \times 8\% = 0.32$(美元/m^3)

合计综合单价：$4.03 + 0.32 = 4.35$(美元/m^3)

索赔额：$4.35 \times 40 250 = 175 088$(美元)

2) 砾料增加索赔费用

直接费：4.53 美元/m^3

现场管理费：$4.53 \times 12\% = 0.54$(美元/m^3)

利润及总管理费：$(4.53 + 0.54) \times 8\% = 0.41$(美元/$m^3$)

综合单价：$4.53 + 0.54 + 0.41 = 5.48$(美元/$m^3$)

索赔额：$5.48 \times 12 500 = 68 500$(美元)

3) 工期延长现场索赔管理费

(1) 新增工程量相当合同工期为

$$(18/7 369 920) \times (175 088 + 68 500) = 0.6(个月)$$

(2) 其他原因造成工期延长 2.4 个月，则管理费为：$MF(T) = \Delta TF_0/T_0$

合同中总部管理费及利润：$7 369 920 \times 8\%/(1 + 8\%) = 545 920$(美元)

总现场管理费：

$$F_0=(7\ 369\ 920-545\ 920)\times 12\%/(1+12\%)=731\ 143(美元)$$

批准现场管理费为：$2.4\times 731\ 143/18=97\ 486(美元)$

4) 总的费用索赔额

总的费用索赔额为：$175\ 088+68\ 500+97\ 486=341\ 074(美元)$

6.4 反 索 赔

本节主要内容为反索赔相关知识，包括概述、内容、程序与报告。

6.4.1 反索赔概述

1. 反索赔的含义

反索赔是指一方提出索赔时，另一方对索赔要求提出反驳、反击，防止对方提出索赔，不让对方的索赔成功或全部成功，并借此机会向对方提出索赔以保护自身合法利益的管理行为。

在工程实践中，当合同一方提出索赔要求，作为另一方对对方的索赔应作出如下抉择。

如果对方提出的索赔依据充分、证据确凿、计算合理，则应实事求是地认可对方的索赔要求，赔偿或补偿对方的经济损失或损害；反之，则应以事实为根据，以法律(合同)为准绳，反驳、拒绝对方不合理的索赔要求或索赔要求中的不合理部分，这就是反索赔，如可以全部或部分否定对方的索赔要求。

因此，反索赔不是不认可、不批准对方的索赔，而是应有理有据地反驳，拒绝对方索赔要求中不合理的部分，进而维护自身的合法利益。

2. 反索赔的意义

在合同实施过程中，合同双方都在进行合同管理，都在寻找索赔机会。索赔事件发生后合同双方都企图推卸自己的合同责任，并向对方提出索赔。因此，不能进行有效的反索赔，同样会蒙受经济损失，反索赔与索赔具有同等重要的地位，其意义主要表现在以下几个方面。

(1) 减少和防止损失的发生。如果不能进行有效的反索赔，不能推卸自己对于干扰事件的合同责任，则必须满足对方的索赔要求，支付赔偿费用，致使自己蒙受损失。由于合同双方利益不一致，索赔和反索赔又是一对矛盾。因此对合同双方来说，反索赔同样直接关系到工程效益的高低，反映着工程管理水平。

(2) 成功的反索赔有利于鼓舞管理人员的信心，有利于整个工程及合同的管理，提高工程管理的水平，取得在合同管理中的主动权。在工程承包中，常常有这种情况：由于不能进行有效的反索赔，一方管理者处于被动地位，工作中缩手缩脚，与对方交往诚惶诚恐，丧失主动权，这样必然会影响自身的利益。

(3) 成功的反索赔工作不仅可以反驳、否定或全部否定对方的不合理要求，而且可以寻找索赔机会，维护自身利益。因为反索赔同样要进行合同分析、事态调查、责任分析、审查对方索赔报告。用这种方法可以摆脱被动局面，变不利为有利，使守中有攻，能达到更

好的反索赔效果，并为自己索赔工作的顺利开展提供帮助。

3. 索赔与反索赔的关系

(1) 索赔与反索赔是完整意义上索赔管理的两个方面。即在合同管理中，既要做好索赔工作，又应做好反索赔工作，最大限度地维护自身利益。索赔表现为当事人自觉地将索赔管理作为工程及合同管理的重要组成部分，成立专门机构认真研究索赔方法，总结索赔经验，不断提高索赔成功率；在工程实施过程中，能仔细分析合同缺陷，主动寻找索赔机会，为己方争取应得的利益。而反索赔在索赔管理策略上表现为防止被索赔，不给对方留下可以索赔的漏洞，使对方找不到索赔机会；在工程管理中体现为签署严密合理、责任明确的合同条款，并在合同实施过程中，避免己方违约。

在解决过程中反索赔表现为，当对方提出索赔时，对其索赔理由予以反驳，对其索赔证据进行质疑，指出其索赔计算的问题，以达到尽量减少索赔额度，甚至完全否定对方索赔要求的目的。

(2) 索赔与反索赔是进攻与防守的关系。如果把索赔比作进攻，那么反索赔就是防御，没有积极的进攻，就没有有效的防御；同样，没有积极的防御，也就没有有效的进攻。在工程合同实施过程中，一方提出索赔，一般都会遇到对方的反索赔，对方不可能立即予以认可，索赔和反索赔都不太可能一次成功。合同当事人必须能攻善守，攻守相济，才能立于不败之地。

(3) 索赔与反索赔都是双向的，合同双方均可向对方提出索赔与反索赔。工程项目具有复杂性，对于干扰事件常常双方都负有责任，因此索赔中有反索赔，反索赔中又有索赔。业主或承包商不仅要对对方提出的索赔进行反驳，而且要防止对方对己方索赔的反驳。

6.4.2 反索赔的内容

反索赔的工作内容可包括两个方面：一是防止对方提出索赔；二是反击或反驳对方的索赔要求。

1. 防止对方提出索赔

防止对方提出索赔是一种积极防御的反索赔措施，其主要表现为以下几个方面。

(1) 认真履行合同，避免自身违约给对方留下索赔的机会。这就要求当事人自身加强合同管理及内部管理，使对方找不到索赔的理由和依据。

(2) 当出现了应由自身承担责任或风险的干扰事件，给对方造成额外的损失时，力争主动与对方协商提出补偿办法，这样做到先发制人，可能比被动等到对方向自己提出索赔对自身更有利。

(3) 当出现了双方都有责任的干扰事件时，应采取先发制人的策略。干扰事件(索赔事件)一旦发生应着手研究、收集证据，先向对方提出索赔要求，而且又准备反驳对方的索赔。这样做的作用不仅可以避免超过索赔有效期而失去索赔机会，而且可使自身处于有利地位，这是因为对方要花时间和精力分析研究己方的索赔要求，可以打乱对方的索赔计划。再者可为最终解决索赔留下余地，因为通常在索赔的处理过程中双方都可能作出让步，而先提出索赔的一方其索赔额可能较高因而处在有利位置。

2. 反击或反驳对方的索赔要求

为了减少己方的损失必须反驳对方的索赔。反驳对方的措施及应注意的问题主要有以下几个方面。

(1) 利用己方的索赔来对抗对方的索赔要求，抓住对方的失误或不作为行为对抗对方的要求。例如，我国《民法典》合同编中依据诚实信用的原则，规定了当事人双方有减损义务，即在合同履行中发生了应由对方承担责任或风险的事件使自身有损失时，这时受损这一方应采取有效的措施使损失降低或避免损失进一步发生，若受损方能采取措施但没有采取措施，使损失扩大了，则受损一方将失去补偿和索赔的权利，因而可以利用此原则来分析索赔方是否有这方面的行为，若有，就可对其进行反驳。

(2) 反驳对方的索赔报告，找出理由和证据，证明对方的索赔报告不符合事实情况、不符合合同规定、没有根据、计算不准确，以推卸或减轻自己的赔偿责任，使自己不受或少受损失。

(3) 在反索赔中，应当以事实为依据，以法律(合同)为准绳，实事求是、有理有据地认可对方合理的索赔，反驳拒绝对方不合理的索赔，按照公平、诚实信用的原则解决索赔问题。

6.4.3　反索赔的程序与报告

1. 反索赔程序

与索赔一样，反索赔要取得成功也应坚持一定的工作程序，认真分析对方的索赔报告，否则不可能成功。反索赔的一般工作程序如图 6-8 所示。

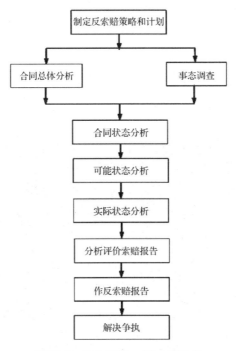

图 6-8　反索赔的一般工作程序

1) 制定反索赔策略和计划

这就要求反索赔一方应加强工程管理与合同分析，并利用以往的经验，对对方在哪些地方、哪些事件可能提出索赔进行预测，制订相应的应急反索赔计划，一旦对方提出索赔要求后，结合实际的索赔要求以及反索赔的应急计划来制订本次反索赔的详细计划和方法。

2) 合同总体分析

合同总体分析就是主要对索赔事件产生的原因进行合同分析，索赔是否符合合同约定、法律法规及交易习惯。同时通过对这些索赔依据的分析，寻找出对对方不利的条款或相关规定，使对方的要求无立足之地。

3) 索赔事件调查与取证

反索赔的处理中，应以各种实际工程资料作为证据，用以对照索赔报告所描述的事情经过和所附证据。通过调查可以确定干扰事件的起因、事件经过、持续时间、影响范围等真实详细的情况，以反驳不真实、不肯定、没有证据的索赔事件。

在此应收集整理所有与反索赔相关的工程资料。

4) 三种状态的分析

在上述调查取证分析的基础上进行合同状态、可能状态和实际状态的分析与计算，以便确定对方应得到的索赔值和己方反驳的底线。

5) 索赔报告的反驳与分析

在3)、4)两步的工作基础上，对对方的索赔报告进行反驳和分析，指出其不合理的地方。

对对方索赔报告的反驳核查，可以从以下几个方面进行。

(1) 索赔要求或报告的时限性。审查对方在干扰事件发生后，是否在合同规定的索赔时限内提出了索赔要求和报告，如果对方未能及时提出书面的索赔要求和报告，则将失去索赔的机会和权利，对方提出的索赔则不能成立。

(2) 索赔事件的真实性。索赔事件必须是真实可靠的，符合工程实际状况，不真实、不肯定或仅是猜测甚至无中生有的事件不能提出索赔，索赔当然也就不能成立。

(3) 干扰事件原因、责任分析。如果事件责任是由于索赔者自己疏忽大意、管理不善、决策失误或因其自身应承担的风险等造成，则应由对方自己承担损失，对方的索赔不能成立。如果合同双方都有责任，则应按各自的责任大小分担损失。只有确属是自己一方的责任时，对方的索赔才能成立。

(4) 索赔理由分析。索赔理由分析，就是分析对方的索赔要求是否与合同条款或有关法规一致，是否符合工程交易习惯，所受损失是否属于应由对方负责的原因所造成。即应分析对方索赔的依据是否充分，否则就可以否定对方的索赔要求。

(5) 索赔证据分析。索赔证据分析，就是分析对方所提供的证据是否真实、有效、合法，是否能证明索赔要求成立。证据不足、不全、不当、没有法律证明效力或没有证据，索赔是不能成立的。

(6) 索赔值的审核。对于对方合理的索赔，应对其索赔值进行审核，防止对方夸大计算。此时，审核的重点主要有以下几点。

① 各数据的准确性。对索赔报告中所涉及的各个计算基础数据都须作审查、核对，以找出其中的错误和不恰当的地方。

② 计算方法的合理性。索赔通常都用分项法计算，但不同的计算方法对计算结果影响

很大。在实际工程中，这方面争执常常很大，对于重大的索赔，须经过双方协商谈判才能对计算方法达成一致，特别是对于总部管理费的分摊方法、工期拖延的费用索赔计算方法等。

③ 计算本身是否正确。主要审核计算中的数值、小数点及单位是否有误。若最终结果的小数点错一位，那么会使反索赔前功尽弃。

6) 起草并提交反索赔报告

2. 反索赔报告

反索赔报告是对反索赔工作的总结，向对方(索赔者)表明自己的分析结果、立场，对索赔要求的处理意见以及反索赔的证据。根据索赔事件性质、索赔值的大小、复杂程度及对索赔认可程度的不同，反索赔报告的内容不同，其形式也不一样。目前对反索赔报告没有一个统一的格式，但其至少应包括以下内容。

(1) 向索赔方的致函。在这份信函中表明反索赔方的态度和立场，提出解决双方有关索赔问题的意见或安排等。

(2) 合同责任的分析。这里对合同作总体分析，主要分析合同的法律基础、合同语言、合同文件及变更、合同价格、工程范围、工程变更补偿条件、施工工期的规定及延长的条件、合同违约责任、争执的解决规定等。

(3) 合同实施情况简述和评价。主要包括合同状态、可能状态、实际状态的分析。这里重点针对对方索赔报告中的问题和干扰事件，叙述事实情况，应包括三种状态的分析结果，对双方合同的履行情况和工程实施情况作评价。

(4) 对对方索赔报告的分析。主要分析对方索赔的理由是否充分，证据是否可靠可信，索赔值是否合理，指出其不合理的地方，同时表明反索赔方处理的意见与态度。

(5) 反索赔的意见和结论。

(6) 各种附件。主要包括反索赔方提出的反索赔的各种证据资料等。

复习思考题

一、选择题

关于对对方索赔报告的反驳核查，下列说法正确的是(　　　　)

　　A. 索赔要求或报告的时限性

　　B. 索赔事件的真实性

　　C. 干扰事件原因、责任分析

　　D. 索赔值的审核

二、填空题

1. 反索赔报告是对反索赔工作的_____，向对方(索赔者)表明自己的_____、_____，对索赔要求的_____以及反索赔的证据。根据索赔事件_____，索赔值的大小、_____及对索赔认可程度的不同，反索赔报告的内容不同，其_____也不一样。

2. 索赔报告，是合同一方向对方提出索赔的_____，它全面反映了_____对一个或若干索赔事件的所有_____，对方当事人也是通过对索赔报告的_____、分析和评价来作认可、要求修改、_____甚至_____索赔要求，索赔报告也是双方进行_____、仲裁、_____的基础。

三、简答题

1. 简述索赔及建设工程索赔的概念及特征。
2. 简述索赔的分类。
3. 简述反索赔的程序。
4. 简述综合索赔报告实质性主要内容。

第 7 章　工程合同变更管理

教学提示： 工程变更是工程合同履行过程中的必然现象，对于任何一个建设项目而言，工程变更是不可避免的。如何激发合同主体各方在工程变更活动中的主观能动性，对工程变更实施有效的管理与控制，是衡量工程合同管理水平的重要方面。

教学要求： 通过本章教学，应使学生了解工程变更的概念与分类及其主体各方在工程变更活动中的权利与义务，重点掌握设计变更和施工措施变更的内涵及其特点，工程变更价款的确定方法和基本的工程变更管理方法与控制程序。

7.1　工程变更的概念与分类

工程变更是建设项目合同管理的重要内容，是影响建设项目进度控制、质量控制和投资控制的关键因素。

从纯技术层面分析，工程变更有广义和狭义之分，广义的工程变更包含合同变更的全部内容，如工程实施中形式的变更、工程量清单数量的增减、工程质量要求及相关技术标准的变动、法律的调整以及合同条件的修改等。而狭义的工程变更只包括传统的以工程变更形式变更的内容，如建筑物标高的变动、道路线形的调整、施工技术方案的变化等。

从工程变更实施效果角度分析，工程变更有积极的和消极的之分。积极的工程变更是指建设项目主体各方针对建设项目合同控制目标所主动采取的通过优化设计和施工措施方案以及调整工程实施计划等手段以达到降低工程成本、提高工程质量和缩短建设工期目的的工程变更。如优化高速公路线形以及在房屋建筑工程现浇混凝土施工中采用冷轧带肋钢筋代替普通圆钢等工程变更均属于典型的积极的工程变更。消极的工程变更是指由于各类客观因素的影响(如设计错误、工程地质条件变化等)，为保障建设项目顺利实施而必须作出调整的工程变更，消极的工程变更也包括建设项目主体各方违背诚实信用原则和建设项目合同控制目标所采取的不利于降低工程成本、有损工程质量和延误建设工期的工程变更。工程变更对建设项目的实施有着巨大的影响，消极的工程变更往往导致建设项目工期延误、投资失控以及劳动生产率降低。由工程变更演变而来的工程索赔、合同争端及诉讼加剧了业主与承包商之间的矛盾。

由于上述种种原因，国内外建筑业一直致力于研究工程变更的起因及其对建设项目的影响。1995 年美国建筑业争议解决委员会估计，全美国每年用于工程变更的费用超过 600

亿美元，还有更多的间接成本会由此上升，如工程的延期或停工、紧缺物资的未充分利用以及其他机会成本。对工程变更的充分研究可以给合同双方提供经验，使业主和承包商能更好地控制工程变更，减轻工程变更对建设项目的不利影响。

由于建筑产品生产的独特属性以及各种主客观因素的影响，对任何一个建设项目而言，工程变更是不可避免的。因此，加强工程变更的管理与控制对实现建设项目合同管理目标具有重要的意义。

7.1.1　工程变更的概念

工程变更概念与内涵的准确把握是开展工程合同变更管理的基础。由于工程变更内容的复杂性，至今尚没有一个公认的确切定义。目前，国外研究文献对工程变更的定义通常包括以下 4 种。

(1) 工程变更是指导致对项目初始范围、实施时间或价款调整的任何事件。

(2) 工程变更是指对工程初始范围的所有改变。

(3) 工程变更是指增减原合同范围或是影响完成原合同范围的时间和成本的更改或项目工序的改变。

(4) 工程变更是指以下事件中的任何一项。

① 合同中包括的任何工作内容的数量的改变(但此类改变不一定构成变更)。

② 任何工作内容的质量或其他特性的改变。

③ 任何部分工程的标高、位置和(或)尺寸的改变。

④ 任何工作的删减，但要交他人实施的工作除外。

⑤ 永久工程所需的任何附加工作、生产设备、材料或服务，包括任何有关的竣工试验、钻孔、其他试验和勘探工作。

⑥ 实施工程的顺序或时间安排的改变。

从上述各种定义可见，国外研究者对于工程变更的理解亦是仁者见仁、智者见智。相比之下，第 1 种定义对工程变更的描述更为全面，涵盖了工程变更的几项主要内容。第 4 种对工程变更的定义则较为具体。

此外，人们对工程变更概念的认识通常有一个误区，即将工程变更简单地等同于工程变更令，这种理解是不全面的，而且是有误的。工程变更令通常是指在合同条款约定的条件下，由双方签署的补偿承包商变更、追加工程、延误或其他共同议定的影响因素的正式文件。在缺乏双方共同协议的情况下，一些业主单方面发出变更指令，这些指令基于他们自己的估价来确认变更而且许可在协议达成或争端解决之前给予临时性进度支付。

很显然，工程变更不等于工程变更令，工程变更应包括合同变更的全部内容。工程变更令只是工程变更的一个组成部分而不是全部。许多工程变更是由第三方引起，或属于推定变更的范畴。例如，业主坚持按原定工期完成工程，尽管承包商有权利作时间上的延期。承包商认为他已经按推定进行了加速施工或压缩工序作业时间，尽管他没有收到确切的加速施工指令。

7.1.2　工程变更的分类

工程变更的内涵十分丰富，可以从不同的角度加以分类。在工程管理实践中，通常按照工程变更所包含的具体内容，将其划分为以下 5 个类别。

(1) 设计变更。

(2) 施工措施变更。

(3) 条件变更。

(4) 计划变更。

(5) 新增工程。

1. 设计变更

设计变更是指在建设工程施工合同履约过程中，由工程不同参与方提出，最终由设计单位以设计变更或设计补充文件形式发出的工程变更指令。设计变更包含的内容十分广泛，是工程变更的主体内容。常见的设计变更有：因设计计算错误或图示错误发出的设计变更通知书，因设计遗漏或设计深度不够而发出的设计补充通知书，以及应业主、承包商或监理方请求对设计所作的优化调整，等等。

2. 施工措施变更

施工措施变更是指在施工过程中承包方因工程地质条件变化、施工环境或施工条件的改变等因素的影响，向监理工程师和业主提出的改变原施工措施方案的过程。施工措施方案的变更应经监理工程师和业主审查同意后实施，否则引起的费用增加和工期延误将由承包方自行承担。重大施工措施方案的变更还应征询设计单位意见。在建设工程施工合同履约过程中，施工措施变更存在于工程施工的全过程，如人工挖孔桩开挖桩孔过程中出现地下流沙层或淤泥层，需采取特殊支护措施，方可继续施工；公路或市政道路工程路基开挖过程中发现地下文物，需停工采取特殊保护措施；建筑物主体施工过程中，因市场供应引起的混凝土搅拌方式的调整；等等。

3. 条件变更

条件变更是指在施工过程中，业主未能按合同约定提供必需的施工条件以及不可抗力发生导致工程无法按预定计划实施。例如，业主承诺交付的工程后续施工图纸未到，致使工程中途停顿；业主提供的施工临时用电因社会电网紧张而断电导致施工生产无法正常进行；特大暴雨或山体滑坡导致工程停工。这类因业主或不可抗力所发生的工程变更统称为条件变更。

4. 计划变更

计划变更是指在施工过程中，业主因上级指令、技术因素或经营需要，调整原定施工进度计划，改变施工顺序和时间安排。例如，小区群体工程施工中，根据销售进展情况，部分房屋需提前竣工，另一部分房屋适当延迟交付，这类变更就是典型的计划变更。

5. 新增工程

新增工程是指施工过程中，业主扩大建设规模，增加原招标工程量清单之外的建设

内容。

根据大量工程实践中存在的工程变更所揭示的特征，各类常见工程变更可从可控性、技术性、所处阶段、频率和来源方五个不同层面加以描述。一般情况下，设计变更和施工措施变更的可控性强，其余变更的可控性一般或较弱。从技术性角度而言，设计变更的技术性强，施工措施变更次之，其余变更则较弱。从所处阶段分析，一般房屋建筑工程设计变更和施工措施变更涵盖工程施工的全过程，其余变更则主要发生在工程主体施工阶段和装饰施工阶段。从发生频率来看，设计变更最高，施工措施变更次之，其余变更则较低。从变更的来源方即提出(或引起)变更的主体观察，设计变更和施工措施变更范围最广，业主、承包方、监理方和设计方均可提出设计变更和施工措施变更要求，计划变更和新增工程一般由业主提出，条件变更则通常由业主或不可抗力引起。

7.2 合同主体各方在工程变更活动中的权利与义务

7.2.1 监理工程师在工程变更活动中的一般权利与义务

(1) 在专用条款授权的范围和规定的时限内审批承包人提出的工程变更建议书。

若属设计变更，则需报设计单位确认后执行。对于超出专用条款授权范围的工程变更，监理工程师应在规定的时限内向发包人提出自己的审核意见。

(2) 监理工程师有义务独立地向发包人提出工程变更建议。

(3) 监理工程师有权利分享其所提出的工程变更给发包人带来的收益，分享方式及比例由双方在专用条款中约定。

7.2.2 发包人在工程变更活动中的一般权利与义务

(1) 在专用条款约定的范围和时限内审批承包人或监理工程师提出的工程变更建议书。若属设计变更，则需报设计单位确认后执行。

(2) 对设计单位直接发出的工程设计变更文件，应对其进行技术经济评价，在专用条款约定的时限内将评价结果反馈回设计单位，经设计单位再次确认或修改调整后组织承包人实施。

7.2.3 承包人在工程变更活动中的一般权利与义务

(1) 承包人有义务独立地向监理工程师或发包人提出工程变更建议。

(2) 承包人有权利分享其所提出的工程变更给发包人带来的收益，分享方式及比例由双方在专用条款中约定。

【案例7-1】合同变更行为的实例

2015年年初，某房地产开发公司欲开发新区第三批商品房，于是4月在某市电视台发出公告，房地产开发公司作为招标人就该工程向社会公开招标，择其优者签约承建该项目。此公告一发在当地引起不小反响，先后有20余家建筑单位投标。原告a建筑公司和b建筑公司均在投标人之列。a建筑公司基于市场竞争激烈等因素，经充分核算在标书中作出全部工程造价不超过 500 万元的承诺并自认为依此数额该工程利润已不明显。房地产开发公司组织开标后 b 建筑公司投标数额为 450 万元。两家的投标均低于标底 500 万元。最后 b 建筑公司因价格更低中标并签订了总价包死的施工合同。该工程竣工后房地产开发公司与 b 建筑公司实际结算的款额为 510 万元。a 建筑公司得知此事后认为，房地产开发公司未依照既定标价履约，实际上侵害了自己的权益，遂向法院起诉，要求房地产开发公司赔偿其在投标过程中的支出等损失。

【分析】本案争议的焦点是经过招标、投标程序而确定的合同总价能否再行变更的问题，这样做是否违反本案中无串通的证据就只能认定调整合同总价是当事人签约后的意思变更，这是一种合同变更行为。依法律规定，通过招标、投标方式签订的建筑工程合同是固定总价合同，其特征在于通过竞争决定的总价不因工程量、设备及原材料价格等因素的变化而改变，当事人投标标价应将一切因素涵盖，是一种高风险的承诺。当事人自行变更总价就从实质上剥夺了其他投标人公平竞价的权利并势必纵容招标人与投标人之间的串通行为，因而这种行为是违反公开、公平、公正原则的行为，构成对其他投标人权益的侵害，所以 a 建筑公司的主张应予支持。

7.3 工程变更价款的确定

工程变更价款的确定，既是工程变更方案经济性评审的重要内容，也是工程变更发生后调整合同价款的重要依据。一般情况下，承包商在工程变更确定后规定的时间内应提出工程变更价款的报告，经监理工程师批准后方可调整合同价款。

国内现行建设工程施工合同条件和相关研究文献均有关于工程变更价款确定方法和原则的论述，其确定原则一般包括以下内容。

(1) 合同中已有适用于变更工程的价格，按合同已有的价格变更合同价款。

(2) 合同中只有类似于变更工程的价格，可以参照类似价格变更合同价款。

(3) 合同中没有适用或类似于变更工程的价格，由承包商提出适当的变更价格，经监理工程师确认后执行。

(4) 承包商在双方确定变更后 14 天内不向监理工程师提出变更工程价款报告时，视为该项变更不涉及合同价款的变更。

(5) 监理工程师应在收到变更工程价款报告之日起 14 天内予以确认，监理工程师无正当理由不确认时，自变更工程价款报告送达之日起 14 天后视为变更工程价款报告已被确认。

(6) 监理工程师不同意承包商提出的变更价款，按关于合同争议的约定处理。

(7) 承包商导致的工程变更，其无权要求追加合同价款。

FIDIC《施工合同条件》(1999 年版)(第 1 版)对工程变更的估价原则和程序亦作出了相应的约定。它同国内现行施工合同变更条款的不同之处是，FIDIC 合同规定，当实际测量的工程量清单项目的工程量增减出现下列情形时，应采用新的费率或价格。

(1) 该项工作测出的数量变化超过工程量表或其他资料表中所列数量的 10%以上。

(2) 此数量变化与该项工作上述规定的费率的乘积，超过中标合同金额的 0.01%。

(3) 此数量变化直接改变该项工作的单位成本超过 1%。

(4) 合同中没有规定该项工作为"固定费率项目"。

一些研究文献的研究结论表明，确定工程变更的价格可包括以下 4 种方法。

① 采用工程量清单中的综合单价或费率。

② 根据工程所在地工程造价管理机构颁布的概预算定额、工程量清单项目综合单价定额或工程量清单项目工料机消耗量定额确定。

③ 根据现场施工记录和承包商实际的人工、材料、施工机械台班消耗量以及投标书中的工料机价格、管理费率和利润率综合确定。但是，承包商管理不善，设备使用效率降低以及工人技术不熟练等因素造成的成本支出应从变更价格中剔除。

④ 采用计日工方式。此方式适用于规模较小、工作不连续、采用特殊工艺措施、无法规范计量以及附带性的工程变更项目。合同中未包括计日工清单项目的，不宜采用计日工方式。

采用计日工方式计价的变更项目应按照包括在合同中的计日工清单表进行估价。监理工程师应做好施工现场原始记录，承包商应向监理工程师提交每日的计日工报表，准确填报前一日工作中使用的各项资源的详细资料，如承包商人员的姓名、职业和使用时间；承包商设备和临时工程的标识、型号和使用时间；所用的生产设备和材料的数量及型号。监理工程师审核同意后，作为支付工程进度款的依据。原计日工清单中缺项的资源项目，承包商应在订购货物前提前向监理工程师提交报价单，当申请支付时，承包商应提交各种货物资源的发票、凭证、账单或收据。

工程变更价款的确定过程可用图 7-1 表示。

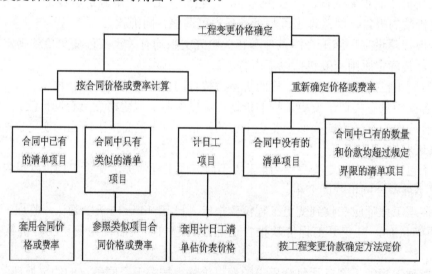

图 7-1　工程变更价款的确定过程

【案例 7-2】工程变更定性与定量问题

2006 年 1 月 5 日某地出入境检验检疫局(本案被告，以下简称"被告")以工程两清单计价方式经过公开招标、投标与某一建筑工程公司(本案原告，以下简称"原告")签订了《某商检大厦建设施工合同》。

在合同履行过程中，由于被告对建筑工程不是很熟悉，前期策划不够充分，所以在施工过程中工程变更比较多。同时，由于被告现场管理人员力量薄弱、管理能力有限等，被告对工程变更通知并非都是以书面形式发出，对原告提出的变更工程价款的要求也并非都明确答复。2007 年 1 月 30 日本工程通过竣工验收，于是原告在规定的时间内向被告提交了竣工结算报告。原告、被告对原设计图纸部分计价没有很大的矛盾，但是对原告提出的高达 350 万元的工程变更部分的价款双方矛盾很大。被告认为，一部分工程变更没有签证，所以不予确认；一部分工程变更虽有签证，但价格没有确定，应按原告工程量清单中相似的价格确定。而原告认为，只要被告要求或同意自己施工均应计价，对只确定工程变更而未确认计价标准的工程签证，其计价应按当地定额计价。

由于双方对原告提出 350 万元的工程变更部分能达成一致的只有 100 万元左右，所以 2007 年 7 月 20 日原告向有管辖权的人民法院提起诉讼，要求被告支付由于工程变更所增加的工程款 350 万元。

【分析】争议焦点是关于工程变更的量的确认和工程变更价款的计价问题。如果没有签证来证明工程发生变更，但有其他证据证明发包人要求承包人使施工的该部分工程变更是否可确认以及如何确认。

既没有对变更的事实予以定性的肯定，也没有对变更费用和延误的工期予以定量的确认，但承包人提供的其他证据能确认实际发生工程量的，则参照签订施工合同时当地建设工程行政主管部门发布的计价方法或计价标准结算工程价款。这种情况对承包人最为不利。没有工程签证明确肯定该变更事实的发生，但承包人主张认为其实际施工的工程量多于合同或合同附件中列明的工程量的，根据"谁主张谁举证"的原则，承包人应当证明发包人同意或要求其施工时其他非书面的试图证明工程量的证据。只要经过举证、质证等程序后，足以证明该证据所证明的实际工程量事实的真实性、合法性和关联性的情况，就可以作为计算工程量的依据，否则就属于其自身超设计图纸施工或者质量未达到要求返工造成的工程量增加。如果定性问题解决后，定量问题即承包人在施工中实际付出的人工费和原材料费以及实际支出的其他费用应当按照订立合同时履行地的市场价格确定。

7.4　工程变更的管理与控制

发包人和监理工程师可分别在合同专用条款约定的范围内发出工程变更指令，除获得发包人或监理工程师指令外，承包人不得擅自作出任何变更。除非在特殊情况下，发包人或监理工程师可书面批准承包人除遵照发包人和监理工程师指令以外而作出的任何工程变更。任何发包人或监理工程师要求或发包人和监理工程师随后追加的工程变更均不会使合同失效。对工程变更权的规定有利于合理划分工程变更活动中管理层和执行层的界面，促进工程变更活动的有序开展，防止工程变更现象的失控。

承包人应按发包人或监理工程师指示在规定的进度内完成变更洽商工作，如果双方对变更金额或时间安排发生争议，经协商未能达成一致意见，承包人不得因双方对变更事项未达成一致意见而拒绝执行或拖延执行变更指令。如果承包人在工程变更指令发出后 7 天内不执行或拒绝执行该指令，发包人有权雇用其他承包人执行该指令，所增加的费用一般由承包人负责。此规定有利于约束承包人严格履行合同和等同于合同附件的工程变更指令，通过增加违约成本的方式保证工程变更指令的及时执行。

7.4.1　工程变更的分类控制

在工程变更的管理实践和理论研究中，人们通常按照工程变更的性质和费用影响实施分类控制，以区分业主和监理工程师在处理不同属性变更问题上的职责、权限及其工作流程。一般把工程变更分为三个重要性不同的层级，即重大变更、重要变更和一般变更。其特征和控制程序如下。

1. 重大变更

重大变更是指一定限额以上的涉及设计方案、施工措施方案、技术标准、建设规模和建设标准等内容的变动。如高层建筑基础形式的变更、道路线形的调整、隧道位置的移动、交通工程重大防护设施的变更等。

重大变更一般由监理工程师初审，总监理工程师复审，报送业主后，由业主组织勘察、设计、监理和承包商各方评审通过后实施。

2. 重要变更

重要变更是指一定限额区间内的不属于重大变更的较大变更。如建筑物局部标高的调整、工序作业方案的变动等。

重要变更一般由监理工程师初审，总监理工程师批准后实施。

3. 一般变更

一般变更是指一定限额以下的设计差错、设计遗漏、材料代换以及施工现场必须立即作出决定的局部修改等。一般变更由监理工程师审查批准后实施。

三类变更的限额依建设项目投资规模、合同控制目标和两级监理工程师执业能力等因素综合设定。例如，国内某跨海大桥工程合同文件中，对三类变更的限额划分如下。

(1) 一般变更：变更产生的合同增、减的费用不超过 5 万元。

(2) 重要变更：一个(次)变更产生的合同增、减的费用在 5 万~10 万元或多个(次)类似变更累计产生的合同增、减的费用在 5 万~20 万元。

(3) 重大变更：一个(次)变更产生的合同增、减的费用超过 10 万元，或多个(次)类似变更累计产生的合同增、减的费用超过 20 万元。

但是，工程中任何种类的附加工作和任何部分规定施工顺序或时间安排的变更不受此限额约束，均属于重要变更或重大变更范畴。

7.4.2　工程变更控制系统的构成

根据系统工程原理和建设项目工程变更的特点，建设项目工程变更控制系统一般由以下 8 个子系统构成，分别如下。

(1) 变更生成系统。

(2) 变更评审系统。

(3) 变更决策系统。

(4) 变更发布系统。

(5) 变更执行系统。

(6) 变更监督系统。

(7) 变更预警系统。

(8) 变更绩效评估系统。

各子系统的基本功能如下。

1. 变更生成系统

变更生成系统包括提出工程变更意图和编制工程变更建议书等基本功能。在一个运转良好的建设项目工程变更控制系统中，工程变更意图的提出方可以涵盖建设项目主体各方，即业主、设计方、监理方和承包商。当工程变更意图提出后，根据工程变更的类型，经业主、监理工程师或设计方洽商同意后，即可进入编制工程变更建议方案阶段。

2. 变更评审系统

变更评审系统包括技术可行性评审、经济合理性评审和其他专项评审。变更评审的具体内容依工程变更的类型而定。如施工措施变更方案的评审指标将明显不同于设计变更方案的评审指标。

3. 变更决策系统

变更决策系统包括业主内部决策系统、设计方内部决策系统、监理方内部决策系统、承包商内部决策系统和项目审批机构决策系统。在变更决策系统中，设计方内部决策系统、监理方内部决策系统和承包商内部决策系统是整个变更决策系统的二级系统，当变更引起建设项目建设规模和标准超出原审批范围时，项目审批机构决策系统则为最高决策系统。

4. 变更发布系统

变更发布系统由编制工程变更文件、合同主体各方变更信息发布、业主内部变更信息发布和承包商内部变更信息发布等系统组成。工程变更文件一般由提出方负责编制，工程变更信息应由业主方统一编码发布。工程变更可能涉及工期、合同价款或材料设备采购计划的调整，因此在业主内部和承包商内部也存在着工程变更信息的发布流程。

5. 变更执行系统

变更执行系统由总承包商、专业分包商和材料设备供应商组成。其中，专业分包商既包括总承包商委托的专业分包商，也包括由业主指定的专业分包商，如消防工程承包商、土石方工程承包商和高级装饰工程承包商等。

6. 变更监督系统

变更监督系统由监理监督、业主监督、设计监督和其他监督组成。对于一般工程变更的实施，通常由监理方按照委托监理合同的授权监督执行；对于重要工程变更或重大工程变更，除监理监督外，还需业主和设计方共同监督；对于特殊变更项目，应委托专业机构或由政府工程质量监督部门检测监督。

7. 变更预警系统

变更预警系统由变更价款预警和变更频率预警两部分组成。变更预警系统的建立有利

建筑工程合同管理

于业主方准确控制工程变更的总量、节奏和质量。变更价款预警是指业主根据历史工程经验，通过事先设定建设项目阶段性变更价款控制值来监控建设项目工程变更价款变动趋势，及时发布警示信息，提示业主及时分析超限原因，采取相应的应对措施。变更频率预警是指业主根据历史工程经验，通过事先设定建设项目阶段性变更频数控制值来监控建设项目工程变更的频繁程度，及时发布超限警示信息，提示业主采取措施，防止频繁变更给工程管理带来的混乱，以减少因频繁变更导致的施工索赔和合同争端。

8. 变更绩效评估系统

变更绩效评估系统由经济性评估、时间性评估、功能性评估和价值性评估组成。变更绩效评估的目的是总结建设项目工程变更管理经验，积累工程变更管理资料，根据绩效和合同条款约定，奖励或惩罚相关工程变更提出方。

建设项目工程变更控制系统的构成如图 7-2 所示。

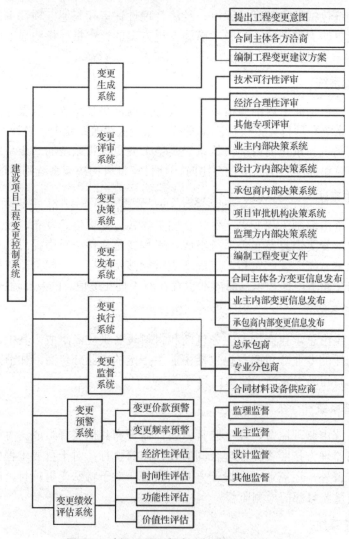

图 7-2 建设项目工程变更控制系统的构成

7.4.3　承包商提出工程变更的控制程序

常见的五类工程变更中，设计变更和施工措施变更频率较高，对工程造价的影响亦较大，是合同控制的重点。而对设计变更而言，既有业主对自身项目管理人员提出设计变更的控制，也有业主对承包商、监理方和设计方提出设计变更的控制。在现行建设工程工程量清单招标投标模式下，经评审的合理低价法是业主在工程招标阶段选择承包商的基本方法。承包商为谋求中标，一般只有选择低价中标的路线，而一旦中标，设计变更则成为承包商调整其工程量清单综合单价的唯一途径。因此，加强对承包商提出工程变更的控制是合同控制的重中之重。

承包商提出工程变更的原因和目的有很多，主要分为两种情况：第一种是对原设计图纸提出设计变更；第二种是对已确认的施工组织设计或施工方案提出施工措施变更。

第一种情况包括以下内容。

(1) 设计图纸本身的遗漏或错误。

(2) 主观上想通过设计变更来增加工程量，以期增加工程承包收益。

(3) 由于某分项工程施工质量不合格，又无法全部返工处理。

(4) 选用材料替代市场紧俏或无法采购的材料。

(5) 用工艺简单、自身技术力量优势较强的做法代替工艺复杂、施工难度较大的做法。

(6) 主观上想通过设计变更调整原投标报价中报价偏低的工程量清单项目综合单价。

以上 6 种情况都是承包商从自身利益考虑或从工程顺利推进角度提出的，监理工程师和业主及设计各方应认真分析、仔细审核、善于识别，有针对性地进行处理。

第二种情况包括以下内容。

(1) 原施工组织设计或施工方案存在技术缺陷或不合理因素，无法指导施工。

(2) 原施工方案投入成本过高，重新提出成本较低的施工方案。

(3) 工程进度滞后而提出对原施工计划进行调整。

(4) 工程地质条件变化或有经验的承包商无法预见的外部施工环境发生变化需对原施工方案进行修改和调整。

(5) 设计变更导致必须对原施工方案进行调整。

(6) 业主对工程进度提出新的要求，需对原施工方案进行调整。

(7) 工程所在地政府行政管理部门要求调整施工方案以满足环境保护或劳动保护等要求。

上述 7 种情况既有承包商自身原因导致的施工组织设计或施工方案的调整，也包括业主、不可抗力或第三方原因引起的施工组织设计或施工方案的调整。对承包商自身原因导致的施工组织设计或施工方案的调整，在满足工期和质量要求的前提下，增加或减少的工程费用在合同价款中不予调整。对业主、不可抗力或第三方原因引起的施工组织设计或施工方案的调整，其增加或减少的工程费用在合同价款中据实结算。

标准的承包商提出工程变更的控制程序如图 7-3 所示。

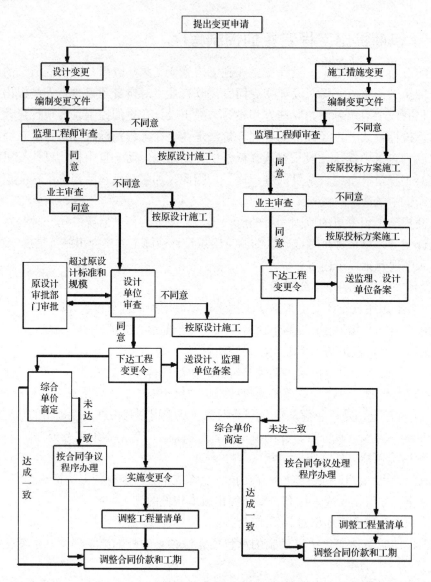

图 7-3 承包商提出工程变更的控制程序

复习思考题

一、选择题

下列关于工程变更的概念与分类的说法错误的是( )

A. 从纯技术层面分析,工程变更有广义和狭义之分

B. 从工程变更实施效果角度分析,工程变更有积极的和消极的之分

C. 工程变更概念与内涵的准确把握是开展工程合同变更管理的基础

D. 计划变更是指施工过程中,因业主未能按合同约定提供必需的施工条件以及不可抗力发生导致工程无法按预定计划实施

二、填空题

1. 工程管理实践中，通常按照工程变更所包含的具体内容，将其划分为以下 5 个类别：_____、_____、_____、_____、_____。

2. 工程变更是建设项目合同管理的重要内容，是影响建设项目_____、_____和_____的关键因素。

3. 变更监督系统由_____、_____、_____和_____组成。对于一般工程变更的实施，通常由监理方按照_____的授权监督执行。

三、简答题

1. 简述发包人和承包人在工程变更活动中的一般权利和义务。

2. 建设项目工程变更控制系统一般的子系统构成有哪些？

3. 简述对已确认的施工组织设计或施工方案提出施工措施变更的情况。

第8章　工程合同风险管理

教学提示： 本章的重点是风险及风险管理的概念；工程合同风险因素分析的内容及工程合同的风险管理。本章的难点是工程合同的担保和工程合同的保险。

教学要求： 通过本章教学，应使学生掌握风险、风险管理的概念和风险管理的任务；工程合同风险的分类；承包人承包工程的主要风险；工程担保的方式及内容；工程保险条款的主要内容；工程合同的风险管理。熟悉工程合同担保的基本概念；工程合同保险的基本概念；工程合同保险的投保。了解风险的特点；风险因素分析的方法；担保的原则和特征。

8.1　风险管理概述

1. 风险

《现代汉语词典》把风险解释为"可能发生的危险"，而一些英文词典则将其定义为"遭受危险、蒙受损失或伤害等的可能或机会"。风险是人们应对未来行为的决策及客观条件的不确定性而可能引起的后果与预定目标发生多种负偏离的综合。或者说，风险是活动或事件消极的、人们不希望的后果发生的潜在可能性。风险的内涵可以从以下 3 个角度来考察。

(1) 风险同人们有目的的活动有关。风险必须是与人们的行为相联系的风险，否则就不是风险而是危险。

(2) 客观条件的变化是风险的重要成因。风险同将来的活动和事件有关。

(3) 风险是指可能的后果与项目的目标发生负偏离。

2. 风险的特点

为了加深对风险的理解，还必须了解风险的以下特点。

(1) 风险存在的客观性和普遍性。作为损失发生的不确定性，风险是不以人们的意志为转移并超越人们主观意识的客观存在。

(2) 单一具体风险发生的偶然性和大量风险发生的必然性。正是由于存在着这种偶然性和必然性，人们才要去研究风险，才有可能去计算风险发生的概率和损失程度。

(3) 风险的多样性和多层次性。

(4) 风险的可变性。

3. 风险管理

1) 风险管理

风险管理是人们对潜在的意外损失进行辨识、评估、预防和控制的过程，是用最低的费用把项目中可能发生的各种风险控制在最低限度的一种管理体系。

建筑工程由于生产的单件性、地点的固定性、投资数额巨大以及周期长、施工过程复杂等特点，比一般产品生产具有更大的风险。建筑工程项目的立项及其可行性研究、设计与计划都是在可预见的技术、管理与组织条件以及对工程项目的环境 (政治、经济、社会、自然等各方面)理性预测的基础上作出的，而在工程项目实施以及项目建成后运行的过程中，这些因素有可能会产生变化，存在着不确定性。

风险会造成工程项目实施的失控现象，如工期延长、成本增加、计划修改等，最终导致工程经济效益降低，甚至项目失败。但风险和机会同在，往往是风险大的项目才能有较高的盈利机会。风险管理不仅能使建设项目获得很高的经济效益，还能促进建设项目的管理水平和竞争能力的提高。每个工程项目都存在风险，对于项目管理者的主要挑战就是将这种损失发生的不确定性降至一个可以接受的程度，然后再将剩余不确定性的责任分配给最适合承担它的一方，这个过程构成了工程项目的风险管理。

2) 风险管理的任务

风险管理主要包括风险识别、风险分析和风险处置。风险管理是对项目目标的主动控制，是建立项目风险的管理程序及应对机制，以有效降低项目风险发生的可能性，或一旦风险发生，风险对于项目的冲击能够最小。风险管理的任务包括以下几个方面。

(1) 识别与评估风险。

(2) 制定风险处置对策和风险管理预算。

(3) 制定落实风险管理措施。

(4) 风险损失发生后的处理与索赔管理。

【案例 8-1】风险管理分析

某油田地面工程项目分两期建设，一期为 300 万吨/年，计划于 2011 年 6 月 30 日机械竣工；二期为 600 万吨/年，计划于 2011 年 12 月 30 日机械竣工。主要包括原油中心处理站、电站、气处理装置、注水站、水源站、外输管线、单井、计量站、集输管线、输电线路等工程。该项目规模较大，产生的项目文档种类和数量繁多，因此在文控执行模式方面项目部根据项目特点，将文档控制小组归至控制部，与工程进度控制、质量控制、费用控制等项目控制职能划在一起，对项目进行统一控制和管理。

同时，在设计部、采购部、施工部分别设置文档控制工程师，文档控制工程师与上述职能部门专业工程师相互协作配合，从而有效地加强了该项目文档控制各工作界面之间的相互联系。随着设计、采购、施工等项目工作的陆续全面展开，以及项目部由国内迁到了国外，文控人员配置也经历了以下 4 个主要阶段。

第一阶段：项目启动设置了两名文档控制工程师负责项目前期文档的相关工作。

第二阶段：随着设计工作的全面开展，增加了两名文档控制工程师负责国内项目部的文档控制工作，同时增加了一名文档控制工程师负责国外项目部的文档控制工作。

第三阶段：随着采购和施工工作的全面开展，增加了四名文档控制工程师负责国外项目部的文档控制工作。

第四阶段：随着项目工作的逐步完成，文档控制工程师将工作重心调整为项目交工资料整理，并最终实现项目文件交付。

从上述 4 个主要阶段来看，对于规模庞大、地点分散的该项目而言，其控制部文档控制小组的人员配置相对来说较为精简，要实现项目文档控制工作的良好执行，离不开项目部主要职能部门的文档控制工程师和专业工程师的配合和协作。项目部虽然将文档控制小组归至控制部，但文档控制小组与其他项目部重要职能的交流不够，并没有充分介入项目进度、质量、费用等统一的综合控制管理中，致使文档控制相对独立，没能更好地与项目管理结合起来。虽然最终的项目文档控制工作执行结果令人满意，但此种文档控制管理执行模式存在以下不足需要改进。

首先，文档控制小组虽隶属于项目部控制部，但与控制部自身的其他职能交流较少，没有设置明确的工作界面与工作接口程序，没能发挥出与控制部其他主要职能的配合效果，没能起到对项目进度、质量、费用等进行综合管理控制的作用。

其次，由于项目工作地点在国内、国外两地，文控人员分布于项目部多个职能部门等特点，不能对项目文档进行统一的集中的管理控制，文档控制工程师和各职能部门专业工程师的联系比较松散，工作方式、工作方法存在差异，缺乏文控沟通管理计划。

8.2　工程合同风险因素分析

风险分析是指应用各种风险分析技术，用定性、定量或两者相结合的方式处理不确定性的过程。风险分析的目的是准确、深入地了解风险产生的原因和条件，尤其是重大风险，还需要对其作进一步的分析。

风险因素是指一系列可能影响项目向好或向坏的方向发展的因素的总和。风险分析的内容主要是分析项目风险因素发生的可能性、预期的结果、可能发生的时间及发生的频率。对风险分析的结果风险管理者必须有自己的判断，风险分析方法是协助风险管理者进行分析风险，而风险分析结果不能代替风险管理者的判断。

8.2.1　风险因素分析的方法

风险因素分析的方法包括定性分析方法、定量分析方法或两者相结合的方式。

定性分析方法主要有头脑风暴法、德尔菲法、因果分析法、情景分析法等；定量分析方法有敏感性分析、概率分析、决策树分析、影响图技术、模糊数学法、灰色系统理论、效用理论、模拟法、计划评审技术、外推法等。

风险因素识别的方法有许多，但风险分析方法必须与使用这种方法的环境相适应，具体问题应具体分析。在实践中用得较多的是头脑风暴法、德尔菲法、因果分析法和情景分析法。

1. 头脑风暴法

头脑风暴法，是通过专家会议，发挥专家的创造性思维来获取未来信息的一种直观预测和识别方法。头脑风暴法通过主持专家会议的人在会议开始时的发言激起专家们的思维"灵感"，促使专家们感到急需回答会议提出的问题而激发创造性的思维，在专家们回答问题时产生信息交流，受到相互启发，从而诱发专家们产生"思维共振"，以达到互相补充并产生"组合效应"，获取更多的未来信息，使预测和识别的结果更准确。

2. 德尔菲法

德尔菲法又称专家调查法，是通过函询收集若干位与该项目相关领域的专家的意见，然后加以综合整理，再匿名反馈给各位专家，再次征询意见。这样反复经过 4～5 轮，逐步使专家的意见趋向一致，作为最后预测和识别的根据。

3. 因果分析法

因果分析图因其图形像鱼刺，故也称鱼刺图分析法。图中主干是风险的后果，枝干是风险因素和风险事件，分枝为相应的小原因。用因果分析图来分析风险，可以从原因预见结果，也可以从可能的后果中找出将其诱发的原因。

4. 情景分析法

情景分析法又称幕景分析法，是根据发展趋势的多样性，通过对系统内外相关问题的系统分析，设计出多种可能的未来前景，然后用类似于撰写电影剧本的手法，对系统发展态势作出自始至终的情景和画面的描述。

情景分析法是一种适用于对可变因素较多的项目进行风险预测和识别的系统技术，它在假定关键影响因素有可能发生的基础上，构造出多重情景，提出多种未来的可能结果，以便采取适当措施防患于未然。

8.2.2　风险分类

1. 风险分类

将工程合同中的风险进行分类，可使风险管理者更彻底地了解风险，管理风险时更有目的性、更有效果，并为风险评估做好准备。

1) 按风险产生的原因分类

(1) 政治风险。例如，政局的不稳定性，战争状态、动乱、政变，国家对外关系的变化，国家政策的变化，等等。

(2) 法律风险。如法律修改，但更多的风险是法律不健全，有法不依、执法不严，对有关法律理解不当以及工程中可能有触犯法律的行为，等等。

(3) 经济风险。国家经济政策的变化、国家经济发展状况、产业结构调整、银根紧缩、物价上涨、关税提高、外汇汇率变化、通货膨胀速度加快、金融风波等。

(4) 自然风险。例如，地震、台风、洪水、干旱，反常的恶劣的雨、雪天气，特殊的、未探测到的恶劣地质条件如流沙、泉眼，等等。

(5) 社会风险。其包括社会治安的稳定性、社会的禁忌、劳动者的文化素质、社会风气等。

(6) 合同风险。合同条款的不完备或合同欺诈导致合同履行困难或合同无效。

(7) 人员风险。这是主观风险，是关系人恶意行为、不良企图或重大过失造成的破坏。

2) 按风险产生的阶段分类

(1) 项目决策风险。

(2) 融资、筹资风险。

(3) 建设期风险。

(4) 生产经营期风险。包括技术风险、时机风险、效益风险、商业风险等。

3) 按风险产生的后果分类

(1) 工期风险。即造成局部的(工程活动、分项工程)或整个工程的工期延长，不能及时投入使用。

(2) 费用风险。包括财务风险、成本超支、投资追加、报价风险、收入减少、投资回收期延长或无法收回、回报率降低。

(3) 质量风险。包括材料、工艺、工程不能通过验收，工程试生产不合格，经过评价，工程质量未达标准。

(4) 生产风险。项目建成后达不到设计生产能力，可能是由于设计、设备问题，或生产用原材料、能源、水、电供应问题。

(5) 市场风险。工程建成后产品未达到预期的市场份额，销售不足，没有销路，没有竞争力。

(6) 信誉风险。即造成对企业形象、职业责任、企业信誉的损害。

(7) 人员、设备风险。如人身伤亡、安全、健康以及工程或设备的损坏。

(8) 法律风险。即可能被起诉或承担相应法律或合同的处罚。

2. 承包人承包工程的主要风险

工程合同的风险因素分析对发包人和承包人来说十分重要，发包人主要从对承包人的资格考察及合同具体条款的签订上防范风险，这里不多叙述。此处仅介绍承包人在建设工程承包过程中的风险因素分析。

承包工程中常见的风险包括以下内容。

(1) 工程的技术、经济、法律等方面的风险。其具体包括：由于现代工程规模大、功能要求高，需要新技术、特殊的工艺、特殊的施工设备，有时发包人将工期限定得太紧，承包人无法按时完成；现场条件复杂，干扰因素多；施工技术难度大，特殊的自然环境，如场地狭小，地质条件复杂，气候条件恶劣，水电供应、建材供应不能保证，等等；承包人的技术力量、施工力量、装备水平、工程管理水平不足，在投标报价和工程实施过程中会有这样或那样的失误，如技术设计、施工方案、施工计划和组织措施存在缺陷和漏洞，计划不周，报价失误，等等；承包人资金供应不足，周转困难；在国际工程中还常常出现对当地法律、语言不熟悉，对技术文件、工程说明和规范理解不正确或出错的现象。

(2) 发包人资信风险。属于发包人资信风险的有以下几个方面：发包人的经济情况变化，如经济状况恶化、濒于倒闭、无力继续实施工程、无力支付工程款、工程被迫中止；发包人的信誉差、不诚实、有意拖欠工程款，或对承包人的合理索赔要求不作答复，或拒不支付；发包人为了达到不支付或少支付工程款的目的，在工程中苛刻刁难承包人，滥用权力，施行罚款或扣款；发包人经常改变主意，如改变设计方案、实施方案，打乱工程施工秩序，但又不愿意给承包人以补偿；等等。

(3) 外界环境的风险。其主要包括：在国际工程中，工程所在国政治环境的变化，如发生战争、禁运、罢工、社会动乱等造成工程中断或终止；经济环境的变化，如通货膨胀、汇率调整、工资和物价上涨；合同所依据的法律的变化，如新的法律颁布、国家调整税率或增加新的税种、新的外汇管理政策等；自然环境的变化，如百年未遇的洪水、地震、台风等，以及工程水文、地质条件的不确定性。

(4) 合同风险。即施工合同中的一般风险条款和一些明显的或隐含着对承包人不利的条款。它们会造成承包人的损失，是进行合同风险分析的重点。具体包括：合同中明确规定的承包人承担的风险，如工程变更的补偿范围和补偿条件、合同价款的调整条件、工程范围的不确定(特别是对固定总价合同)，发包人和工程师对设计、施工、材料供应的认可权及检查权、其他形式的风险条款等；合同条文的不全面、不完整等，如缺少工期拖延违约金的最高限额的条款或限额太高、缺少工期提前的奖励条款、缺少发包人拖欠工程款的处罚条款等；合同条文不清楚、不细致、不严密，如合同中对一些问题不作具体规定，仅用"另行协商解决"等字眼，再如"承包人为施工方便而设置的任何设施，均由他自己付款"中的"施工方便"即含糊不清；发包人为了转嫁风险提出的单方面约束性、过于苛刻、责权利不平衡的合同条款；其他对承包人苛刻的要求，如要承包人大量垫资承包、工期要求太紧超过常规、过于苛刻的质量要求；等等。

3. 建立风险清单

如果已经确认了是风险，就需将这些风险一一列出，建立一个关于本项目的风险清单。开列风险清单必须做到科学、客观、全面，尤其是不能遗漏主要风险。

【案例 8-2】　工程项目风险管理

某 28 层(地下两层，地上 26 层)大型、综合性办公楼建筑位于武汉市武昌区雄楚大道，其总建筑面积约为 26 801 平方米，建筑高度为 84.85 米。合同工期为两年，工程的建筑安装工程合同造价为 9000 万元。

1. 风险识别。通过参考类似工程项目，结合项目的具体特点，采用专家调查法、核对表法等方法来进行风险的识别，识别结果认为，项目的一级风险要素有四个：费用风险、质量风险、工期风险和安全风险。它们又可细分为五个二级要素：自然风险(地震、洪水、地基沉陷、塌方等)；管理风险(材料、人力、能源价格、合同等)；经济风险(资金、利率、通货膨胀)；技术风险(设计、施工、设备安装)；其他风险(法规、政策)。

2. 风险评价。采用层次分析法通过专家分析该项目各层次内风险因素重要性构造判断矩阵，计算各风险因素的权重。从大到小对各风险因素权重进行排序，并算出各项的累积风险权重，按照 abc 分类法将累积风险权重分为 a、b、c 三类。

评价结果认为，应对材料、通货膨胀、资金、施工、人力和利率这 6 类风险进行重点监控和管理，属于 a 类风险；勘察、能源、设计、合同这 4 项为 b 类风险；地震、洪水等其他 5 项为 c 类风险，也应给予相应的重视，防止其发生的可能性及对项目威胁程度增大。项目建设期内钢材、水泥等主要材料价格波动较大，而且该项目采用贷款的筹资方式，施工质量也是主要工程项目目标之一，所以 a 类风险对项目的影响较大；而该项目地质条件良好，普通办公楼的勘察设计工作已很成熟，对项目的影响程度一般，所以可认为风险识别和评价结果基本符合实际情况。本工程采取风险回避、风险控制、风险转移、风险自留

的措施来重点加强 a 类风险的管理。

(1) 材料风险。材料风险权重最大，若材料价格管理不善会增加施工成本，甚至可能导致成本超支，所以要加强市场调研和市场的开拓工作，正确预测和掌握最新的材料价格变动情况，合理确定采购和库存量。

(2) 通货膨胀风险。这类风险是不可避免的，应拓宽信息的来源渠道，加强有关信息的收集整理和分析工作，准确预测和及时了解最新宏观经济动向。若有必要可放弃项目或调整投资方向。

(3) 资金风险。科学地分析融资渠道，以选择安全的融资渠道，减小资金成本风险，提高财务人员对资金的管理能力，加强对施工过程中进度工程款的严格审核。

(4) 施工风险。做好方案实施前的技术经济论证，做好技术交底工作，加强施工质量安全教育，加强施工质量管理，严格按施工工艺及技术施工。对于已出现的施工问题，要及时查明原因，及时采取措施来进行补救，将损失降到最低。

(5) 人力风险。要建立健全项目管理组织结构和制度，加强项目人员之间的沟通，让他们及时了解项目相关信息；要加强项目管理人员之间的协调工作，减少施工中的分歧；做好安全防范工作，防止人员出现意外身亡。人力因素是工程项目中最灵活的因素，其发生风险的频率较高，影响较大，因此可采取风险减轻的策略来应对。

(6) 利率风险。针对这类风险，应加强对经济方面政策信息的收集反馈，做好防范对策，可采取风险回避和风险自留。

8.3　工程合同的担保

担保是指承担保证义务的一方，即保证人(担保人)应债务人(被保证人或称被担保人)的要求，就债务人应对债权人(权利人)的某种义务向债权人作出的书面承诺，保证债务人按照合同规定条款履行义务和责任，或及时支付有关款项，保障债权人实现债权的信用工具。

担保制度在国际上已有很长的历史，已经形成了比较完善的法规体系和成熟的运作方式。中国担保制度的建设是以 1995 年颁布的《担保法》为标志的，现在已经进入到一个快速发展的阶段。

担保以信用为本。所谓信用，是指一种建立在授信人对受信人偿付承诺的信任的基础上，使后者无须付现即可获取商品、服务或货币的能力。授信人以自身的财产为依据授予对方信用，受信人则以自身财产承担偿债责任为保证取得信用。对信用提供物质担保主要有两种形式：一是用受信人自身的财产提供担保，如贷款的抵押、赊购的定金；二是由第三方提供担保，如银行或担保机构提供的履约担保。前者受自身财产的限制；而后者却利用了社会信用资源，增加了担保资源，可以有效改善信用管理，降低交易费用。所以，在工程担保中大量采用的是第三方担保，也就是保证担保。

8.3.1　工程合同担保的基本概念

工程合同担保是合同当事人为了保证工程合同的切实履行，由保证人作为第三方对建设工程中一系列合同的履行进行监管并承担相应的责任，是一种采用市场经济手段和法律手段进行风险管理的机制。在工程建设中，权利人(债权人)为了避免因义务人(债务人)原因而造成的损失，往往要求由第三方为义务人提供保证，即通过保证人向权利人进行担保，倘若被保证人不能履行其对权利人的承诺和义务，以致权利人遭受损失，则由保证人代为履约或负责赔偿。工程保证担保制度在世界发达国家已有 100 多年的发展历程，已成为一种国际惯例。《世界银行贷款项目招标文件范本》、国际咨询工程师联合会(FIDIC)《土木工程施工合同条件》、英国土木工程师协会(ICE)《新工程合同条件(NEC)》、美国建筑师协会(AIA)《建筑工程标准合同》等对于工程担保均进行了具体的规定。

工程担保制度是以经济责任为链条建立起保证人与建设市场主体之间的责任关系。工程承包人在工程建设中的任何不规范行为都可能危害担保人的利益，担保人为维护自身的经济利益，在提供工程担保时，必然对申请人的资信、实力、履约记录等进行全面的审核，根据被保证人的资信实行差别费率，并在建设过程中对被担保人的履约行为进行监督。通过这种制约机制和经济杠杆，可以迫使当事人提高素质、规范行为，保证工程质量、工期和施工安全。另外，承包商拖延工期、拖欠工人工资和供货商货款、保修期内不尽保修义务和设计人延迟交付图纸及业主拖欠工程款等问题光靠工程保险是解决不了的，必须借助于工程担保。实践证明，工程保证担保制度对规范建筑市场、防范建筑风险特别是违约风险、降低建筑业的社会成本、保障工程建设的顺利进行等方面都有十分重要和不可替代的作用。

引进并建立符合中国国情的工程保证担保制度是完善和规范我国建设市场的重要举措。

1. 担保的原则

遵循平等、自愿、公平、诚实信用的原则。

2. 担保的特征

1) 从属性

从属性是一种附随特性。担保是为了保证债权人债权的实现而设置的，所以从属于被担保的债权。被担保的债权是主债权，而主债权人对担保人享有的权利是从债权。没有主债权的存在，从债权就没有依托；主债权消灭，担保的义务也归于消灭。

2) 条件性

债权人只能在债务人不履行和不能履行债务时才能向担保人主张权利。

3) 相对独立性

担保设立须有当事人的合意，与被担保的债权的发生和成立是两个不同的法律关系。另外，《民法典》担保编的规定，当事人可以约定担保不依附主合同而单独发生效力，也就是说，即使主债权无效，也不影响担保权的效力。

3. 担保方式

担保方式为保证、抵押、质押、留置、定金和反担保。

1) 保证

保证是指保证人和债权人约定，当债务人不履行债务时，保证人按照约定履行债务或者承担责任的行为。

2）抵押

抵押是指债务人或者第三人不转移对所拥有财产的占有，将该财产作为债权的担保。债务人不履行债务时，债权人有权依法从将该财产折价或者拍卖、变卖的价款中优先受偿。

3）质押

质押是指债务人或者第三人将其质押物移交债权人占有，将该物作为债权的担保。债务人不履行债务时，债权人有权依法从将该物折价或者拍卖、变卖的价款中优先受偿。

4）留置

留置是指债权人按照合同约定占有债务人的动产，债务人不按照合同约定的期限履行债务的，债权人有权依法留置该财产，从将该财产折价或者拍卖、变卖的价款中优先受偿。

5）定金

当事人可以约定一方向对方给付定金作为债权的担保。债务人履行债务后，定金应当抵作价款或者收回。给付定金的一方不履行约定的债务的，无权要求返还定金；收受定金的一方不履行约定的债务的，应当双倍返还定金。

6）反担保

第三人为债务人向债权人提供担保时，可以要求债务人提供反担保，也就是要求被担保人向担保人提供一份担保。反担保方式既可以是债务人提供的抵押或者质押，也可以是其他人提供的保证、抵押或者质押。

4. 联合担保

同一债务有两个以上保证人的，保证人应当按照保证合同约定的保证份额承担保证责任。没有约定保证份额的，保证人承担连带责任，债权人可以要求任何一个保证人承担全部保证责任，保证人都负有担保全部债权实现的义务。已经承担保证责任的保证人，有权向债务人追偿，或者要求承担连带责任的其他保证人清偿其应当承担的份额。

5. 担保合同的形式

担保合同可以是独立订立的保证合同、抵押合同、质押合同、定金合同等的书面合同，包括当事人之间的具有担保性质的信函、传真等，也可以是主合同中的担保条款。

保函由担保银行出具，是担保人就担保事宜向权利人所作的书面承诺。国际上，工程担保一般采用见索即付的无条件保函，即保证人无须介入对被保证人违约责任的认定，只要权利人在保函的有效期内，根据有关法规及保函规定的索赔程序向担保人出示相应的索赔文件，担保人应当立即无条件地就担保金额向权利人支付索赔款项。在任何情况下，主合同双方都应提供相同类型的保函。

6. 工程保证担保

1）保证人的资格

具有代为清偿债务能力的法人、其他组织或者公民，可以作保证人。但国家机关以及以公益为目的的事业单位、社会团体不得为保证人，企业法人的分支机构、职能部门不得为保证人。

2）保证方式

（1）按担保的责任划分。

① 一般保证。当事人在保证合同中约定，债务人不能履行债务时，由保证人承担保证

责任的，为一般保证。一般保证的保证人在主合同纠纷未经审判或者仲裁，并就债务人财产依法强制执行仍不能履行债务前，对债权人可以拒绝承担保证责任。

② 连带保证。当事人在保证合同中约定保证人与债务人对债务承担连带责任的，为连带责任保证。连带责任保证的债务人在主合同规定的债务履行期届满没有履行债务的，债权人可以要求债务人履行债务，也可以要求保证人在其保证范围内承担保证责任。当事人对保证方式没有约定或者约定不明确的，按照连带责任保证承担保证责任。

(2) 按担保的主体划分。

① 银行担保。由银行作为担保人出具保函担保，这是最常用的担保方式。

② 担保公司担保。担保公司是经工商部门注册登记，并经政府职能部门批准设立的具有从事经济担保资格的专门担保机构。担保公司以其信誉和设立的基金为担保基础，出具的是担保保证书。

③ 同业担保。同业担保是由同行出具担保保证书的担保。同业担保的优点是可以在保证债务履行的同时，保证工程建设的正常进行。因为当债务人不履行和不能履行合同时，债权人就可以保证人身份直接接管工程，履行主债权合同。但采用同业担保方式的，应注意只有最高等级的企业才可以为同级别企业担保，否则只能为比其级别低的企业担保。

④ 母公司担保。母公司担保是特指母公司为其子公司担保。母公司担保具有同业担保相似的作用，又有很好的信任基础，可以简化资信审查手续。

⑤ 联合担保。联合担保往往出现在大型工程建设的担保中。基于对风险的承受能力，由两家或两家以上的担保人签订联合担保协议，共同对某一建设项目进行担保，出具担保保证书。

3) 保证合同的内容

(1) 被保证的主债权种类、数额。

(2) 债务人履行债务的期限。

(3) 保证的方式。

(4) 保证担保的范围。

(5) 保证的期间。

(6) 担保费用。

(7) 双方认为需要约定的其他事项。

4) 保证人的责任

(1) 保证担保的范围包括主债权及利息、违约金、损害赔偿金和实现债权的费用，当事人对保证担保的范围没有约定或者约定不明确的，保证人应当对全部债务承担责任。

(2) 主合同有效而担保合同无效，债权人无过错的，担保人与债务人对主合同债权人的经济损失承担连带赔偿责任；债权人、担保人有过错的，担保人承担民事责任的部分，不应超过债务人不能清偿部分的二分之一。

(3) 主合同无效而导致担保合同无效，担保人无过错的，担保人不承担民事责任；担保人有过错的，担保人承担民事责任的部分，不应超过债务人不能清偿部分的三分之一。

(4) 债权人与债务人协议变更主合同的，应当取得保证人书面同意，未经保证人书面同意的，保证人不再承担保证责任，除非合同另有约定。

(5) 保证期间，债权人依法将主债权转让给第三人的，保证人在原保证担保的范围内继

续承担保证责任；债权人许可债务人转让债务的，应当取得保证人书面同意，保证人对未经其同意转让的债务，不再承担保证责任。保证合同另有约定的除外。

5) 保证人免责条件

(1) 合同当事人双方串通，骗取保证人提供保证的。

(2) 主合同债权人采取欺诈、胁迫等手段，使保证人在违背真实意思的情况下提供保证的。

6) 保证合同的有效期

保证合同有约定的，依照约定；如果保证人与债权人未约定保证期的，保证有效期为主债务履行期届满之日起 6 个月。

7) 保证担保的费用

担保合同中应该约定在担保人承担了担保责任后，被担保人应向担保人支付的担保费用。担保费用一般按担保金额的比例计取，也可约定一个固定的金额。工程担保费用应计入工程成本，投标人投标担保和承包商履约担保的投保费用可作为投标报价的一部分参与竞争。

7. 工程担保的内容

1) 投标担保

投标保证担保是在建设工程总包或分包的招投标过程中，保证人为具有资格的投标人向招标人提供的担保，保证投标人不在投标有效期内中途撤标；中标后与招标人签订施工合同并提供招标文件要求的履约以及预付款等保证担保。如果投标人违约，招标人可以没收其投标保函，要求保证人在保函额度内予以赔偿。

2) 承包商履约担保

履约保证是指由于非业主的原因，承包商无法履行合同义务，保证机构应该接受该工程，并经业主同意由其他承包商继续完成工程建设，业主只按原合同支付工程款，保证机构须将保证金付给业主作为赔偿。履约保证充分保障了业主依照合同条件完成工程的合法权益。

3) 承包商付款担保

付款担保是指若承包商没有根据工程进度按时支付工人工资以及分包商和材料设备供应商的相关费用，经调查确认后由保证机构予以代付。付款保证使业主避免了不必要的法律纠纷和管理负担。

4) 预付款担保

预付款担保是要求承包商提供的，为保证工程预付款用于该工程项目，不准承包商挪作他用及卷款潜逃的担保。

5) 维修担保

维修担保是为保障维修期内出现质量缺陷时，承包商负责维修而提供的担保。维修担保可以单列，也可以包含在履约担保内，也有采用扣留一定比例工程款作担保的。

6) 业主支付担保

业主工程款支付保证是保证人为有支付能力的业主向承包商提供的担保，保证业主按施工合同的约定向承包商支付工程款。若业主违约，保证人在保函额度内代为支付。

7) 业主责任履行担保

业主责任保证是保证人为业主履行合同约定的义务和责任而向承包商提供的担保，保证业主按合同的约定履行义务，承担责任。

8) 完工担保

完工担保是保证人为承包商按照承包合同约定的工期和质量完成工程向业主提供的担保。

我国的工程担保制度尚处在试点阶段，主要开展的是投标担保、承包商履约担保、预付款担保及业主支付担保。

8.3.2 投标担保

投标担保，或称投标保证金，是指投标人保证其投标被接受后对其投标书中规定的责任不得撤销或反悔，保证投标人一旦中标，即按招标文件的有关规定签约承包工程。否则，招标人将对投标保证金予以没收。投标人不按招标文件要求提交投标保证金的，该投标文件可视为不响应招标而予以拒绝或作为废标处理。

1. 担保方式

投标保证金是在投标报价前或者在投标报价的同时向招标人提供的担保。投标保证金的形式有很多种，具体方式由招标人在招标文件中规定。通常的做法有以下几种。

(1) 现金。

(2) 支票。

(3) 银行汇票。

(4) 不可撤销信用证。

(5) 银行保函。

(6) 由保险公司或者担保公司出具的投标保证书。

2. 投标担保的额度

投标担保的额度为投标总价的 0.5%～5%，视工程大小及工程所在地区的经济状况，并参照当地的惯例，由招标文件规定。我国房屋和基础设施工程招标的投标保证金为投标价的 2%，但最高不超过 80 万元。

3. 投标担保的有效期

投标担保的有效期应超出投标有效期为 28～30 天，但在确定中标人后 3～10 天返还未中标人保函、担保书或定金。不同的工程可以有不同的时间规定，这些都应该在招标文件中明确。

4. 投标担保的解除

(1) 招标文件应明确规定在确定中标人后多少天以内返还未中标人保函、担保书或定金。

(2) 中标人的投标担保可以直接转为履约担保的一部分，或在其提交了履约担保并签订了承包合同之后退还。

5. 违约责任

(1) 采用银行保函或者担保公司保证书的，除不可抗力外，投标人在开标后和投标有效期内撤回投标文件，或者中标后在规定时间内不与招标人签订工程合同的，由提供担保的银行或者担保公司按照担保合同承担赔偿责任。

如果是收取投标定金的，除不可抗力外，投标人在开标后的有效期内撤回投标文件，或者中标后在规定时间内不与招标人签订工程合同的，招标人可以没收其投标定金；实行合理低价中标的，还可以要求按照与第二标投标报价的差额进行赔偿。

(2) 除不可抗力因素外，招标人不与中标人签订工程合同的，招标人应当按照投标保证金的 2 倍返还中标人。给对方造成损失的，依法承担赔偿责任。

8.3.3 承包商履约担保

承包商履约担保是为保障承包商履行承包合同义务所作的一种承诺，这是工程担保中最重要的也是担保金额最大的一种工程担保。

1. 担保方式

承包商履约担保可以采用银行保函、担保公司担保书和履约保证金的方式，也可以采用同业担保方式，由实力强、信誉好的承包商为其提供履约担保，同时应当遵守国家有关企业之间提供担保的规定，不允许两家企业互相担保或者多家企业交叉担保。

2. 担保额度

采用履约担保金方式(包括银行保函)的履约担保额度为合同价的 5%～10%；采用担保书和同业担保方式的一般为合同价的 10%～15%。

3. 履约担保担责方式

采用银行保函担保的，当承包商由于非业主的原因不履行合同义务时，一般都是由担保人在担保额度内对业主损失支付赔偿。采用担保公司或同业担保书方式担保的，当承包商由于非业主的原因而不履行合同义务时，应由担保人向承包商提供资金、设备或者技术援助，使其能继续履行合同义务；或直接接管该项工程，代位履行合同义务；或另觅经业主同意的其他承包商，继续履行合同义务；或按照合同约定，在担保额度范围内，对业主的损失支付赔偿。

采用履约保证金的，中标人不履行合同的，履约保证金不予退还，给招标人造成的损失超过履约保证金数额的，应当对超过部分予以赔偿；履约保证金可以是现金，也可以是支票、银行汇票或银行保函。

4. 履约担保的有效期

承包商履约担保的有效期应当截止到承包商根据合同完成了工程施工并经竣工验收合格之日。业主应当按承包合同约定在承包商履约担保有效期截止日后若干天之内退还承包商的履约担保。

5. 履约担保的索取

为了防止业主恶意支取承包商的履约担保金，一般应在合同中规定在任何情况下，业主就承包商履约担保向保证人提出索赔之前，应当书面通知承包商，说明导致索赔的违约性质，并得到项目总监理工程师及其监理单位对索赔理由的书面确认。

6. 履约担保的递补

承包商在业主就其履约担保索赔了全部担保金额之后，应当向业主重新提交同等担保金额的履约担保，否则业主有权解除承包合同，由承包商承担违约责任。若剩余合同价值已不足原担保金额，则承包商重新提交的履约担保的担保金额以不低于剩余合同价值为限。

8.3.4 预付款担保

预付款担保是指承包人与发包人签订合同后，承包人正确、合理使用发包人支付的预付款的担保。建设工程合同签订以后，发包人给承包人一定比例的预付款，但须由承包人的开户银行向发包人出具预付款担保。

1. 担保方式

1) 银行保函

预付款担保的主要形式即银行保函。预付款担保的担保金额通常与发包人的预付款是等值的。预付款一般逐月从工程预付款中扣除，预付款担保的担保金额也相应逐月减少。承包人在施工期间应当定期从发包人处取得同意此保函减值的文件，并送交银行确认。承包人还清全部预付款后，发包人应退还预付款担保，承包人将其退回银行注销，解除担保责任。

2) 发包人与承包人约定的其他形式

预付款担保也可由保证担保公司担保，或采取抵押等担保形式。

2. 担保额度

预付款担保额度与预付款数额相同，但其担保额度应随投标人返还的金额而逐渐减少。预付款不计利息。

3. 预付款担保的作用

预付款担保的主要作用在于保证承包人能够按合同规定进行施工，偿还发包人已支付的全部预付金额。如果承包人中途毁约、中止工程，使发包人不能在规定期限内从应付工程款中扣除全部预付款，则发包人作为保函的受益人有权凭预付款担保向银行索赔该保函的担保金额作为补偿。

4. 预付款担保有效期

发包人将按合同专用条款中规定的金额和日期向承包人支付预付款。预付款保函应在预付款全部扣回之前保持有效。

8.3.5 业主支付担保

业主支付担保是指应承包人的要求，发包人提交的保证履行合同中约定的工程款支付

业务的担保。业主支付担保对于解决我国普遍存在的拖欠工程款现象是一项有效的措施。

1. 担保方式与额度

业主应当在签订工程承包合同时，向承包商提交支付担保，担保金额应当与承包商履约担保的金额相等。业主可以采用银行保函或者担保公司担保书的方式，小型工程项目也可以由业主依法实行抵押或者质押担保。

2. 担保有效期

业主支付担保的有效期应当截止到业主根据合同约定完成了除工程质量保修金以外的全部工程结算款项支付之日，承包商应当按合同约定在业主支付担保有效期截止日后若干天内退还业主的支付担保。

3. 担保的索付

在任何情况下，承包商就业主支付担保向保证人提出索赔之前，应当书面通知业主，说明导致索赔的原因。

4. 业主支付担保的递补

业主在承包商就其支付担保索赔了全部担保金额之后，应当及时向承包商重新提交同等担保金额的支付担保，否则承包商有权解除承包合同，由业主承担违约责任。若剩余合同价值已不足原担保金额，则业主重新提交的支付担保的担保金额以不低于剩余合同价值为限。

【案例 8-3】担保案例

S 市为北方某县级市，A 企业是当地一家连锁超市企业，成立于 2003 年，在省内拥有 11 家连锁店，年销售收入过亿元。为了整合超市资源配置，统一采购，降低成本，同时响应当地政府招商引资号召，A 企业决定在 S 市经济开发区建设一处自用物流园区。于 2014 年年初以 135 万元的优惠价格取得了国有出让土地 13478.5 平方米，并自筹资金建设厂房 11514.71 平方米。A 企业在购买土地、建设厂房等前期花费了大量自有资金，导致建设资金出现紧缺，亟须寻求融资途径。但当地政府为避免国土资源流失情况的发生，规定必须在企业厂房及配套设施全部建设完毕并正式投入运营以后方可办理房产证。企业经营者向当地多家银行提出融资需求，银行多以其厂房未办理产权证尚无法直接办理银行抵押贷款为由要求其出具第三方担保。于是 A 企业向哈尔滨均信投资担保股份有限公司(以下简称"均信担保公司")提出贷款担保申请。在接到 A 企业的贷款担保申请后，均信担保公司立即安排项目人员对该企业的基本情况及当地超市的整体环境等进行了实地考察。在全面分析了解在建工程抵押要求以后，项目人员依照标准对 A 企业情况进行综合考虑。

【分析】

1. A 企业贷款用途主要为支付建筑商施工款。

2. A 企业已取得土地使用证并且出具了土地出让金发票及政府返还部分出让金票据。

3. A 企业已取得建设用地规划许可证、建设工程规划许可证及建筑工程施工许可证。

4. 建筑工程施工许可证中明确标注有建设单位、工程名称、建设地址、建设规模、合同价格、设计单位、施工单位、监理单位、合同开工日期、合同竣工日期，并且备注有项目经理、技术负责人及工长姓名。

5. 确定在建工程在工期之内。此外，项目人员还通过与施工单位进行座谈，了解现阶段工程进度及施工款交付情况。

经过综合考虑，均信担保公司决定在施工单位签署保证的情况下为该企业提供贷款担保 500 万元，反担保措施为在建工程及国有土地抵押、房屋所有权人 A 企业进行股权质押。另外，均信担保公司通过加强贷后管理，不定期走访，及时掌握在建工程施工动态、企业经营动态，重点关注企业后期发展建设及资金变动，有效把握项目风险。

8.4　工程合同的保险

本节主要内容为保险的概述、工程合同保险的基本概念、工程合同保险条款的主要内容以及工程合同保险的投保。

8.4.1　保险概述

保险是指投保人根据合同约定，向保险人支付保险费，保险人对于合同约定的可能发生的事故因其发生所造成的财产损失承担赔偿保险金责任，或者当被保险人死亡、伤残、疾病或者达到合同约定的年龄、期限时承担给付保险金责任的商业保险行为。

保险市场的主体由保险人、投保人以及保险代理人、保险经纪人和保险公估人构成。保险人是指与投保人订立保险合同，并承担赔偿或者给付保险金责任的保险公司；投保人是指与保险人订立保险合同，并按照保险合同负有支付保险费义务的人；保险代理人是根据保险人的委托，向保险人收取代理手续费，并在保险人授权的范围内代为办理保险业务的单位或者个人；保险经纪人是基于投保人的利益，为投保人与保险人订立保险合同提供中介服务，并依法收取佣金的单位；保险公估人是指经中国银行保险监督管理委员会批准，依照《保险公估人管理规定(试行)》设立，专门从事保险标的评估、勘验、鉴定、估损、理算等业务，并据此向保险当事人合理收取费用的公司。

保险合同是投保人与保险人在公平互利、协商一致、自愿且不损害社会公共利益的原则下约定保险权利义务关系的协议。除法律、行政法规规定必须保险的以外，保险公司和其他单位不得强制他人订立保险合同。合同的最重要内容是保险标的、保险金额和保险费。保险标的是保险保障的目标和实体，指保险合同双方当事人权利和义务所指向的对象，可以是财产或是与财产有关的利益或责任，也可以是人的生命或身体。保险金额是保险利益的货币价值表现，简称保额，它既是投保时给保险标的的确定的金额，又是保险人计收保险费的依据和承担给付责任的最高限额。保险费简称保费，是投保人为转嫁风险支付给保险人的与保险责任相应的价金，通常是按保险金额与保险费率的乘积来计收，也可按固定金额收取。

保险合同中，投保人对保险标的必须具有明确的保险利益，否则保险合同无效。如果投保人有故意虚构保险标的，未发生保险事故而谎称发生保险事故，故意造成财产损失的保险事故，故意造成被保险人死亡、伤残或者疾病等人身保险事故，或伪造、变造与保险

事故有关的证明、资料和其他证据，或者有指使、唆使、收买他人提供虚假证明、资料或者其他证据，编造虚假的事故原因或者夸大损失程度等骗取保险金的行为，属于保险欺诈活动，构成犯罪的，将依法追究刑事责任。

《中华人民共和国保险法》规定，从事保险活动必须遵循自愿、诚实信用原则，以及开展保险业务应当遵循公平竞争的原则，同时还体现了以下原则。

1. 保险利益原则

保险利益原则是指保险合同的有效成立，必须建立在投保人对保险标的具有保险利益的基础上。而保险利益是指投保人对保险标的具有法律上承认并为法律所保护、可以用货币计算和估价、经济上已经确认或能够确认的利益。

2. 损失补偿原则

损失补偿原则是指在补偿性的保险合同中，当保险事故发生造成保险标的或被保险人损失时，保险人给予被保险人的赔偿数额不能超过被保险人所遭受的经济损失。

3. 保险近因原则

保险关系上的近因是指造成损失的最直接、最有效的起主导作用或支配性作用的原因，而不是指在时间上或空间上与损失最接近的原因。近因原则是指危险事故的发生与损失结果的形成，须有直接的因果关系，保险人才对发生的损失有补偿责任。

4. 重复保险的分摊原则

重复保险的分摊原则是指投保人对同一标的、同一保险利益、同一保险事故分别向两个以上保险人订立保险合同的重复保险，其保险金额的总和往往超过保险标的的实际价值。当发生事故时，按照补偿原则，只能由这几个保险人根据不同比例分摊此金额，而不能由几个保险人各自按实际保险金额赔偿，以免造成重复赔款。

按保险标的保险可分为财产保险(包括财产损失保险、责任保险、信用保险等)和人身保险(包括人寿保险、健康保险、意外伤害保险等)两大类，而工程保险既涉及财产保险，又涉及人身保险。

8.4.2 工程合同保险的基本概念

工程合同保险是对以工程建设过程中所涉及的财产、人身和建设各方当事人之间权利义务关系为对象的保险的总称；是对建筑工程项目、安装工程项目及工程中的施工机器、设备所面临的各种风险提供的经济保障；是业主和承包商为了工程项目的顺利实施，以建设工程项目，包括建设工程本身、工程设备和施工机具以及与之有关联的人作为保险对象，向保险人支付保险费，由保险人根据合同约定对建设过程中遭受自然灾害或意外事故所造成的财产和人身伤害承担赔偿保险金责任的一种保险形式。投保人将威胁自己的工程风险通过按约向保险人缴纳保险费的办法转移给保险人(保险公司)，如果事故发生，投保人可以通过保险公司取得损失赔偿，以保证自身免受损失。

1. 工程合同保险的保障范围

工程合同保险承保的保障范围包括因保险责任范围内的自然灾害和意外事故及工人、

技术人员的疏忽、过失等造成的保险工程项目物质财产损失及列明的费用，在工地施工期间内对第三者造成的财产损失或人身伤害而依法应由被保险人承担的经济赔偿责任。由于工程项目本身涉及多个利益方，凡是对工程合同保险标的具有可保利益者，都对工程项目承担不同程度的风险，均可以从工程合同保险单项下获得保险保障。本保险的保险金额可先按工程项目的合同价或概算拟定，工程竣工后再按工程决算数调整。

2. 工程合同保险的分类

1) 按保险标的分类

工程合同保险按保险标的可以分为建筑工程一切险、安装工程一切险、机器损失保险和船舶建造险。

2) 按工程建设所涉及的险种分类

(1) 建筑工程一切险。

公路、桥梁、电站、港口、宾馆、住宅等工业建筑、民用建筑的土木建筑工程项目均可投保建筑工程一切险。

(2) 安装工程一切险。

机器设备安装、企业技术改造、设备更新等安装工程项目均可投保安装工程一切险。

(3) 第三方责任险。

第三方责任险一般附加在建筑工程(安装工程)一切险中，承保的是施工造成的工程、永久性设备及承包商设备以外的财产和承包商雇员以外的人身损失或损害的赔偿责任。保险期限为保险生效之日起到工程保修期结束。

(4) 雇主责任险。

雇主责任险是承包商为其雇员办理的保险，承保承包商应承担的其雇员在工程建设期间因与工作有关的意外事件导致伤害、疾病或死亡的经济赔偿责任。

(5) 承包商设备险。

承包商在现场所拥有的(包括租赁的)设备、设施、材料、商品等，只要没有列入工程一切险标的范围的都可以作为财产保险标的，投保财产险。这是承包商财产的保障，一般应由承包商承担保费。

(6) 意外伤害险。

意外伤害险是指被保险人在保险有效期间因遭遇非本意、外来的、突然的意外事故，致使其身体蒙受伤害而残疾或死亡时，由保险人依照保险合同规定付给保险金的保险。意外伤害险可以由雇主为雇员投保，也可以由雇员自己投保。

(7) 执业责任险。

执业责任险是以设计人、咨询商(监理人)的设计、咨询错误或员工工作疏漏给业主或承包商造成的损失为保险标的的险种。

3) 按主动性、被动性分类

工程合同保险按投保人的主动性和被动性，可分为强制性保险和自愿保险两类。

(1) 强制性保险。

所谓强制性保险是指根据国家法律法规和有关政策规定或投标人按招标文件要求必须投保的险种，如在工业发达国家和地区，强制性的工程保险主要有建筑工程一切险(附加第

三者责任险)、安装工程一切险(附加第三者责任险)、社会保险(如人身意外险、雇主责任险和其他国家法令规定的强制保险)、机动车辆险、10 年责任险和 5 年责任险、专业责任险等。

(2) 自愿保险。

自愿保险是由投保人完全自主决定投保的险种,在国际上常被列为自愿保险的工程保险主要有国际货物运输险、境内货物运输险、财产险、责任险、政治风险保险、汇率保险等。

4) 按单项、综合投保分类

(1) 单项保险。

单项保险是在一个工程项目的多个可保标的中对其中一个标的进行投保,以及对多个标的分别投保的方式。

(2) CIP 保险。

CIP 是 controlled insurance programs 的缩写,有人翻译为受控保险计划,也有人翻译为投保工程一切险,其实质是"一揽子保险"。CIP 保险的基本运行机制是在工程承包合同中明确规定,由业主或承包商统一购买"一揽子保险",保障范围覆盖业主、承包商及所有分包商,内容包括了劳工赔偿、雇主责任险、一般责任险、建筑工程一切险、安装工程一切险。

在 CIP 保险模式下,工程项目的保险商在工程现场设置安全管理顾问,指导项目的风险管理,并向承包商、分包商提供风险管理程序和管理指南。业主、承包商和分包商要制订相关的防损计划和事故报告程序,并在安全管理顾问的严格监督下实施。CIP 保险具有以下优点。

① CIP 保险以最优的价格提供最佳的保障范围。因为 CIP 保险的"一揽子保险计划",覆盖了工程项目的业主、承包商、分包商在工程进展过程中的几乎所有相关风险,避免了各个承包商、分包商分别购买保险时可能出现的重复保险和漏保,对业主来说,可以通过避免重复保险,争取大保单的优惠保险费率,降低工程造价。

② 能实施有效的风险管理。CIP 保险设置了安全管理顾问,采用了一致的安全计划和措施,制订和执行了现场指导、监督防损计划和事故报告程序,从而实现了对项目风险管理适时的、有效的监控,可以有效地减少或杜绝损失事故的发生,保障建设项目目标的实现。

③ 降低赔付率,进而降低保险费率。CIP 保险实行专业化的、实时动态的、全面的安全管理,能够最大限度地避免风险事故的发生,降低保险人的赔付率,增进其经济效益。所以 CIP 保险可以比普通保险更低的保险费率承保,为投保人节约保险费支出。

④ 避免诉讼,便于索赔。在有多个保险人的传统保险方式下,当损失发生时,为了确定损失事故的最终责任,各个承包商、各个保险人之间往往相互推诿责任,极易导致诉讼。而 CIP 保险模式下只有唯一的保险人,所以能避免这种情况的发生。同时,保险人有安全管理顾问介入工程项目的风险管理,为其迅速而正确地理赔创造了有利条件。

3. 国际上工程合同保险的特点

(1) 由保险经纪人在保险业务中充当重要角色。

(2) 健全的法律体系，为工程合同保险的发展提供了保障。

(3) 投保人与保险商通力合作，有效控制了意外损失。

(4) 保险公司返赔率高，利润率低。

8.4.3 工程合同保险条款的主要内容

1. 自然灾害与意外事故的定义

1) 自然灾害

自然灾害是指地震、海啸、雷电、飓风、台风、龙卷风、风暴、暴雨、洪水、水灾、冻灾、冰雹、地崩、山崩、雪崩、火山爆发、地面下陷下沉以及其他人力不可抗拒的破坏力强大的自然现象。

2) 意外事故

意外事故是指不可预料的以及被保险人无法控制并造成物质损失或人身伤亡的突发性事件，包括火灾和爆炸。

2. 物质损失的定义及赔偿限额

1) 定义

保险单明细表中分项列明的保险财产在列明的工地范围内，因保险单除外责任以外的任何自然灾害或意外事故造成的物质损失(包括物质的损坏或损失)，以及由于保险单列明的原因发生上述损失所产生的有关费用，按保险单的规定负责赔偿。

2) 赔偿限额

每一保险项目的赔偿责任均不得超过保险单所列明的相应分项保险金额，且在任何情况下，在保险单项下承担的对物质损失的最高赔偿责任不得超过保险单总保险金额。

3. 第三方责任的定义及赔偿限额

1) 定义

在保险期限内，发生与保险单所承保工程直接相关的意外事故引起工地内及邻近区域的第三者人身伤亡、疾病或财产损失，依法应由被保险人承担的经济赔偿责任，按合同条款的规定赔偿。

2) 赔偿限额

只能对被保险人因上述原因支付的诉讼费用以及事先经保险人书面同意而支付的其他费用赔偿，且对每次事故引起的赔偿金额以法院或政府有关部门裁定的应由被保险人偿付的金额为准。在任何情况下，均不得超过保险单明细表中对应列明的每次事故赔偿限额，且在保险单项下对上述经济赔偿的最高赔偿责任不得超过保险单列明的累计总金额。

4. 除外责任

1) 总除外责任

(1) 战争、类似战争行为、敌对行为、武装冲突、恐怖活动、谋反、政变引起的任何损失、费用和责任。

(2) 政府命令或任何公共当局的没收、征用、销毁或毁坏。

(3) 罢工、暴动、民众骚乱引起的任何损失、费用和责任。

(4) 被保险人及其代表的故意行为或重大过失引起的任何损失、费用和责任。

(5) 核裂变、核聚变、核武器、核材料、核辐射及放射性污染引起的任何损失、费用和责任。

(6) 大气、土地、水污染及其他各种污染引起的任何损失、费用和责任。

(7) 工程部分停工或全部停工引起的任何损失、费用和责任。

(8) 罚金、延误、丧失合同及其他后果损失。

(9) 保险单明细表或有关条款中规定的应由被保险人自行负担的免赔额。

2) 物质损失的除外责任

(1) 因设计错误、工艺不善及材料缺陷引起的损失及费用。

(2) 超负荷、超电压、碰线、电弧、漏电、短路、大气放电及其他电气原因造成电气设备或电气用具本身的损失。

(3) 施工用机具、设备、机器装置失灵造成的本身损失。

(4) 自然磨损、内在或潜在缺陷、物质本身变化、自燃、自热、氧化、锈蚀、渗漏、鼠咬、虫蛀、大气(气候或气温)变化、正常水位变化或其他渐变原因造成的损失和费用。

(5) 维修保养或正常检修的费用。

(6) 档案、文件、账簿、票据、现金、各种有价证券、图表资料及包装物料的损失。

(7) 盘点时发现的短缺。

(8) 领有公共运输行驶执照的,或已由其他保险予以保障的车辆、船舶和飞机的损失。

(9) 在保险工程开始以前已经存在或形成的位于工地范围内或其周围的属于被保险人的财产的损失。

(10) 在保险单保险期限终止以前,保险财产中已由工程所有人签发完工验收证书或验收合格或实际占有或使用或接收的部分。

3) 第三方责任的除外责任

(1) 保险单物质损失项下或本应在该项下予以负责的损失及各种费用。

(2) 工程所有人、承包人或其他关系方或他们所雇用的在工地现场从事与工程有关工作的职员、工人以及他们的家庭成员的人身伤亡或疾病。

(3) 工程所有人、承包人或其他关系方或他们所雇用的职员、工人所有的或由其照管、控制的财产发生的损失。

(4) 领有公共运输行驶执照的车辆、船舶、飞机造成的事故。

(5) 被保险人根据与他人的协议应支付的赔偿或其他款项,但即使没有这种协议,被保险人仍应承担的责任也不在此限。

5. 保险金额

(1) 保险单明细表中列明的保险金额应不低于被保险工程安装完成时的总价值(包括设备费用、原材料费用、安装费、建造费、运输费和保险费、关税、其他税项和费用),以及由工程所有人提供的原材料和设备的费用;施工用机器、装置和机械设备按重置同型号、同负载的新机器、装置和机械设备所需的费用;或其他保险项目由被保险人与保险人商定的金额。

(2) 若被保险人是以工程合同保险规定的工程概算总造价投保,被保险人应在本保险项目下工程造价中包括的各项费用因涨价或升值原因超出原被保险工程造价时，必须尽快以书面形式通知保险人，保险人据此调整保险金额；在保险期限内对相应的工程细节作出精确记录，并允许保险人在合理的时候对该项记录进行查验；若保险工程的安装期超过 3 年，必须从保险单生效日起每隔 12 个月向保险人申报当时的工程实际投入金额及调整后的工程总造价，保险人将据此调整保险费；在保险单列明的保险期限届满后 3 个月内向保险人申报最终的工程总价值，保险人据此以多退少补的方式对预收保险费进行调整，否则，保险人将视为保险金额不足，一旦发生保险责任范围内的损失时，保险公司将根据保险条款的规定对各种损失按比例赔偿。

6. 保险期限

1) 建筑期(安装期)物质损失及第三者责任保险期限

(1) 保险人的保险责任自保险工程在工地动工或用于保险工程的材料、设备运抵工地之日起始，至工程所有人对部分或全部工程签发完工验收证书或验收合格，或工程所有人实际占有或使用或接收该部分或全部工程之时终止，以先发生者为准。但在任何情况下，建筑期(安装期)保险期限的起始或终止不得超出保险单明细表中列明的保险生效日或终止日。

(2) 不论保险的安装设备在有关合同中对试车和考核期如何规定，保险人仅在保险单明细表中列明的试车和考核期限内对试车和考核所引发的损失、费用和责任负责赔偿；若保险设备本身是在本次安装前已被使用过的设备或转手设备，则自其试车之时起，保险人对该项设备的保险责任即行终止。

(3) 上述保险期限的展延，须事先获得保险人的书面同意，否则，从保险单明细表中列明的建筑期保险期限终止日起至保证期终止日止，此期间内发生的任何损失、费用和责任，保险人不负责赔偿。

2) 保证期物质损失保险期限

保证期的保险期限与工程合同中规定的保证期一致，从工程所有人对部分或全部工程签发完工验收证书或验收合格，或工程所有人实际占有或使用接收该部分或全部工程时起算，以先发生者为准。在任何情况下，保证期的保险期限不得超出保险单明细表中列明的保证期。

7. 赔偿处理

(1) 对保险财产遭受的损失，保险人可选择以支付赔款或以修复、重置受损项目的方式予以赔偿，但对保险财产在修复或重置过程中发生的任何变更、性能增加或改进所产生的额外费用，保险人不负责赔偿。

(2) 在发生保险单物质损失项下的损失后，保险人按下列方式确定赔偿金额。

① 可以修复的部分损失，以将保险财产修复至其基本恢复受损前状态的费用扣除残值后的金额为准。但若修复费用等于或超过保险财产损失前的价值时，则按全部损失或推定全损处理。

② 全部损失或推定全损，以保险财产损失前的实际价值扣除残值后的金额为准，但保险人有权不接受被保险人对受损财产的委付。

③ 任何属于成对或成套的设备项目，若发生损失，保险人的赔偿责任不超过该受损项目在所属成对或成套设备项目的保险金额中所占的比例。

④ 发生损失后，被保险人为减少损失而采取必要措施所产生的合理费用，保险人可予以赔偿，但本项费用以保险财产的保险金额为限。

(3) 保险人赔偿损失后，由保险人出具批单将保险金额从损失发生之日起相应减少，并且不退还保险金额减少部分的保险费。如被保险人要求恢复至原保险金额，应按约定的保险费率加缴恢复部分从损失发生之日起至保险期限终止之日止，按日比例计算的保险费。

(4) 在发生保险单第三者责任项下的索赔时，保险人可采取的措施如下。

① 未经保险人书面同意，被保险人或其代表对索赔方不得作出任何责任承诺或拒绝、出价约定、付款或赔偿。在必要时，保险人有权以被保险人的名义接办对任何诉讼的抗辩或索赔的处理。

② 保险人有权以被保险人的名义，为保险人的利益自付费用向任何责任方提出索赔的要求。未经保险人书面同意，被保险人不得接受责任方就有关损失作出的付款或赔偿安排或放弃对责任的索赔权利，否则，由此引起的后果将由被保险人承担。

③ 在诉讼或处理索赔过程中，保险人有权自行处理任何诉讼或解决任何索赔案件，被保险人有义务向保险人提供一切所需的资料和协助。

④ 被保险人的索赔期限，从损失发生之日起，不得超过两年。

8. 被保险人的义务

(1) 在投保时，被保险人及其代表应对投保申请书中列明的事项以及保险人提出的其他事项作出真实、详尽的说明或描述。

(2) 被保险人或其代表应根据保险单明细表和批单中的规定按期缴付保险费。

(3) 在本保险期限内，被保险人应采取一切合理的预防措施，包括认真考虑并付诸实施保险人代表提出的合理的防损建议，谨慎选用施工人员，遵守一切与施工有关的法规和安全操作规程，由此产生的一切费用，均由被保险人承担。

(4) 在发生引起或可能引起保险单项下索赔的事故时，被保险人或其代表应该采取以下措施。

① 立即通知保险人，并在 7 天内或经保险人书面同意延长的期限内以书面报告提供事故发生的经过、原因和损失程度。

② 采取一切必要措施防止损失的进一步扩大，并将损失减少到最低程度。

③ 在保险人代表或检验师进行勘查之前，保留事故现场及有关实物证据。

④ 在保险财产遭受盗窃或恶意破坏时，立即向公安机关报案。

⑤ 在预知可能引起诉讼时，立即以书面形式通知保险人，并在接到法院传票或其他法律文件后，立即将其送交保险人。

⑥ 根据保险人的要求提供作为索赔依据的所有证明文件、资料和单据。

(5) 若在某一保险财产中发现的缺陷表明或预示类似缺陷亦存在于其他保险财产中时，被保险人应立即自付费用进行调查并纠正该缺陷。否则，由类似缺陷造成的一切损失应由被保险人自行承担。

9. 总则

1) 保单效力

被保险人严格地遵守和履行保单的各项规定，是保险人在保险单项下承担赔偿责任的先决条件。

2) 保单无效

如果被保险人或其代表漏报、错报、虚报或隐瞒有关保险的实质性内容，则保险单无效。

3) 保单终止

除非经保险人书面同意，保险单将在下列情况下自动终止。

(1) 被保险人丧失保险利益。

(2) 承担风险扩大。

保险单终止后，保险人将退还被保险人保险单项下未到期部分的保险费。

4) 权益丧失

如果任何索赔含有虚假成分，或被保险人或其代表在索赔时采取欺诈手段企图在保险单项下获取利益，或任何损失是由被保险人或其代表的故意行为或纵容所致，被保险人将丧失其在保险单项下的所有权益。对由此产生的包括保险人已支付的赔款在内的一切损失，应由被保险人负责赔偿。

5) 合理查验

保险人的代表有权在任何适当时候对保险财产的风险情况进行现场查验，被保险人应提供一切便利及保险人要求的用以评估有关风险的详情和资料。

6) 比例赔偿

在发生本保险物质损失项下的损失时，若受损保险财产的分项或总保险金额低于对应的应保险金额，其差额部分视为被保险人所自保，保险人则按保险单明细表中列明的保险金额与应保险金额的比例负责赔偿。

7) 重复保险

在保险单负责赔偿损失、费用或责任时，若另有其他保障相同的保险存在，不论是否由被保险人或他人以其名义投保，也不论该保险赔偿与否，保险人仅负责按比例分摊赔偿的责任。

8) 权益转让

若保险单项下负责的损失涉及其他责任方时，不论保险人是否已赔偿被保险人，被保险人应立即采取一切必要的措施行使或保留向该责任方索赔的权利。在保险人支付赔款后，被保险人应将向该责任方追偿的权利转让给保险人，移交一切必要的单证，并协助保险人向责任方追偿。

9) 争议处理

被保险人与保险人之间的一切有关本保险的争议应通过友好协商解决，如果协商不成，可以申请仲裁机关仲裁或向法院提起诉讼。

8.4.4　工程合同保险的投保

1. 投保程序

(1) 选择保险顾问或保险经纪人。

(2) 确定投保方式和投保发包方式。投保方式是指一揽子投保还是分别投保，是业主投保还是承包商投保，或者是各自投保。投保发包方式是指通过招标投保还是直接询价投保。

(3) 准备有关承保资料，提出保险要求，如果采取保险招标，则应准备招标文件。

① 承保资料。为了对项目风险进行准确的评估，保险人通常会需要投保人提供与工程有关的文件、图纸和资料，包括工程地质水文报告、地形图、工程设计文件和工程造价文件、工程合同、工程进度表以及有关业主的情况、投资额多少、资金来源、承包方式、施工单位的资料等。

② 保险要求。保险要求是投保人对保险安排的设想，主要解决保什么、怎么保。保险人在对工程项目评估后就可根据投保人的保险要求设计保险方案。所以，保险方案是投保人的要求和保险人的承保计划的体现，主要包括以下内容。

A. 保险责任范围。

B. 建筑工程项目，各分项保险金额及总保额。

C. 物质损失免赔额及特种危险的赔偿限额。

D. 安装项目及其名称、价值和试车期。

E. 是否投保施工、安装机具设备，其种类和重置价值。

F. 是否投保场地清理费和现有建筑物及其保额。

G. 是否追加保证期，其种类、期限。

H. 是否投保第三者责任险，赔偿限额和免赔额。

I. 其他特别附加条款。

③ 保险招标文件。当确定采用招标选择保险人时，招标文件编写就是选择保险人最关键的工作，招标文件主要的内容有以下几项。

A. 保险标的(保险项目清单)及保险金额。

B. 保险费的计算方法。

C. 投标资格要求。

D. 投保人要求。

E. 评标标准与方法。

F. 保险合同条款。一般都采用标准的文本。

④ 将有关资料发给国内保险公司并要求报价，如采取招标方式，发售招标文件。

⑤ 谈判或经过开标、评标选定保险人。

⑥ 填写投保申请表或投保单。

⑦ 就保单的一些细节进行最后商定。

⑧ 双方签署保险单。

2. 选择保险人应考虑的因素

投保人应从安全的角度出发，全盘考虑保险安排的科学性，以合理的保费支出，寻求可靠的保险保障。对保险人的选择主要应考虑以下几个方面。

(1) 保险人的资信、实力。

(2) 风险管理水平。

(3) 同类工程项目的管理经验。

(4) 保险服务。

(5) 技术水平。

(6) 费率水平及分保条件。

3. 保险合同的构成

1) 投保申请书或投保单

有的险种习惯于使用投保申请书，有的险种习惯于使用投保单。投保申请书、投保单主要内容包括投保人、工程关系各方、被保险人、工程建设地点、建设工期、建设地的地质水文资料以及建设工程的详细情况、投保保险标的(清单)以及相应的投保金额、随申请附的资料等。由投保人如实和尽可能详尽地填写并签字后作为向保险公司投保建筑、安装工程险的依据。投保申请书(投保单)为工程保单的组成部分。投保申请书(投保单)在未经保险公司同意或未签发保险单之前不发生保险效力。

2) 保险单

保险单一般由保险公司提供标准格式，每个险种都有其相应的标准格式。其主要内容包括确认的投保人、被保险人和保险人，工程建设地点、建设工期、建设现状，保险险种、保险标的(清单)、保险金额、保险费，特殊保险内容的约定。

保险公司根据投保人投保申请书(投保单)，在投保人缴付约定的保险费后，同意按保险单条款、附加条款及批单的规定以及明细表所列项目及条件承保约定的险种。投保申请书(投保单)为保险单的组成部分。

3) 保险条款

保险条款是规定保险合同双方权利义务的法律文件，一般使用标准文本。目前使用的保险条款是中国人民保险公司编制的，常用的有建筑工程一切险保险条款和安装工程一切险保险条款。

4. 保险合同的内容

(1) 投保人名称和住所。
(2) 投保人、被保险人名称和住所，以及人身保险的受益人的名称和住所。
(3) 保险标的。
(4) 保险责任和责任免除。
(5) 保险期间和保险责任开始时间。
(6) 保险价值。
(7) 保险金额。
(8) 保险费以及支付办法。
(9) 保险金赔偿或者给付办法。
(10) 违约责任和争议处理。

【案例 8-4】保险纠纷

A 公司与 E 公司是分属两个不同国家的承包公司，两公司同在 D 国相邻的两个工地承包工程。一次，E 公司因电焊违章操作引起一场大火，恰好当时风力较大，火焰随风向 A 公司的工地蔓延，眼看烧及 A 公司一部分木结构的建筑。为避免火势蔓延，A 公司果断将刚实施完毕的一排木结构工棚迅速拆除，从而免遭火灾。事后，A 公司向保险公司索赔，而保险公司则认为，E 公司系另一国公司，没有在其总部或分支机构投保，而 A 公司拆除

的刚刚竣工的木结构工程系保险内的工程，不应该擅自拆毁，因此，不予赔偿。

【分析】根据保险公司理赔的原则：当灾害事故发生时，被保险人为了减少保险财产的损失而进行施救、保护、整理工作所支出的合理费用，保险公司应负赔偿责任。多数国家的财产保险条款中都明文规定：发生火灾时隔断火道，将未着火的房屋拆毁所造成的损失保险公司应给予赔偿。根据上述原则保险公司拒绝支付 A 公司的赔偿费是没有道理的。A 公司为避免遭受更大的灾害，拆毁了一部分已完工的木结构工程，从而避免整个工地遭受火灾的毁损，这是完全必要的。如果保险公司通过查证，认定事实，就应该给 A 公司支付这笔抢救费，而不应因 E 公司没在其名下投保就拒绝支付 A 公司的损失赔偿。试想如果A 公司不采取这一果断措施，必使受害面进一步加大，而保险公司的赔偿数目将无疑会极大增加。当然，这里最关键的一点是风力、风势是否的确对 A 公司的工地已形成了威胁，如果不能以充足的理由证明这一点，A 公司则很难得到保险公司的赔偿。

8.5　工程合同和承包人的风险管理

本节的主要内容为工程合同和承包人的风险管理。

8.5.1　工程合同的风险管理

1. 风险识别

工程项目建设过程存在着风险，管理者的任务就是防范、化解与控制这些风险，使之对项目目标产生的负面影响最小。要做好风险的处置，首先就要了解风险，了解其产生的原因及其后果，才能有的放矢地进行处置。风险识别是指找出影响项目安全、质量、进度、投资等目标顺利实现的主要风险，这既是项目风险管理的第一步，也是最重要的一步。这一阶段主要侧重于对风险的定性分析。风险识别应从风险分类、风险产生的原因入手。

风险识别具体有如下步骤。

1) 项目状态的分析

项目状态的分析是一个将项目原始状态与可能状态进行比较及分析的过程。项目原始状态是指项目立项、可行性研究及建设计划中的预想状态，是一种比较理想化的状态；可能状态则是基于现实、基于变化的一种估计。比较这两种状态下的项目目标值的变化，如果这种变化是恶化的，则为风险。

理解项目原始状态是识别项目风险的基础。只有深刻理解了项目的原始状态，才能正确认定项目执行过程中可能发生的状态变化，进而分析状态的变化可能导致的项目目标的不确定性。

2) 对项目进行结构分解

通过对项目的结构分解，可以使存在风险的环节和子项变得容易辨认。

3) 历史资料分析

通过对以前若干相似项目情况的历史资料分析，有助于识别目前项目的潜在风险。

4) 确认不确定性的客观存在

风险管理者不仅要辨识所发现或推测的因素是否存在不确定性，而且要确认这种不确定性是客观存在的，只有符合这两个条件的因素才可以视作风险。

2. 风险评估

风险评估是指采用科学的评估方法将辨识并经分类的风险进行评估，再根据其评估值大小予以排队分级，为有针对性、有重点地管理好风险提供科学依据。风险评估的对象是项目的所有风险，而非单个风险。风险评估可以有许多方法，如方差与变异系数分析法、层次分析法(简称 AHP 法)、强制评分法及专家经验评估法等。经过风险评估，将风险分为几个等级，如重大风险、一般风险、轻微风险、没有风险。

对于重大风险要进一步分析其原因和发生条件，采取严格的控制措施或将其转移，即使多付出些代价也在所不惜；对于一般风险，只要给予足够的重视即可，当采取化解措施时，要较多地考虑成本费用因素；对于轻微风险，只要按常规管理就可以了。

3. 风险处置

风险处置就是根据风险评估以及风险分析的结果，采取相应的措施，也就是制订并实施风险处置计划。通过风险评估以及风险分析，可以知道项目发生各种风险的可能性及其危害程度，将此与公认的安全指标相比较，就可确定项目的风险等级，从而决定应采取什么样的措施。在实施风险处置计划时应随时将变化了的情况反馈，以便能及时地结合新的情况对项目风险进行预测、识别、评估和分析，并调整风险处置计划，实现风险的动态管理，使之能适应新的情况，尽量减少风险所导致的损失。

常用的风险处置措施主要有以下 4 种。

1) 风险回避

风险回避就是在考虑到某项目的风险及其所致损失都很大时，主动放弃或终止该项目以避免与该项目相联系的风险及其所致损失的一种处置风险的方式。它是一种最彻底的风险处置技术，在风险事件发生之前将风险因素完全消除，从而完全消除了这些风险可能造成的各种损失。

风险回避是一种消极的风险处置方法，因为再大的风险也都只是一种可能，既可能发生，也可能不发生。采取回避，当然是能彻底消除风险，但同时也失去了实施项目可能带来的收益，所以这种方法一般只有在以下情况之一时才会采用。

(1) 某风险所致的损失频率和损失幅度都相当高。

(2) 应用其他风险管理方法的成本超过了其产生的效益。

2) 风险控制

对损失小、概率大的风险，可采取控制措施来降低风险发生的概率；当风险事件已经发生则尽可能降低风险事件的损失，也就是风险降低。所以，风险控制就是为了最大限度地降低风险事故发生的概率和减小损失幅度而采取的风险处置技术。为了控制工程项目的风险，首先要对实施项目的人员进行风险教育以增强其风险意识，同时采取相应的技术措施。

(1) 根据风险因素的特性，采取一定措施使其发生的概率降至接近于零，从而预防风险因素的产生。

(2) 减少已存在的风险因素。

(3) 防止已存在的风险因素释放能量。

(4) 改善风险因素的空间分布，从而限制其释放能量的速度。

(5) 在时间和空间上把风险因素与可能遭受损害的人、财、物隔离。

(6) 借助人为设置的物质障碍将风险因素与人、财、物隔离。

(7) 改变风险因素的基本性质，加强风险部门的防护能力。

(8) 做好救护受损人、物的准备。

(9) 制定严格的操作规程，减少错误的作业造成不必要的损失。

风险控制是一种最积极、最有效的处置方式，它不仅能有效地减少项目由于风险事故所造成的损失，而且能使全社会的物质财富少受损失。

3) 风险转移

对损失大、概率小的风险，可通过保险或合同条款将责任转移。风险转移是指借用合同或协议，在风险事件发生时将损失的一部分或全部转移到有相互经济利益关系的另一方。风险转移主要有两种方式，即保险风险转移和非保险风险转移。

(1) 保险风险转移。

保险是最重要的风险转嫁方式，是指通过购买保险的办法将风险转移给保险公司或保险机构。

(2) 非保险风险转移。

非保险风险转移是指通过保险以外的其他手段将风险转移出去。非保险风险转移主要有以下几项。

① 担保合同。

② 租赁合同。

③ 委托合同。

④ 分包合同。

⑤ 无责任约定。

⑥ 合资经营。

⑦ 实行股份制。

通过转嫁方式处置风险，风险本身并没有减少，只是风险承担者发生了变化，因此转移出去的风险，应尽可能让最有能力的承受者分担，否则就有可能给项目带来意外的损失。

保险和担保是风险转移最有效、最常用的方法，是工程合同履约风险管理的重要手段，也是符合国际惯例的做法。工程保险着重解决"非预见的意外情况"，包括自然灾害或意外事故造成的物质损失或人身伤亡。工程担保着重解决"可为而不为者"，用市场化的方式来解决合同约定问题；工程担保属于工程保障机制的范畴；通过工程担保，在被担保人违约、失败、负债时，债权人的权益得到保障。这是保险和担保最重要、最根本的区别。另外，在工程保证担保中，保证人要求被保证人签订一项赔偿协议，在被保证人不能完成合同时，被保证人须同意赔偿保证人因此而造成的由保证人代为履约时所需支付的全部费用；而在工程保险中，作为保险人的保险公司将按期收取一定数额的保险费，事故发生后，保险公司负担全部或部分费用，投保人无须再作任何补偿。在工程保证担保中，保证人所承担的风险小于被保证人，只有当被保证人的所有资产都付给保证人后，仍然无法还清保证人代为履约所支付的全部费用时，保证人才会蒙受损失；而在工程保险中，保险人(保险公司)作为唯一的责任者，将为投保人所造成的事故负责，与工程保证担保相比，保险人所承担的风险明显增加。

4) 风险保留

将损失小、概率小的风险留给自己承担，这种方法通常在下列情况下采用。

(1) 处理风险的成本大于承担风险所付出的代价。

(2) 预计某一风险造成的最大损失项目可以安全承担。

(3) 当风险回避、风险控制、风险转移等风险控制方法均不可行时。

(4) 没有识别出风险，错过了采取积极措施处置的时机。

综上所述，不难看出风险保留有主动保留和被动保留之分。主动保留是指在对项目风险进行预测、识别、评估和分析的基础上，明确风险的性质及其后果，风险管理者认为主动承担某些风险比其他处置方式更好，于是筹措资金将这些风险保留，如前 3 种情况。被动保留则是指在未能准确识别和评估风险及损失后果的情况下，被迫采取自身承担后果的风险处置方式。被动保留是一种被动的、无意识的处置方式，往往造成严重的后果，使项目遭受重大损失。被动保留是管理者应该力求避免的。

8.5.2 承包人的风险管理

1. 承包人风险管理的主要内容

(1) 合同签订前对风险做全面分析和预测。主要考虑如下问题：工程实施过程中可能出现的风险类型、种类；风险发生的规律，如发生的可能性、发生的时间及分布规律；风险的影响，即如果风险发生，将对承包人的施工过程、工期、成本等有哪些影响；承包人要承担哪些经济和法律的责任等；各种风险之间的内在联系，如一起发生或伴随发生的可能性。

(2) 对风险采取有效的对策和计划。即考虑如果风险发生应采取什么措施予以应对，或降低它的不利影响，为防范风险做组织、技术、资金等方面的准备。

(3) 在合同实施过程中对可能发生或已经发生的风险进行有效控制。包括采取措施防止或避免风险的发生；有效地转移风险，争取让其他方承担风险造成的损失；降低风险的不利影响，减少自己的损失；在风险发生的情况下进行有效决策，对工程施工进行有效控制，保证工程项目的顺利实施。

2. 承包人的合同风险对策

(1) 在报价中考虑。主要包括：提供报价中的不可预见风险费；采取一些报价策略；使用保留条件、附加或补充说明等。

(2) 通过谈判，完善合同条文，双方合理分担风险。主要包括：充分考虑合同实施过程中可能发生的各种情况，在合同中予以详细、具体的规定，防止意外风险；使风险型条款合理化，力争对责权利不平衡条款、单方面约束性条款作修改或限定，防止独立承担风险；将一些风险较大的合同责任推给发包人，以减少风险(这样常常也相应减少收益机会)；通过合同谈判争取在合同条款中增加对承包人权益的保护性条款。

(3) 购买保险。购买保险是承包人转移风险的一种重要手段。通常，承包人的工程保险主要有工程一切险、施工设备保险、第三方责任险、人身伤亡保险等。承包人应充分了解这些保险所承保的风险范围、保险金计算、赔偿方法、程序、赔偿额等详细情况。

(4) 采取技术、经济和管理的措施。例如，组织最得力的投标班子，进行详细的招标文件分析，做详细的环境调查，通过周密的计划和组织，做精细的报价以降低投标风险；对技术复杂的工程，采用新的同时又是成熟的工艺、设备和施工方法。另外，对风险大的工程，派遣最得力的项目经理、技术人员、合同管理人员等，组成精干的项目管理小组；在技术力量、机械装备、材料供应、资金供应、劳务安排等方面予以特殊对待，全力保证该合同的实施；应做更周密的计划，采取有效的检查、监督和控制手段；等等。

(5) 在工程施工过程中加强索赔管理。用索赔来弥补或减少损失、提高合同价格、增加工程收益、补偿由风险造成的损失。

(6) 采用其他对策。例如，将一些风险大的分项工程分包出去，向分包商转嫁风险；与其他承包人联营承包，建立联营体，共同承担风险；等等。

在选择上述合同风险对策时，应注意优先顺序。通常按下列顺序依次选择：采取技术、经济和管理的措施；购买保险；采取联营或分包的措施；采取在报价中考虑的措施；通过合同谈判，修改合同条件；通过索赔弥补风险损失。

复习思考题

一、选择题

1. 下列不属于风险定性分析方法的是(   )
    A. 德尔菲法　　　B. 模糊数学法　　　C. 因果分析法　　　D. 情景分析法
2. 下列不属于按风险产生的原因分类的风险是(   )
    A. 质量风险　　　B. 经济风险　　　C. 自然风险　　　D. 社会风险
3. 下列关于工程合同担保的叙述错误的是(   )
    A. 工程合同担保是合同当事人为了保证工程合同的切实履行，由保证人作为第三方对建设工程中一系列合同的履行进行监管并承担相应的责任，是一种采用市场经济手段和法律手段进行风险管理的机制
    B. 投标担保，或投标保证金，是指投标人保证其投标被接受后对其投标书中规定的责任不得撤销或反悔，保证投标人一旦中标，即按招标文件的有关规定签约承包工程
    C. 履约担保是为保障承包商履行承包合同义务所作的一种承诺，这是工程担保中最重要的也是担保金额最大的一种工程担保
    D. 预付款担保是指承包人与发包人签订合同后，发包人正确、合理使用承包人支付的预付款的担保
4. 下列不属于按工程建设所涉及的险种分类的工程合同保险是(   )
    A. 意外伤害险　　　B. CIP 保险　　　C. 执业责任险　　　D. 雇主责任险

二、填空题

1. 风险管理主要包括_____、_____和_____。风险管理是对项目目标的_____，是建立项目风险的管理程序及应对机制，以有效降低项目风险发生的可能性，或一旦风险发生，风险对于项目的冲击能够最小。

2.　按风险产生的阶段分类的风险有_____、_____、_____、_____。

3.　工程合同的担保方式为_____、_____、_____、_____和_____。

4.　保险市场的主体由保险人、投保人以及_____、_____和_____构成。保险合同是投保人与保险人在_____、_____、_____的原则下约定保险权利义务关系的协议。

5.　投保人对保险人的选择主要应考虑的方面有_____、_____、同类工程项目的管理经验、_____、技术水平、_____及分保条件。

三、简答题

1.　简述风险的特点。

2.　具体阐述担保的特征。

3.　简述工程担保的内容。

4.　简述国际上工程合同保险的特点。

5.　简述在发生引起或可能引起保险单项下索赔的事故时，被保险人或其代表应该采取的措施有哪些。

第9章 工程合同争议的解决

教学提示： 在现实生活中，只要有合同活动，当事人之间就难免因各种客观情况或者主观原因发生合同争议。合同当事人在遇到合同争议时，究竟是通过协商和解，还是通过调解、仲裁、诉讼去解决，应当认真考虑对方当事人的态度、双方之间的合作关系、自身的财力和人力等实际情况，权衡出对自己最为有利的争议解决对策。

教学要求： 本章让学生了解合同争议产生的原因以及解决合同争议的方式，熟悉和解与调解在解决争议时应遵守的原则，熟悉仲裁的特征和基本程序，熟悉民事诉讼管辖和民事诉讼的原则。重点让学生通过本章的学习，提高其处理合同争议、按程序办事、解决工程索赔问题的实际工作能力，加深对建设工程合同管理课程的理解。

9.1 概　　述

本节主要介绍建设工程合同争议的有关内容。

9.1.1 合同争议

所谓合同争议，又称合同纠纷，是指合同当事人之间对合同履行的情况和不履行或者不完全履行合同的后果产生的各种纠纷。当事人对合同履行的情况产生的争议，一般是指对合同是否已经履行或者是否按合同约定履行产生的分歧；对合同不履行或者不完全履行的后果的争议，一般是指对没有履行或者不完全履行合同的责任由哪一方承担或者如何承担产生的分歧。

合同关系的实质是通过设定当事人的权利义务在合同当事人之间进行资源配置。而在合同的权利义务框架中，权利与义务是互相对称的，一方的权利即另一方的义务；反之亦然。一旦义务人怠于或拒绝履行自己应尽的义务，则其与权利人之间的法律争议势必在所难免。在某种情况下，合同当事人都无意违反合同的约定，但由于他们对于合同履行过程中的某些事实有着不同的看法和理解，就容易产生合同争议。同时，在某些情况下，合同立法中法律漏洞的存在，也会导致当事人对于合同事实的解释互不一致。总之，在现实生活中，只要有合同活动，当事人之间就难免因各种客观情况或者主观原因发生合同争议。

从内容上讲，这里所说的"合同争议"应作广义的解释，凡是合同双方当事人对合同是否成立、合同成立的时间、合同内容的解释、合同的效力、合同的履行、违约责任，以及合同的变更、中止、转让、解除、终止等发生的争议，均应包括在内。

1. 合同争议一般具有的特点

(1) 合同争议发生于合同的订立、履行、变更、解除以及合同权利的行使过程中。如果某一争议虽然与合同有关系，但不是发生于上述过程中，就不构成合同争议。

(2) 合同争议的主体双方须是合同法律关系的主体。此类主体既包括自然人，也包括法人和其他组织。

(3) 合同争议的内容主要表现在争议主体对于导致合同法律关系产生、变更与消灭的法律事实以及法律关系的内容有着不同的观点与看法。

2. 合同争议产生的原因

1) 因合同订立引起的争议

从司法实践看，在合同争议案件中，大量的案件是因为双方当事人在订立合同时不认真，内容(条款)规定不具体、不明确，合同的形式和订立程序不符合法律、法规规定造成的。这方面的合同争议主要包括以下内容。

(1) 因合同主体不合法引起的争议。例如，有的当事人没有民事行为能力，或者限制民事行为能力，却签订与其能力不相符的合同，引起合同争议；有的超出工商行政管理部门核准的经营范围而签订合同，引起合同争议；有的利用作废合同冒名顶替，引起合同争议；有的借口单位领导不同意，否认已签订的合同，引起合同争议；等等。

(2) 因合同内容引起的争议。例如，有的因合同质量条款要求不明确，在成交后发生争议；有的因合同数量条款规定不明确，在履行中发生纠纷；有的因交货日期在合同中没有写明，导致合同争议；等等。

(3) 因代签合同引起的争议。例如，有的主管机关未经企业同意，代签合同，企业不承认，拒绝履行合同，从而引起争议；有的因委托个人签订，单位推卸责任发生合同争议；等等。

(4) 因合同订立程序不合规定引起的争议。例如，有的因签订合同手续不全，引起争议；有的为降低价格，借口未经签证，宣布无效，引起合同争议。

(5) 因合同订立的形式产生的争议。例如，有的口头合同，一方不履行，发生争议；有的必须履行法定审批手续而未履行，导致合同无效，从而发生争议。

2) 因合同履行发生的争议

合同订立后，因一方或者双方不履行合同或者不适当履行合同发生的争议，也是多种多样的。这类合同争议主要有以下内容

(1) 不按合同规定交货产生的争议。例如，不按合同规定交货，另行高价销售而产生的争议等。

(2) 不按合同规定收货引起的纠纷。例如，因市场行情变化，商品滞销，不按合同规定接受对方交付的货物而引起的争议等。

(3) 不按合同规定的数量交货(不交、多交或者少交)而引起的争议。

(4) 不按合同规定的质量条件履行合同而发生的争议。

(5) 不按合同规定的产品规格履行合同而引起的争议。

(6) 产品包装不符合合同规定而引起的争议。

(7) 不按合同规定的履行期限履行合同而发生的争议。

(8) 拖欠货款引起的合同争议。

(9) 不按合同规定的价格交付价金引起的争议。

(10) 不按合同规定的履行方式履行引起的纠纷。

总之，当事人一方或者双方不按合同规定的每一条款履行，都会产生合同争议。

3) 因变更或者解除合同产生的合同争议

在实践中，往往有许多原因使合同发生变更，有的是原订合同主体因为关、停、并、转或者分立，发生变更后合同规定的义务到底由谁履行，由此产生争议；有的是因合同内容经协商变更后，一方又反悔，从而引起争议；等等。也有因不按法律或者合同规定的方式、程序变更或者解除合同，从而引起合同争议的情况。

9.1.2　建设工程施工合同争议的形成

在建设工程施工合同的订立或履行过程中，合同双方形成争议的原因是错综复杂的，但绝大多数争议是合同当事人主观原因造成的。

1. 选择订立合同的形式不当

建设工程施工合同有固定价格合同、可调价格合同和成本加酬金价格合同，当事人在订立建设工程施工合同时，就要根据工程大小、工期长短、造价的高低、涉及其他各种因素多寡，选择适当的合同形式。若选择了不适当的合同形式，就会导致合同争议的产生。

2. 合同主体不合法

《民法典》合同编规定，合同当事人可以是公民(自然人)，也可以是法人或者其他组织。也就是说，作为建设工程承包合同当事人的发包人和承包人，都应当具有相应的民事权利能力和民事行为能力，这是订立合同最基本的主体资格。《建筑法》还要求施工企业除具备企业法人条件外，还必须取得相应的资质等级，方可在其资质等级许可的范围内从事建设活动。但是，当前一些从事建筑活动的企业或单位，超越资质等级或无资质等级承包工程，造成主体资格不合法，这种无效合同如果履行就会产生严重的纠纷和不良后果。因此，在工程招标或非招标工程发包前，一定要对承包商进行严格的资格预审或后审，以预防订立合同主体不合法。

3. 合同条款不全，约定不明确

在合同履行过程中，由于合同条款不全，约定不明确，引起纠纷是相当普遍的现象，这也是合同纠纷最常见、最大量、最主要的原因。当前，一些缺乏合同意识和不会用法律保护自己权益的发包人或承包人，在谈判或签订合同时，认为合同条款太多、烦琐，从而造成合同缺款少项；一些合同虽然条款比较齐全，但内容只作原则约定，不具体、不明确，从而导致了合同履行过程中的争议产生。例如，有的建设工程施工合同在签订时选择了固定价格形式，但只是在相应的条款内约定合同价格采取固定价格，没有约定其涵盖的工作范围，也没有约定按合同报价的一定比例给予承包商风险费用，一旦工程施工过程中发生承包商难以承受的变化情况，就会出现争议。

4. 草率签订合同

建设工程施工合同一经签订，其当事人之间就产生了权利和义务关系。这种关系是法律关系，其权利受法律保护，义务受法律约束。但是目前一些合同当事人，法制观念淡薄，签订合同不认真，履行合同不严肃，导致合同纠纷不断发生。

5. 缺乏违约具体责任

有些建设工程施工合同签订时，只强调合同的违约条件，但是没有要求对方承担违约责任，对违约责任也没有作出具体约定，导致双方在合同履行过程中争议的发生。

9.1.3　建设工程施工合同争议的主要内容

在我国建设市场活动中，常见的合同争议集中在承包人同发包人之间的经济利益方面。大致有以下几项内容。

(1) 承包人提出索赔要求，发包人不予承认，或者发包人同意支付的额外付款与承包人索赔的金额差距极大，双方不能达成一致意见。其中，可能包括：发包人认为承包人提出索赔的证据不足；承包人对于索赔的计算，发包人不予接受；某些索赔要求是由于承包人自己的过失造成的；发包人引用免责条款以解除自己的赔偿责任，致使承包人得不到任何补偿。

(2) 承包人提出的工期索赔，发包人不予承认。承包人认为工期拖延是发包人拖延交付施工场地、延期交付设计图纸、拖延审批材料样品和现场的工序检验以及拖延工程付款造成的，而发包人则认为工期拖延是承包人开工延误、劳动力不足、材料短缺造成的。

(3) 发包人提出对承包人进行违约罚款，除扣除拖延工期的违约罚金外，要求对由于工期延误造成发包人利益的损害进行赔偿；承包人则提出反索赔，由此产生严重分歧。

(4) 发包人对承包人的严重施工缺陷或提供的设备性能不合格而要求赔偿、降价或更换，承包人则认为缺陷业已改正、不属于承包方的责任或性能试验方法错误等，不能达成一致意见。

(5) 关于终止合同的争议。终止合同造成的争议最多，因为无论任何一方终止合同都会给对方造成严重损害。但是，终止合同可能是在某种特殊条件下，合同双方为避免更大损失而采取的必要补救办法。为此，合同双方应当事先在合同中规定终止合同时各方的权利和义务，这样才便于争议的合理解决。

(6) 承包人与分包商的争议。其内容大致和发包人与承包人的争议内容相似。

(7) 承包人与材料设备供应商的争议。其多数是关于货物质量、数量、交货期和付款方面的争议。

9.1.4　解决建设工程施工合同争议的一般方式

为了尽可能地减少建设工程施工合同争议，最重要的是合同双方要签好合同。首先，在签订合同之前，承包人和发包人应当认真地进行磋商，切不可急于签约而草率从事。其次，在履约过程中双方应当及时交换意见，尽可能地将执行中的问题加以适当处理，不要将问题积累，尽量将合同争议解决在合同履约过程中。

公正、全面、及时地解决合同争议对于保护当事人的合法权益，加强合同领域的法治建设有着重要意义。《民法典》合同编第四百六十六条规定，当事人对合同条款的理解有争议的，应当依据本法第一百四十二条第一款的规定，确定争议条款的含义。当事人没有订立仲裁协议或者仲裁协议无效的，可以向人民法院起诉。当事人应当履行发生法律效力的判决、仲裁裁决、调解书；拒不履行的，对方可以请求人民法院执行。因此，建设工程施工合同争议一旦发生，合同当事人应按照有关的法律法规规定，通过适当的方式解决合同争议。合同当事人在遇到合同争议时，究竟是通过协商和解，还是通过调解、仲裁、诉讼去解决，应当认真考虑对方当事人的态度、双方之间的合作关系、自身的财力和人力等实际情况，权衡出对自己最为有利的争议解决对策。

【案例 9-1】合同纠纷

该工程为一栋高层商业大厦的幕墙外装饰工程，原告为承包商，被告为发包方。原告、被告双方于 1997 年经公开招标后签订了单价施工合同，中标单价为合同单价，结算工程量按实计，合同工期为 120 天。原告与该大厦主体施工单位签订了工程配合协议，约定配合费为工程总造价的 3%。工程竣工验收后，原告以工程结算价款争议为由，向法院提起诉讼。法院委托鉴定机构对该工程造价进行鉴定。送鉴定资料包括：委托书、施工合同、招标文件、投标书、起诉状、答辩状、施工图、竣工报告、工程竣工验收证明书、设计变更、现场签证等资料。双方计价争议焦点：原被告对配合费的支付、幕墙铝材品牌与招标文件要求不符等产生争议。鉴定说明如下，工程量计算：依据送鉴定资料按实计算。计价：按合同约定的单价计算。被告称代原告支付了总包单位的配合费，因原告未提供相关证明材料，鉴定造价中未扣除，由法院庭审调查后按相关合同约定裁定。原告、被告均未提供幕墙铝材品牌的证据材料，鉴定造价未调整铝材材料单价，鉴定人给出被告提供的两种铝材价差和铝材用量，供法院裁定时参考。

【分析】工程款的支付应按合同条款履行，施工过程中发现施工材料与合同约定不符，应及时通知原告作出修改。原告、被告签订的施工合同合同价含配合费，但未对施工配合费及其支付进行约定，原告与第三方签订的施工配合费协议对配合费及其支付进行了约定，从合同关系上讲，施工配合费应由原告支付。被告直接支付第三方的配合费应征得原告同意并须签订三方配合费支付的协议，若无相关证据，被告提出鉴定造价应扣除施工配合费的请求往往不予支持。

本工程的招标文件及合同对铝材材质、品牌进行了约定，原告对合同约定材料的更改应征得被告同意及批准，被告能提供原告擅自更改约定材料的证据，合同约定单价应调整。

9.2　合同争议的和解与调解

《民法典》合同编第四百六十六条规定，当事人对合同条款的理解有争议的，应当依据本法第一百四十二条第一款的规定，确定争议条款的含义。因此发生建设工程施工合同争议时，当事人可以自行协商和解，或者通过第三方进行调解。

9.2.1　和解

和解是指合同当事人发生争议后，在没有第三方介入的情况下，在自愿、互谅的基础上，就已经发生的争端进行商谈并达成协议，自行解决争议的一种方式。

1. 和解的特征

(1) 和解是双方在自愿、友好、互谅的基础上进行的。它没有第三方介入，不伤害双方的感情，有利于维持和发展双方的合作关系；经协商达成的协议，当事人一般也能自觉遵守。

(2) 和解的方式和程序十分灵活。和解解决争议不像仲裁、诉讼那样有确定的方式和严格的程序，双方当事人在不违反法律的前提下，可以根据实际情况以多种方式进行协商，灵活地解决争议。

(3) 和解解决争议节省开支和时间。和解是由当事人自行进行，不用通过严格的仲裁和诉讼程序，可以节省仲裁诉讼和聘请律师等费用，也节约了因程序问题而花费的时间，因此，能使争议得到经济、快捷的解决。

2. 和解的优点

(1) 简便易行。和解只需要发生争议各方自己决定在什么地方和什么时间进行协商，不需要任何第三方介入，因而十分方便，有利于合同争议的解决。

(2) 有利于加强纠纷双方的协作。既然合同争议各方选择了协商方法解决争议，就表明他们有和解的愿望。在协商过程中，就会增强对对方的理解，从而采取互谅、互让的态度，不会使争议激化，有利于巩固双方的协作关系，增强信任感。

(3) 有利于合同的履行。由于和解是在双方自愿协商的基础上形成的，因此双方一般都能自觉执行，有利于合同的顺利履行。

3. 和解的局限性

和解解决争议具有这些特点，因此在现实经济活动中，争议双方往往愿意首先进行协商以求和解，宁愿互相作一些让步，承担一部分损失，使争议得到及时解决。

但是，和解协议缺乏法律强制履行的效力，因此和解解决争议的方法是有局限性的。和解所达成的协议能否得到切实自觉的遵守，完全取决于争议双方的诚意和信誉。如果在双方达成和解协议后，一方反悔，拒绝履行应尽的义务，协议就成了一纸空文；而且在实践中，当争议标的的金额巨大或争议双方分歧严重时，要通过协商达成谅解是比较困难的。鉴于此，我国法律既重视和解解决争议的积极作用，同时又不把它当作唯一的方式，而是允许争议当事人在进行和解解决无效之时，还可以通过调解、仲裁或诉讼等途径解决。

9.2.2　调解

调解是指合同当事人于争议发生后，在第三方的主持下，在查明事实和分清是非的基础上，根据事实和法律，通过说服引导，促进当事人互谅互让，友好地在自愿的基础上达成协议，从而公平、合理地解决争议的一种方式。

1. 调解的特点

与和解一样，通过调解的方式解决合同争议也具有方式灵活、程序简便、节省时间和费用、不伤害争议双方的感情等特点，因此既可以及时、友好地解决争议，又可以保护当事人的合法权益。同时由于调解是在第三方主持下进行的，因此决定了它所独有的特点。

(1) 有第三方介入，看问题可能更客观、更全面，有利于争议的公正解决；同时，可以缓解双方当事人的对立情绪，便于当事人双方较为冷静、理智地考虑问题。

(2) 有第三方介入，对事实的查明更深入和具体，有利于当事人抓住时机，寻找适当的突破口，公正、合理地解决争议。

2. 目前建设工程施工合同争议的调解组织

合同争议调解是通过第三方进行的，这里的"第三方"可以是仲裁机构及人民法院，也可以是仲裁机构及人民法院以外的其他组织和个人。因参与调解的第三方的不同，调解的性质也就不同，一般而言，建设工程施工合同争议的调解主要有以下几种。

1) 仲裁机构的调解

建设工程施工合同争议的仲裁调解，是指争议双方将争议事项提交仲裁机构后，由仲裁机构在查清事实、明确是非、分清责任的基础上，组织合同双方当事人通过自愿协商、互谅互让依法达成和解的一种仲裁活动。它具有以下两个特征。

(1) 调解活动自始至终都在仲裁人员的主持下进行。这一特征将仲裁调解与当事人自行和解区别开来。仲裁调解，是在提出仲裁申请之后，由仲裁机构与合同争议当事人共同参加，以仲裁机构为主导，并负责组织和安排调解的全过程，仲裁机构对双方达成的调解协议，拥有审查批准的权利。

(2) 调解协议经仲裁机构批准抵达当事人后，即具有与法院判决同等的法律效力。这一特征与行政调解区别开来。行政调解是解决合同争议的有效途径，但它不具有法律效力。当事人一方或双方反悔的，仍可向仲裁机构申请仲裁或向人民法院起诉。在仲裁机构主持下，双方当事人达成的协议，对当事人有法律约束力，双方当事人必须自觉履行。如果一方拒绝履行，另一方可向人民法院要求强制履行。同时，调解协议生效后，争议当事人就不得再以同一事实和理由，向仲裁机构申请仲裁或向人民法院起诉。

仲裁机构可以通过宣传教育，使合同争议当事人提高遵纪守法、讲求诚实信用的自觉性，从而有利于预防合同争议的再度发生。

需要指出的是，仲裁机构在接受争议当事人的仲裁申请后，可以先进行调解，用调解的方式解决合同争议。如果双方达成调解协议，则调解成功，仲裁机构立即制作调解书并结束仲裁程序；如果达不成调解协议，仲裁机构就应当及时作出裁决。

2) 人民法院的调解

建设工程施工合同争议的法院调解，是指在人民法院审判人员的主持下，双方当事人就发生争议的民事权利义务关系，通过协商，互谅互让，共同达成协议，解决争议，终结诉讼所进行的活动和结案方式。但是法院调解，是有条件限制的。

法院调解解决建设工程施工合同争议的前提条件。

(1) 人民法院调解建设工程施工合同争议，必须遵守当事人自愿的原则。所谓自愿原则包括两层含义，第一层含义是指是否采取调解方式解决争议，必须取决于当事人的自愿。

第二层含义是指当事人自愿达成协议。通过当事人双方协商，自愿共同达成协议。其中，人民法院可以提供参考意见，可以向当事人宣讲法律知识，帮助他们达成合法协议，但不得有任何强迫和变相强迫。

(2) 人民法院调解建设工程施工合同争议，必须在事实清楚的基础上，分清是非，进行调解。所谓事实清楚，是指当事人双方对争议的事实陈述基本一致，又能提供可靠的证据，无须作大量调查即可判明事实、分清是非、确定责任。所谓分清是非，是指引起争议发生的责任分明，是双方均有过错，还是一方有过错，是双方都应当承担义务，还是一方有责任对另一方履行义务，对这些分得很清楚，双方当事人也无太大争议。人民法院进行调解，必须以事实为根据，以法律为准绳。

3) 行政主管部门的调解

建设工程施工合同争议的行政调解，是行政机关依法劝导争议双方当事人和解，解决合同争议的一种方式。根据国务院职能分工，工商行政管理部门是合同的监督管理机关，调解合同争议是合同监督管理职能的延伸，因此，工商行政管理部门是合同争议行政调解的当然部门。为了规范行政管理部门合同争议调解工作，及时解决合同争议，维护社会经济秩序，《民法典》《民事诉讼法》中均有相应规定。这是工商行政管理部门调解合同争议的重要依据。合同争议行政调解具有以下特征。

(1) 合同争议行政调解的调解人员是行政机关。这是合同争议行政调解与其他合同争议调解方式的重要区别。

(2) 合同争议行政调解属案外调解。进入诉讼程序，由人民法院或仲裁机构进行的调解为案内调解。

(3) 合同争议行政调解具有自愿性。它是在双方当事人自愿的基础上进行的，申请调解自愿，退出调解自愿，达成和解自愿。调解机关不能强迫当事人接受调解，不能把自己的意愿强加于双方当事人。

4) 社会(民间)调解

鉴于目前建设行政主管部门的职能约束，在发生争议时，还可以依托相关的行业学会或协会，制定有关调解管理办法，建立相应的调解组织，实施建设工程施工合同争议的社会(民间)调解活动。

建设工程施工合同不同于其他经济合同，具有较强的专业性，其合同内容包括工期、质量、工程造价、设备材料供应、工程款支付、竣工验收以及工程质量保修等诸多方面，合同条款涉及土地管理、文物保护、环境保护、标准化、城镇管理等诸多法律、法规的相关内容。因此，建设工程施工合同履行过程中发生的争议，需要具备较强的相关专业知识的组织和人员才能进行调解。对于社会(民间)调解，虽然必须在我国的法律体系框架下进行，但是，目前我国还没有一部具体的法律、法规对其进行约束，因此，其调解形式、调解方式以及调解结果都不受制约，自由的空间很大。社会(民间)调解是一种社会(民间)行为，调解组织也为民间组织，其出具的调解书就不具有法律效力，对合同争议当事人缺乏法律约束力，如果一方当事人反悔，该调解书就成了一张废纸。

5) 联合调解

联合调解是指涉外合同争议发生后，当事人双方分别向所属国的仲裁机构申请调解，由双方授权的仲裁机构分别派出数量相等的人员组成"联合调解委员会"，联合调解案件。

9.2.3　调解与和解的原则

不论是和解还是通过第三人调解，其最根本的还是在于当事人有彻底解决合同纠纷的愿望，能够相互理解、互谅互让地解决合同纠纷。在采用这些方法时，必须坚持以下几项原则。

1. 自愿原则

我国虽然多部法律、法规都有对解决合同纠纷采取和解或调解的条款，但这并不意味着和解或调解是必须采用的法定程序，因为和解或调解都是建立在当事人自愿的基础上的。特别是调解不同于仲裁或审判，因为任何一方不同意调解，都不能强迫调解。调解合同纠纷时，要耐心倾听各方当事人和关系人的意见，并对这些意见进行分析研究、调查核实，然后据理说服各方当事人，使他们自愿达成协议，促使调解成功。若调解无效，当事人则可以请求仲裁机构裁决或由人民法院判决，任何人都不得阻止当事人行使这些权利。

2. 依法原则

当事人订立、履行合同，应当遵守法律、法规。解决合同纠纷是解决合同履行中对一些条款的争议。因此，不论是用和解方法还是调解方法解决合同纠纷，都必须坚持依法原则。和解协议或调解协议都是合同的组成部分，都必须以遵守法律、法规为前提，决不允许以违反法律、法规为代价解决合同纠纷，否则这种和解或调解都是无效的。

3. 公平、公正原则

在采用和解方法解决合同纠纷时，各方当事人都要摆正自己的位置，采取公正的态度解决问题。采用调解方法时，调解人对各方当事人都要立场公正，秉公办事，只有这样才能取得各方的信任，作出的调解才能为各方接受。若违背了公平、公正原则，则难以达成和解或调解协议，即使勉强达成协议，也会因其基础不牢，容易反复或出现不履行的情况。处理得不好，甚至适得其反，导致纠纷扩大，矛盾激化。

4. 制作和使用调解书原则

《仲裁法》规定，当事人达成和解协议的，可以请求仲裁庭根据和解协议作出裁决书。对于调解，《仲裁法》规定，调解达成协议的，仲裁庭应当制作调解书或根据协议的结果制作裁决书。《民事诉讼法》则规定，调解达成协议，调解书应当写明诉讼请求、案件的事实和调解结果。根据这些法律的规定，凡是经过和解或调解合同纠纷达成协议的，都依法可以或应当制作调解书或裁决书。和解或调解都是建立在当事人自愿的基础上，因此在和解书或调解书生效之前，当事人对和解或调解反悔的，仲裁机构或人民法院应及时作出裁决或判决。

【案例9-2】成功和解案例

A、B两家置业有限公司分别是位于建安区两个住宅楼盘项目的开发商，两项目均承包给江苏某建筑产业集团有限责任公司。施工过程中，因工期、价款等意见不一致引发矛盾，两置业公司分别给江苏某建筑产业集团有限责任公司下达了解除合同通知书，要求江苏某建筑产业集团有限责任公司撤出施工现场，并赔偿损失，但是江苏某建筑产业集团有限责任公司拒绝撤离和赔偿，并要求两置业公司赔偿自己的损失。20××年年初，两置业公司将江苏某建筑产业集团有限责任公司诉至法院。

此时，正值新冠肺炎疫情防控期间，且双方处于僵持状态，工地全面停工，预售千余套的房子如期交付困难重重。而双方的"战火"迅速蔓延到农民工、购房者及材料供应商，一边是购房者心急如焚，通过围堵售楼部等方式要求按期交房；一边是农民工人心惶惶，要求支付原告拖欠的工程款；而下游多家供应商也陆续通过法律渠道追要欠款。因此，承办法官本着最大限度维护各方合法权益、推动企业早日复工复产的原则进行办案。

【办理过程】与双方当事人沟通、了解纠纷原因和争议焦点……承办法官多次召开网络庭前会议，了解双方诉求，又组织近十次证据交换，引导双方提供、梳理证据。案件委托鉴定后，该院司法鉴定技术处工作人员克服楼层高无保护、停电、双方不配合等困难，通过近两个月的连续工作以最快速度完成了施工量统计工作。

【结果】通过从"情理法"角度多次不懈调解，最终，原、被告态度有所转变，均表示愿意继续开展合作，并重新达成施工协议，由被告继续施工两项目，早日交房，原告适当提高原合同价款。达成和解协议后，两原告于近日均向法院申请撤诉。

9.3　合同争议的仲裁

本节主要内容为合同争议仲裁的概念及特征、基本原则与仲裁机构及仲裁人员和仲裁程序等相关知识。

9.3.1　合同争议仲裁的概念及特征

1. 仲裁的概念

所谓合同争议的仲裁，是指发生合同争议时，合同双方当事人根据书面仲裁协议，向仲裁机构提出仲裁申请，由仲裁机构依法对争议进行仲裁并作出裁决，从而解决合同纠纷的法律制度。

仲裁是解决合同争议的重要方式之一，其适用范围很广。《仲裁法》第二条规定，凡是平等主体的自然人、法人和其他组织之间发生的合同纠纷和其他财产权益纠纷，都可以仲裁。由此看出，仲裁这种解决方式，适用于一切平等的主体之间发生的合同争议。

一项合同的争议是否采用仲裁方式解决，完全取决于合同各方当事人的自由选择，只有当各方当事人一致同意将其争议提交仲裁时方可采用。当事人所作出的仲裁选择的法律表现形式为仲裁协议，仲裁协议(含合同中的仲裁条款)是对合同争议进行仲裁的法律依据。

当事人不愿通过协商、调解解决或者协商、调解不成的，可以依据合同中的仲裁条款或者事后达成的书面仲裁协议，向仲裁机构申请仲裁。任何一方当事人不同意仲裁的，该合同争议就不得适用仲裁方式解决。

从实践上看，合同争议不能协商、调解解决的，许多当事人都习惯于选择仲裁方法解决争议。这主要是因为，同法院审判相比，仲裁方法比较灵活，程序相对简便，解决争议及时、迅速，所需费用较少。因此，仲裁作为解决民事争议的一种方式已在国际上得到普遍承认，许多国家制定了仲裁法律，设置仲裁机构来处理争议案件。我国在《中华人民共

和国经济合同仲裁条例》的基础上于 1994 年 8 月颁布了《仲裁法》，专门对仲裁进行了规定，同时该条例被《仲裁法》代替。

2. 仲裁的特征

仲裁与调解相比较，其相同之处在于两者都以双方当事人的自愿为基础，两者区别在于以下内容。

(1) 作为仲裁者的第三方是具有特定身份的仲裁机构，这是仲裁与其他解决方式的重要区别之一。仲裁与前述所说的调解虽然都是由第三方出面解决当事人之间的争议，但调解中的第三方作为调解人不需要特定的身份，即不是特定的第三方，普通人都可以作为调解人来调解当事人之间的争议；而仲裁中的仲裁者则必须是依法成立并为法律授予仲裁资格的仲裁机构，其他任何单位和个人都不得进行仲裁。

(2) 仲裁是按照一定的法定程序、规则进行的。仲裁虽然不同于司法诉讼，但也不像协商、调解那样无规定的程序可循。仲裁有一定的程序、规则，这种程序、规则是由法律和法规规定的。《仲裁法》专门对仲裁的基本程序、规则作了规定，国际商会也依据《仲裁法》和《民事诉讼法》有关规定对涉外仲裁规则专门作了具体规定。这些规定使仲裁有了比较严格的程序和规则，仲裁必须按照这些规定进行，而不得违反。

(3) 申请仲裁的双方当事人均受仲裁协议的约束。即使一方事后反悔，另一方仍可根据仲裁协议提起仲裁程序，仲裁庭也可据此受理案件，进行仲裁；而调解的进行，自始至终都需要双方同意。

(4) 仲裁裁决具有法律强制执行力。仲裁裁决尽管不是由司法机关作出，但是法律却赋予其强制执行的效力。《仲裁法》第五十七条规定，裁决书自作出之日起发生法律效力。对仲裁机构的仲裁裁决，当事人应当履行。当事人一方在规定的期限内不履行仲裁机构的仲裁裁决的，另一方可以向人民法院申请强制执行。仲裁裁决这种法律强制力，是仲裁与协商、调解方式的重要区别之一。

(5) 仲裁员和调解人的地位不同。调解人在调解中只起说服劝导作用，以促使双方互相让步，达成和解协议，能否达成和解协议，完全取决于争议双方当事人的意愿，调解人无权裁断；而仲裁员则不同，他虽也负有规劝疏导责任，但在调解无效时，他可以依法进行裁决。

9.3.2　合同争议仲裁的基本原则

根据《仲裁法》的有关规定，在合同争议仲裁过程中，应当遵循下列基本原则。

1. 以事实为根据，以法律为准绳原则

这一原则要求在处理合同争议时应本着从实际出发、实事求是的精神，对争议事项作全面认真的调查研究，在查清案件事实的情况下，分清是非，判明责任，并依据法律规定作出正确的裁决，以保证仲裁的客观和公正。在仲裁中，仲裁机构应避免主观臆断、偏听偏信等行为，更不可徇私枉法，而应严格依法办案。

2. 先行调解原则

这一原则是指仲裁机构在受理合同争议后，本着促进双方争议的解决、缓解其矛盾的精神，在查清案件事实的基础上首先进行调解，对当事人进行说服教育，以求消除当事人间的隔阂，互相谅解，自愿达成和解协议，从而解决争议。先行调解必须是在当事人自愿接受调解的前提下进行，任何一方或者双方当事人不愿调解的，仲裁机构就不能进行调解，而应当开庭强制裁决。当事人同意调解，但经过仲裁机构调解后仍达不成协议的，也应及时裁决，不能久拖不决。调解达成协议的，仲裁机构应当制作调解书或者裁决书。

3. 保障当事人平等地行使权利原则

在仲裁活动中，无论是申请人还是被申请人，他们的法律地位都是平等的，都有权享有仲裁程序规则中规定的各项权利，如陈述事实、进行辩论、提供有关证据、聘请律师参加仲裁活动等。仲裁机构在处理争议过程中，应当保障当事人平等地行使这些权利，不得歧视任何一方当事人。

4. 自治原则

自治原则又称自愿原则，主要含义是当事人是否将他们之间发生的纠纷提交仲裁，由其自愿协商决定；当事人将他们之间发生的纠纷提交哪一个仲裁委员会仲裁，也由其自愿协商选定，仲裁不实施级别管辖和地域管辖。

5. 一次裁决原则

所谓一次裁决，又称一裁终局，是指仲裁机构对合同争议实行一裁终审制，即裁决一经作出就具有法律效力，当事人必须执行，不得申请复议，也不得另行向人民法院起诉。一方不执行仲裁裁决的，另一方有权要求人民法院执行。一次裁决有利于争议的迅速解决，以尽可能避免因争议久拖不决所带来的当事人损失的扩大以及因此而造成的其他消极后果。

6. 独立仲裁原则

独立仲裁原则，是指仲裁机构受理合同争议后，依法享有独立仲裁权，独自在其职权范围内对争议作出具有法律效力的最终裁决，而不受行政机关、其他单位和个人的干涉。当然，仲裁机构独立行使仲裁权并不意味着仲裁活动不受监督，人民法院有权对仲裁活动进行监督，对违法的裁决有权予以撤销或者不予执行。

9.3.3　仲裁机构及仲裁人员

仲裁机构，是指依照法律规定设立，并依法对平等主体的自然人、法人和其他组织之间发生的合同争议和其他财产权益争议专门进行仲裁的组织。在我国，仲裁机构是仲裁委员会。由于国内合同和涉外合同不同，我国分别对这两类合同争议的仲裁规定了不同的仲裁机构，即我国仲裁委员会分为两类：一是对国内合同争议的仲裁委员会，是各地设立的仲裁委员会；二是对涉外合同争议的涉外仲裁委员会，是中国国际商会设立的中国国际经济贸易仲裁委员会(它可以在一些地方设立办事处)。

根据《仲裁法》第十条的规定，仲裁委员会(处理国内合同争议的)可以在直辖市和省、自治区人民政府所在市设立，也可以根据需要在其他设区的市设立，不按行政区划层层设立。根据《仲裁法》第十二条、第十三条的规定，仲裁委员会由主任一人、副主任 2～4 人

和委员 7～11 人组成。仲裁委员会的主任、副主任和委员由法律、经济贸易专家和有实际工作经验的人员担任。仲裁委员会的组成人员中，法律、经济贸易专家不得少于三分之二。仲裁员应当符合下列条件之一：(一)从事仲裁工作满八年的；(二)从事律师工作满八年的；(三)曾任法官满八年的；(四)从事法律研究、教学工作并具有高级职称的；(五)具有法律知识、从事经济贸易等专业工作并具有高级职称或者具有同等专业水平的。

仲裁委员会独立于行政机关，与行政机关没有隶属关系，仲裁依法独立进行，不受行政机关、社会团体和个人的干涉。仲裁实行一裁终局的制度，各个仲裁委员会之间也没有上下级隶属关系。在处理案件时，仲裁不实行级别管辖和地域管辖，仲裁委员会应当由当事人协议选定。也就是说，双方当事人可以在国内任意选择仲裁委员会来解决其合同争议，而不受地域和级别限制。

9.3.4　仲裁协议

所谓合同的仲裁协议(含合同中的仲裁条款)，是指合同双方当事人把其合同争议交付某仲裁机构进行仲裁的共同意思表示的形式。这种协议可以是合同双方当事人在签订合同时规定的仲裁条款，也可以是事后(含发生争议后)专门就通过仲裁机构解决合同纠纷达成的书面仲裁协议。

仲裁协议通常表现为合同中的仲裁条款、专门仲裁协议以及其他形式的仲裁协议。

合同中的仲裁条款，是指双方当事人在有关条约或合同中规定的将来如有争议即提交仲裁裁决的条款。由于这种条款通常是作为合同本身的内容订入合同的，故称仲裁条款。合同中的仲裁条款是仲裁协议中最为普遍的形式。

专门仲裁协议，是指双方当事人自愿将争议提交仲裁的一种具有独立内容的协议，它是相对独立于合同之外的另一种协议，与合同中的仲裁条款具有同等法律效力。专门仲裁协议的订立，可以是在争议发生之前，也可以是在争议发生之后。

其他形式的仲裁协议，是指除合同中的仲裁条款和专门仲裁协议以外的其他可以证明当事人双方自愿把争议提交仲裁的书面材料，主要包括双方往来的信函、电报、电传中表示同意仲裁的文字记录等。

《仲裁法》第十六条规定，不管是在合同中订立的仲裁条款，还是以其他书面方式在纠纷发生前或者纠纷发生后达成的请求仲裁的协议，仲裁协议都应当具有下列内容。

(1) 请求仲裁的意思表示，即双方当事人表示同意对其合同争议提请仲裁。

(2) 仲裁事项，即要求对发生争议的哪个或者哪些事项进行仲裁。

(3) 选定的仲裁委员会，当事人可以任意选择处理其合同争议的仲裁委员会，其他单位和个人不得强迫。

除了上述基本内容外，当事人双方也可以在仲裁协议中约定其他事项，如选择仲裁员、约定适用的法律和其他有关事项。

9.3.5　仲裁的程序

1. 仲裁的申请

合同当事人向仲裁机构请求对其合同争议进行仲裁时，并不是所有当事人达成的仲裁协议都是有效的，只有符合法定条件的仲裁协议才有效。有效的仲裁协议应当具备下列条件。

(1) 仲裁协议必须以书面形式签订。《仲裁法》第十六条第 1 款规定，合同当事人达成的仲裁协议，不能采用口头形式，而只能采用书面形式，可以在纠纷发生之前或者纠纷发生之后达成。

(2) 仲裁协议必须是双方当事人的共同意思表示。合同是双方当事人共同的意思表示，处理合同纠纷的仲裁协议也必须是双方意思表示一致，一方不同意就不能仲裁。任何一方不得强迫对方签订仲裁协议，把自己的意志强加于对方。

(3) 仲裁协议的内容必须合法，不得违反国家利益和社会公共利益。仲裁协议中应有具体仲裁请求、事实和理由。

(4) 各方当事人都必须具有完全的民事行为能力，能够独立地享有民事权利和承担民事责任。仲裁申请人还必须是与本案有直接利害关系的当事人。

只有同时具备上述条件的仲裁协议，才能产生法律效力，受法律保护。不具备上述条件之一的，仲裁协议无效。《仲裁法》第十九条和第二十条规定，当事人达成的仲裁协议独立存在，即不依附于合同存在，合同的变更、解除、终止或者无效，不影响仲裁协议的效力。任何一方当事人对其订立的仲裁协议的效力有异议的，可以请求仲裁委员会作出决定或者请求人民法院作出裁定；一方请求仲裁委员会作出决定，另一方请求人民法院作出裁定的，由人民法院裁定，即不能由仲裁委员会决定。由仲裁委员会仲裁的，当事人对仲裁协议的效力有异议，应当在仲裁庭首次开庭前提出。

2. 仲裁的受理

仲裁机构收到当事人的申请后，首先要进行审查。经审查符合申请条件，应当在 7 日内立案，对不符合规定的，也应当在 7 日内书面通知申请人不予受理，并说明理由。申请人可以放弃或变更仲裁请求。被申请人可以承认或反驳仲裁请求，有权提出反请求。

仲裁委员会受理仲裁申请后，应当在仲裁规则规定的期限内将仲裁规则和仲裁委员会名册送达申请人，并将仲裁申请书副本和仲裁规则、仲裁委员会名册送达被申请人。被申请人收到仲裁申请书副本后，应当在仲裁规则规定的期限内向仲裁委员会提交答辩书。仲裁委员会收到答辩书后，应当在仲裁规则规定的期限内将答辩书副本送达申请人。被申请人未提交答辩书的，不影响答辩程序的进行。

3. 开庭和裁决

当事人协议不开庭的，仲裁庭可以根据仲裁申请书、答辩书以及其他材料作出裁决，仲裁可不公开进行。当事人协议公开的，可以公开进行，但涉及国家秘密的除外。

仲裁机构在查明事实、分清责任的基础上，应着重调解，引导和促使当事人达成调解协议。调解应在仲裁人员的主持下，按照法律规定的程序进行。调解达成协议的内容，双方当事人必须自愿，并不得违法。调解成功后，仲裁机构要制作调解书，加盖公章后，送发当事人双方。调解书是具有法律效力的仲裁文书。经调解仍达不成协议的，或调解书送达前一方或双方反悔的，应及时开庭进行仲裁。仲裁庭应按照多数仲裁员的意见进行裁决，少数仲裁员的不同意见可以记入笔录。仲裁庭不能形成多数意见时，裁决应当按照首席仲裁员的意见作出，仲裁的最终结果以仲裁决定书给出。

4. 执行

调解书和仲裁决定书均为具有法律效力的仲裁文书，一经送达当事人即发生法律效力，当事人应主动履行。一方当事人不自动履行时，另一方当事人可以向有管辖权的人民法院申请执行。

【案例 9-3】仲裁问题

2008 年 12 月，被申请人将其投资兴建的建设一期工程以自主发包的形式邀请申请人进行议标。申请人中标后，双方于 2008 年 12 月 26 日签订《一期工程建设工程施工合同》，约定申请人包工包料总承包，并约定合同暂估价和可调价格计价方式。

施工过程中，由于被申请人建厂规划准备欠缺，双方签订《一期工程补充协议书》，将承包范围具体化并约定因原合同价款是暂估价对合同价款进行了调整。

后续施工中双方又协商追加了新建厂房工程，但未签订书面协议。2012 年 9 月 21 日，申请人将涉案工程竣工结算资料移交被申请人，报送结算价 66 430 624.90 元。因双方未就结算达成合意，申请人向本仲裁庭提出仲裁申请。截至 2012 年 10 月 22 日申请仲裁之日，申请人尚未将涉案工程交付被申请人，也未办理竣工验收手续。仲裁机构就涉案一期工程应按可调价还是固定总价结算展开仲裁。

仲裁庭观点：应结合合同双方签订的合同条款以及合同实际履约情况探究当事人的真实意思表示。

【分析】《一期工程补充协议书》是对双方签订的《一期工程建设工程施工合同》的有效补充，均是有效合同，将合同暂估价变更为固定价是该补充协议的真实意义。

《建设工程施工合同司法解释》第十六条第 2 款规定： "因设计变更导致建设工程的工程量或者质量标准发生变化，当事人对该部分工程价款不能协商一致的，可以参照签订建设工程施工合同时当地建设行政主管部门发布的计价方法或者计价标准结算工程价款。"因此，该新增工程可参照当地建设行政主管部门发布的定额计价。

9.4　合同争议的诉讼

本节主要内容为合同争议诉讼的概念和基本原则、管辖、审判组织以及参与人。

9.4.1　合同争议诉讼的概念和基本原则

1. 合同争议诉讼的概念

所谓合同争议诉讼是指人民法院根据合同当事人的请求，在所有诉讼参与人的参加下，审理和解决合同争议的活动，以及由此而产生的一系列法律关系的总和。它是民事诉讼的重要组成部分，是解决合同纠纷的一种重要方式。

2. 合同争议诉讼的基本原则

合同的诉讼应遵循《民事诉讼法》所确定的基本原则。

(1) 人民法院依法独立审判的原则。人民法院依照国家法律规定，对合同纠纷案件独立进行审判，不受行政机关、社会团体和个人的干涉。

(2) 以事实为根据，以法律为准绳的原则。人民法院在审理合同纠纷案件时，必须以事实为根据，以法律为准绳，重证据，重调查研究，在查明事实、分清责任的基础上，正确地适用法律。

(3) 当事人诉讼权利平等的原则。当事人在诉讼过程中享有平等的诉讼权利，有权使用本民族的语言和文字，有权委托代理人，有权申请回避和采取保全措施，有权提供证据、进行辩论、请求调解、提起上诉、申请执行。对当事人在适用法律上一律平等。

(4) 根据自愿和合法进行调解的原则。人民法院在查明事实、分清责任的基础上，应当根据自愿和合法的原则进行调解。调解不成的，应当及时判决。

(5) 实行合议、回避、公开审判和两审终审原则。《民事诉讼法》第四十四条规定，审判人员有下列情形之一的，应当回避，当事人有权申请他们回避：其一，是本案当事人或者当事人、诉讼代理人的近亲属；其二，与本案有利害关系；其三，与本案当事人有其他关系，可能影响对案件公正审理的。

(6) 审判监督原则。

(7) 使用本民族语言文字诉讼的原则。

(8) 审判实行辩论制度。

9.4.2　合同争议诉讼的管辖

1. 合同争议诉讼案件的受案范围

(1) 合同纠纷当事人协商、调解不成的合同纠纷案件。

(2) 合同纠纷当事人不愿协商、调解，直接起诉的合同纠纷案件。

(3) 合同纠纷当事人对仲裁条款、协议有争议的合同纠纷案件。

(4) 合同中没有仲裁条款，纠纷发生后，又未达成书面仲裁协议的合同纠纷。由于审裁分轨，当事人对合同纠纷的仲裁不能达成书面协议的，就可以选择诉讼来解决纠纷。

(5) 人民法院裁定不予执行的仲裁裁决，当事人可以重新达成书面仲裁协议申请仲裁，也可以向人民法院起诉。人民法院根据一方当事人的申请，强制执行仲裁裁决时，另一方当事人提出证据证明仲裁裁决有下列情形之一的，经合议庭审查属实，应裁定不予执行。

① 当事人在合同中没有订立仲裁条款，或者事后没有达成书面仲裁协议而仲裁机构予以仲裁的。

② 仲裁的事项不属于仲裁的范围或者仲裁机构无权仲裁而仲裁机构予以仲裁的。

③ 仲裁庭的组成或者仲裁的程序违法的。

④ 认定事实的主要证据不足的。

⑤ 适用法律确有错误的。

⑥ 仲裁员在仲裁该案时有贪污、受贿、徇私舞弊、枉法裁决行为的。

对于上述裁决不予执行的仲裁裁决案件，当事人一方向人民法院起诉的，人民法院应当受理。

(6) 经仲裁的劳动合同纠纷案件、农业集体经济组织内部的农业承包合同纠纷案件，当事人不服的，在法定期限内可以向人民法院提起诉讼。《仲裁法》虽然规定了"或裁或审"的制度，但不包括劳动合同纠纷案件和农业集体经济组织内部的农业承包合同纠纷案件。凡企业(包括私营企业、中外合资经营企业)与职工履行劳动合同发生纠纷的，或因农业集体经济组织内部的农业承包合同发生纠纷的，当事人不服有关仲裁机构裁决的，在法定期间

向人民法院起诉的，人民法院应当受理。

2. 法院管辖的分类

管辖是指法院系统内部的上下级之间、同级法院之间在受理第一审合同纠纷案件上的权限分工。根据《民事诉讼法》第二章的规定，法院管辖包括级别管辖、地域管辖、协议管辖、移送管辖、指定管辖和专属管辖。

1) 级别管辖

合同纠纷诉讼的级别管辖，是指人民法院系统内部上下级人民法院之间受理第一审合同纠纷案件的分工和权限范围。

根据合同纠纷案件的性质、影响范围、诉讼标的价额的多少以及合同纠纷主体的特点，《民事诉讼法》第十七条至第二十条对级别管辖作了明确的规定。

(1) 基层人民法院管辖第一审民事案件，但本法另有规定的除外。

(2) 中级人民法院管辖下列第一审民事案件：重大涉外案件；在本辖区有重大影响的案件；最高人民法院确定由中级人民法院管辖的案件。

(3) 高级人民法院管辖在本辖区有重大影响的第一审民事案件。

(4) 最高人民法院管辖下列第一审民事案件：在全国有重大影响的案件；认为应当由本院审理的案件。

同时，《民事诉讼法》还规定，上级人民法院有权审理下级人民法院管辖的第一审案件，也可以把自己管辖的第一审案件移交下级人民法院审理；下级人民法院对它所管辖的第一审案件，认为需要由上级人民法院审理的，可以报请上级人民法院审理。

2) 地域管辖

合同纠纷诉讼的地域管辖是指确定同级人民法院受理第一审合同纠纷案件的分工和权限范围。

根据《民事诉讼法》第二章和《最高人民法院关于适用〈中华人民共和国民事诉讼法〉若干问题的意见》(以下简称《最高人民法院的意见》)的有关规定以及最高人民法院有关司法解释，合同纠纷诉讼的地域管辖有以下几种情况。

(1) 一般合同纠纷诉讼由被告住所地或合同履行地人民法院管辖。《民事诉讼法》第二十三条规定："因合同纠纷提起的诉讼，由被告住所地或者合同履行地人民法院管辖。"

(2) 因保险合同纠纷提起的诉讼，由被告住所地或保险标的物所在地人民法院管辖。

(3) 因铁路、公路、水上、航空和联合运输合同纠纷提起的诉讼，由运输始发地、目的地或被告住所地人民法院管辖。

3) 合同当事人的协议管辖

合同的双方当事人可以在书面合同中协议选择被告住所地、合同履行地、合同签订地、原告住所地、标的物所在地人民法院管辖，但不得违反《民事诉讼法》对级别管辖和专属管辖的规定。

《民事诉讼法》第三十四条规定的书面合同中的协议，是指合同中的协议管辖条款或者诉讼前达成的选择管辖的协议。

合同的双方当事人选择管辖的协议不明确或者选择《民事诉讼法》第三十五条规定的人民法院中的两个以上人民法院管辖的，选择管辖的协议无效，依照《民事诉讼法》第二十三条的规定确定管辖。

4) 移送管辖

移送管辖是指人民法院发现受理的案件不属于本院管辖的，应当移送有管辖权的人民法院，受移送的人民法院应当受理。受移送的人民法院认为受移送的案件依照规定不属于本院管辖的，应当报请上级人民法院指定管辖，不得再自行移送。

5) 指定管辖

有管辖权的人民法院由于特殊原因，不能行使管辖权的，由上级人民法院指定管辖。人民法院之间因管辖权发生争议，双方协商解决不了的，报请它们的共同上级人民法院指定管辖。

6) 专属管辖

根据《民事诉讼法》的规定，下列案件由特定的人民法院管辖。

(1) 因不动产纠纷提起的诉讼，由不动产所在地人民法院管辖。

(2) 因港口作业中发生纠纷提起的诉讼，由港口所在地人民法院管辖。

(3) 因继承遗产纠纷提起的诉讼，由被继承人死亡时住所地或者主要遗产所在地人民法院管辖。

9.4.3　审判组织

审判组织是指人民法院对合同案件进行具体审理工作的组织。人民法院是审判机关，对每一件案件的审理，必须由人民法院指定专人负责，只有在对案件进行具体的审理后，才可能作出判决。人民法院指定专人负责审理案件是有一定的组织形式的，根据人民法院的级别、审级和案件的类别，《民事诉讼法》确定人民法院审理民事诉讼的组织形式有两种：独任制和合议制。

独任制是对合同案件进行审理的审判组织的一种形式，是指由一名审判员对案件进行审理和作出判决的制度。该审判员称为独任审判员。独任制的审判组织适用于案情比较简单、标的数额较小、事实较清楚的合同纠纷的第一审案件，这一类案件多由基层人民法院负责审理。

合议制是对合同案件进行审理的审判组织的另一种组织形式，是指由审判员和陪审员三人以上组成的审判集体或者全部由审判员三人以上组成的审判集体，对案件进行审理和作出判决的制度。合议制是人民法院对合同纠纷案件进行审理的最常见的基本组织形式。人民法院按照合议制组成的法庭称合议庭。合议庭由审判长一名、审判员或陪审员若干名组成。合同纠纷案件的审级不同，合议庭的组成也不同。第一审案件的合议庭一般由审判员和陪审员共同组成或者由审判员组成，合议庭的组成人数一般是三人，也可以是五人，但必须是单数；第二审案件的合议庭只能全部由审判员组成，陪审员不能参加第二审案件的审判工作，合议庭组成的最低人数也是三人，根据需要也可增加，但也必须是单数。发回重审和根据审判监督程序进行再审的案件，原来参与该案审理的审判人员不能再参加案件的审理工作，人民法院应当另行组成合议庭对案件进行审理，以免影响案件的公正审理。

9.4.4　合同争议诉讼的参与人

参加合同争议诉讼的人员主要有以下几种。

1. 诉讼的当事人

诉讼的当事人是指因合同发生争议或一方认为自己的合法权益受到侵害以自己的名义进行诉讼，并受人民法院的裁判或调解书约束的人。诉讼的当事人一般就是合同的当事人，在第一审程序中称为原告和被告，在第二审程序中称为上诉人和被上诉人。当事人必须具有诉讼的权利能力，如亲自参加诉讼的还应具备诉讼行为能力，否则当事人无法行使诉讼中的权利，无法承担诉讼中的义务。在此情况下，当事人的法定代理人应当代理其参加诉讼，当然，经济合同诉讼大多发生在法人之间，上述情况并不可能发生或极少发生。当事人可以是一个，也可以是两个或两个以上，即原告和被告都可以是一个或两个或两个以上。如果当事人一方或双方为两人以上，其诉讼标的是共同的，或者诉讼标的是同一种类，人民法院认为可以合并审理并经当事人同意的诉讼称为共同诉讼。

2. 诉讼中的第三人

根据《民事诉讼法》及《最高人民法院的意见》，有关诉讼中第三人的规定如下。

对当事人双方的诉讼标的，第三人认为有独立请求权的，有权提起诉讼。对当事人双方的诉讼标的，第三人虽然没有独立请求权，但案件处理结果同他有法律上的利害关系的，可以申请参加诉讼，或者由人民法院通知他参加诉讼。人民法院判决承担民事责任的第三人，有当事人的诉讼权利义务。

《民事诉讼法》第五十六条规定，有独立请求权的第三人有权向人民法院提出诉讼请求和事实、理由，成为当事人；无独立请求权的第三人，可以申请或者由人民法院通知其参加诉讼。

在诉讼中，无独立请求权的第三人有当事人的诉讼权利义务，判决承担民事责任的无独立请求权的第三人有权提出上诉。但该第三人在一审中无权对案件的管辖权提出异议，无权放弃、变更诉讼请求或申请撤诉。

3. 诉讼代理人

诉讼代理人是指根据法律规定、法院指定或者诉讼当事人授权，以委托的当事人的名义代理其进行民事诉讼行为的公民。合同诉讼中的代理人一般是经授权委托产生，律师和其他具有法律知识的公民可以成为合同诉讼中当事人的代理人。

当事人委托授权律师或其他公民进行诉讼，须向人民法院提交由委托人签名或盖章的授权委托书，授权委托书必须写明委托事项和委托权限，诉讼代理人在委托人的授权范围内进行诉讼活动。

【案例9-4】司法诉讼

开发商甲公司将某住宅工程发包给施工单位乙公司施工，工程竣工后，双方发生工程款纠纷，该纠纷因乙公司不向甲公司提交相关施工资料，甲公司以乙公司为被告诉至法院，其中的诉求之一是要求乙公司提供其办理房屋产权证所需施工单位提交的全部资料，一审予以支持。二审经审查认为，《民事诉讼法》第一百一十九条规定："起诉必须符合下列条件：(一)原告是与本案有直接利害关系的公民、法人和其他组织；(二)有明确的被告；(三)有具体的诉讼请求和事实、理由；(四)属于人民法院受理民事诉讼的范围和受诉人民法院管辖。"在本案中，甲公司的诉讼请求为要求乙公司提供其办理房屋产权证所需施工单位提交的全部资料。建设工程施工合同中约定需由施工方交付的施工资料应系特定物，而非种类物，涉案建设工程施工合同中并未就涉案工程竣工后施工方需提交哪些施工资料作出明确约定，甲公司亦未提供证据证明涉案工程在建设过程中形成了哪些施工资料，甲公司在涉案工程尚未办理竣工验收手续的情况下提起该诉求，应视为其诉讼请求不明确，其起诉不具备上述法律规定的条件。原审对本案进行实体审理不当，二审依法予以纠正，裁定撤销原判，驳回起诉。

【分析】施工资料是建设工程竣工验收备案时，建设单位按照建设行政主管部门的要求提交的书面材料，其目的在于证明施工程序合法，质量检验合格。实践中，承包人出于各种原因往往不能提交全部施工资料，这将直接导致验收备案受阻，建设单位无法办理权属证书，为此，建设单位往往通过诉讼来解决。但是，由于施工资料数量较多，种类繁杂，建设单位的诉讼请求往往仅用"有关资料""全部资料"等概述，庭审中往往也提交不出具体明细，导致裁判主文难以全面表述，而且此类标的物均为特定物，不宜执行，故二审作裁驳处理。这就提醒广大建设单位，在履行建设工程施工合同过程中，要建立健全档案管理体系，完善参建留痕留档制度，建立相关档案台账，以防发生诉讼时诉求不明或举证不能。建设单位也可在缔约时，与施工单位明确约定好逾期提交施工资料时应承担的违约责任，遇到此类纠纷时，可通过提起违约之诉或损害赔偿之诉的方式实现权利救济。

9.5　合同争议解决途径的选择

合同争议解决途径名目繁多，并不是每一项合同争议的解决都要经过这些过程，人们通常只选用其中一种或两种解决方式，以求较快且较经济地解决问题。实践证明，绝大多数的争议，都可以由合同双方友好协商解决。对于未能协商和解的争议，可以通过调解解决，通过法律途径(仲裁或诉讼)解决的是少数，另外从 1999 年开始还出现了 DAB 这种解决途径。为了更全面地了解各种争议解决途径的适用性，合同争议解决途径对比如表 9-1 所示。

表 9-1　合同争议解决途径对比

序号	解决途径	争议形成	解决速度	所需费用	保密程度	对双方协作关系的影响
1	协商和解	在合同实施过程中随时发生	发生时，双方立即协商，达成一致	无须费用	纯属合同双方讨论，完全保密	据理协商，达成和解后不影响协作关系
2	调解	邀请调解者，需要数周	调解者分头探讨，一般需要一个月	费用较少	可以做到完全保密	对协作关系影响不大，达成协议后可以恢复协作关系
3	仲裁	申请仲裁，组成仲裁庭，需1~2个月	仲裁庭审，一般需4~6个月	请仲裁员，费用较高	仲裁庭审，可以保密	对立情绪较大，影响协作关系

续表

序号	解决途径	争议形成	解决速度	所需费用	保密程度	对双方协作关系的影响
4	诉讼	向法院申请立案，一般需时一年，甚至更久	法院庭审，需时甚久	请律师等，费用很高	一般属于公开审判，难以保密	敌对关系，协作关系破坏
5	评判	双方邀请评判员，组成DAB	DAB 提出评判决定，需一个月左右	请评判员，费用甚高	内部评判，可以保密	有对立情绪，影响协作关系

复习思考题

一、选择题

1. 下列不属于因合同订立引起的争议的是(　　)
   A. 因合同主体不合法引起的争议　　B. 因拖欠货款引起的合同争议
   C. 因代签合同引起的争议　　D. 因合同订立的形式产生的争议

2. 下列有关建设工程施工合同争议的主要内容说法正确的是(　　)
   A. 承包人提出的工期索赔，发包人不予承认
   B. 关于终止合同的争议
   C. 承包人与材料设备供应商的争议
   D. 承包人与分包商的争议

3. 下列不属于合同诉讼案件的受案范围的是(　　)
   A. 合同纠纷当事人协商、调解不成的合同纠纷案件
   B. 人民法院裁定不予执行的仲裁裁决
   C. 合同纠纷当事人已经协商、调解的合同纠纷案件
   D. 合同纠纷当事人对仲裁条款、协议有争议的合同纠纷案件

二、填空题

1. 建设工程施工合同有＿＿＿＿＿、＿＿＿＿＿和＿＿＿＿，当事人在订立建设工程施工合同时，就要根据工程大小、工期长短、＿＿＿＿＿、涉及其他各种因素多寡，选择适当的合同形式。

2. 在合同履行过程中，由于＿＿＿＿＿，＿＿＿＿＿，引起纠纷是相当普遍的现象，这也是合同纠纷最常见、最大量、最主要的原因。

3. 当事人可以通过四种途径解决合同争议，即＿＿＿＿；＿＿＿＿；＿＿＿＿；＿＿＿＿。

4. 所谓合同争议的仲裁，是指发生＿＿＿＿时，合同双方当事人根据＿＿＿＿，向仲裁机构提出仲裁申请，由＿＿＿＿依法对争议进行仲裁并作出裁决，从而解决合同纠纷的法律制度。

5. 合同争议诉讼是指人民法院根据合同当事人的请求，在所有＿＿＿＿的参加下，＿＿＿＿合同争议的活动，以及由此而产生的一系列＿＿＿＿的总和。它是民事诉讼

的重要组成部分，是解决合同纠纷的一种重要方式。

三、简答题

1. 简述合同争议一般具有的特点。

2. 简述和解的特征和优点。

3. 简述合同争议行政调解具有的特征。

4. 简述合同争议仲裁的基本原则。

5. 简述参加合同诉讼的人员主要有哪些？

第 10 章 工程合同管理信息系统

教学提示： 信息化是合同管理的必然趋势，通过本章教学，有利于学生全面总结工程合同管理的知识，使工程合同管理控制方法标准化和程序化。

教学要求： 通过本章教学，应使学生掌握合同管理信息系统的特点、施工合同的结构分解、合同控制的程序，了解合同管理信息系统的设计方法。

10.1 概　　述

1. 合同信息管理的重要性

在工程实施过程中，合同管理主要是对工程承包合同的签订、履行、变更和解除进行监督检查，对合同双方争议进行调解和处理，以保证合同的依法签订和全面履行。合同管理人员首先应对合同各类条款进行仔细认真的分析研究，建立合同网络，在工程实施过程中根据合同进行监督检查，并通过各种反馈信息及时、准确地处理工程实际问题。这就要求合同管理人员加强信息管理，对合同管理过程中输出的各种信息进行收集、整理、处理、存储、传递和应用，以便及时、高效地发出各项正确指令。

为了提高合同管理的水平，全面、准确、及时地获取工程信息十分重要，这就需要设计一个以合同为核心的信息流结构，包括建立合同目录、编码和档案，建立完整的合同信息管理制度以及包括会议制度在内的科学高效的合同管理信息系统。

2. 合同信息管理的特点

所谓信息管理是指对信息的收集、加工整理、储存、传递与应用等一系列工作的总称。信息管理的目的就是通过有组织的信息流通，使决策者能够及时、准确地获取相应的信息。

建筑工程合同信息管理既有一般信息管理的特点，也有其特有的特点。

1) 时效性

在工程实施过程中，有大量的信息都是实时信息，而这些信息往往又与工程项目的总体目标是否能够实现休戚相关。如果不能及时得到这些瞬息万变的信息，并将这些信息迅速传递到相关的单位、部门，势必会对工程的实施产生重大影响，从而可能会导致项目总体目标不能按时、按质、按量实现。如工程师不能在规定的期限内作出指令就有可能导致工程停工，承包商的索赔不能及时解决就可能会影响工程的实施。因此，及时准确地获取工程信息十分必要。

2) 综合性

在工程实施过程中，合同信息往往通过质量、进度和投资方面反映出来。合同既是业主与承包商连接的纽带，也是工程师实施监理的主要依据。但是，工程承包合同的主要条款则是关于双方当事人在质量、进度和投资等方面的权利和义务约定。同时，要加强合同管理，也需要通过对大量其他各方面的信息进行分析处理来实现。

3) 复杂性

工程项目是一个复杂开放的系统，在所有的信息中既有项目内部信息，如合同的结构、合同管理制度，又有大量外部信息，如国家政策、法律法规等；既有固定信息，又有流动信息；既有现时信息，又有历史信息；既有生产信息，又有技术信息、经济信息。这就给信息管理带来了较大的难度。

10.2　合同管理信息系统

1. 概述

管理信息系统是一个由人、计算机等组成的进行信息的收集、传送、储存、加工、维护和使用的系统。

管理信息系统引用其他学科中已成熟、先进的成果，集合成为一门综合性学科，如计算机科学提供了计算机及通信的基础，运筹学提供了以正确的资料作出合理的决策的基础，各种管理的基本职能如组织、协调、控制等都是系统建立的基础，等等。

国外一些工程承包公司已经开发了工程项目管理信息系统，成绩显著。目前，我国也已经有了这方面的开发研究，出现了一些较为成熟的软件，如工程概预算软件、建设监理软件、工程项目管理软件等。各种软件都有一定的特点，但也有一定的局限性，且多偏重于事务型信息管理，缺乏决策支持及专家系统的帮助。

2. 合同管理信息系统的主要功能

1) 数据、资料的收集

在工程实施过程中，每天都要产生大量的信息，如各种指令、信件、索赔报告等，必须确定收集什么样的信息，确定信息的结构、收集的方式及手续，考察信息的真伪，并具体落实到责任人。通常这些工作由合同工程师负责，秘书、文档管理员等承担此任务。

2) 数据资料的存储

原始数据资料不仅可供目前使用，还有许多必须保存。按照不同的使用和储存要求，数据资料储存于一定的信息载体上，要做到既安全可靠，又使用方便。

3) 信息的加工

信息的加工即将原始数据资料经过信息加工处理，转变为可供决策使用的信息。处理方法有以下几种。

(1) 一般的信息处理方法，如排序、分类、合并、插入、删除等。

(2) 数学处理方法，如数学计算、数值分析、数理统计等。

(3) 逻辑判断方法，如差异诊断、风险分析等。

(4) 信息的传送、调用和输出。即将经过处理的信息流通到需要的地方，以便各决策者作出客观正确的决策。

3. 合同文档管理

文档管理是指对作为信息载体的资料进行有序的收集、加工、分解、编目、存档，并为需要者提供专用和常用的信息的过程。文档系统是管理信息系统的基础，是管理信息系统有效运行的前提条件。

合同管理文档系统的内容包括合同文本及附件，合同分析资料、指令、信件、会议纪要，各种原始工程文件、索赔文件，各种技术、经济、财务方面的资料，等等。建立合同管理文档系统的步骤如下。

1) 建立资料特征标识

(1) 要求。一般合同资料的编码体系有以下要求。

① 统一的、适用于所有资料的编码系统。

② 能够区分资料的种类和特征。

③ 有足够的存储空间。

④ 对人工处理和计算机处理同样有效。

(2) 资料编码的构成。

通常，资料编码由一些字母和数字符号构成，它们被赋予一定的含义，这样编码就能够被识别。合同资料的编码一般由以下几部分构成。

① 有效范围。例如，属于某子项目、功能或要素。

② 资料的种类。例如，是属于合同文本，还是属于信件；是属于技术上的，还是属于商务或行政上的。

③ 内容和对象。即设计出符合实际要求的文档结构。

④ 日期和序号。对于相同有效范围、相同种类、相同对象的资料可通过日期和序号来加以区分。

2) 索引系统

为了使资料储存和使用方便，必须建立资料的索引系统，它类似于图书馆的书刊索引，可以采取表格的形式，其栏目应能够反映资料的各种特征信息。同时，也要注意索引和文档之间的关系。其对应关系如图 10-1 所示。

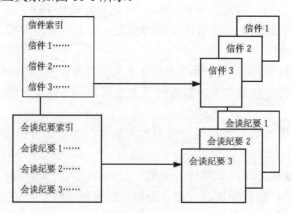

图 10-1　索引和文档的对应关系

【案例 10-1】合同管理系统成功案例

中原的物业管理业务于 1995 年在北京成立，并在 1996 年已经获取北京市的"物业管理资质合格证书"，然后在 2002 年成为一家独立的外资专业服务公司，主要负责中原在国内的物业管理服务工作。中原物业主要引用国际和香港的物业管理概念，并根据国内不同地方的市场情况而全面推行日常的物业管理工作，其拥有多年的物业管理经验，服务范围广泛而全面。其时的物业管理业务约有 50%在北京，其他的管理项目和客户分布在沈阳、哈尔滨、大庆、青岛、天津、郑州、太原、石家庄等地。为了开拓不同的市场，中原物业在天津市和沈阳市也成立了物业管理分公司。

中原物业于 2013 年应用友为合同管理平台，实现各地项目与总部之间的申请、审批互动；实现了双方的数据共享。其功能模块包括合同申请、审批、备案、付款、催费、收款、法务处理，平台基于组织架构，应用规模较大，包括集团总部、北京区分公司、沈阳分公司、牡丹江分公司、海城分公司等。

随着集团发展，企业在中国各大城市和香港地区拥有多个分公司和分部，每个分部有很多物业项目在运行，项目中各种业务都需要总部领导进行审批和确认，处理业务量大，数据难以汇总统计和管理，因此需要一个电子平台来协助合同管理，力争为客户提供专业的金牌物业管理服务。

中原物业提出友为物业合同管理解决方案。用户通过浏览器访问合同管理系统后，在线填制合同/协议书。平台已提供合同的格式，用户只需补充剩余信息即可。合同填制过程中可以将对方公司营业执照、相关资质、特种经营许可证、分包简报、分包选聘表、安全生产责任书等相关文件上传，为合同提供更加详细的相关信息。可在线申请月付型、季付型、半年付型、一次性支付型、分期型、无明确金额型等类型的合同、协议书。如果合同有续签，随时可以在线发起续签审批请求，相关合同信息可以相互关联，方便追溯查找。

为了实现在线审批，在调查了企业合同审批情况后，在友为合同管理平台中根据实际业务建立了多条合同审批流程。今后，无论是集团人员还是分部人员，无论在公司办公还是出差在外都只需通过登录平台，就能在线对合同/协议书进行审批。例如，为住宅事业部建立合同审批流程，当合同申请提交后，项目经理收到审批请求，于是进入系统审批合同，审批完成后，将自动流转到事业部经理并发送审批申请(E-mail)和通知(系统内部消息)，事业部经理收到请求或消息，对合同继续审批，审批完成后流转到法务部经理、再到财务总监、再到区域总经理，最后直至合同审批完成。

在线备案，及时更新合同的状态。另外，将合同的付款纳入在线管理，通过领导审批的方式来决定是否进行，待业务领导和财务人员全部审批通过后才可付款。

针对与业主之间的纠纷，需要公司法务进行处理，各地项目通过系统进行相关登记和申请，包括强制执行申请、请示申请、催费业务信息单、项目律师信、项目立案诉讼单、汇款明细登记等。

【效果】(1) 协同办公，增强了集团内部协作。应用友为合同管理系统平台后，集团实现了通过电子平台进行合同处理，有效利用了资源，提高了处理合同的能力和效率。例如，当业务部门提交了一个合同或付款请求，通过审批流程，使所有相关专业人员和审批领导参与其中，正所谓"术业有专攻""集百家之长"。

(2) 合同到期预警、纠纷处理，降低了集团管理风险。合同到期预警、资质证件预警提醒合同管理者及时执行并跟踪合同的最新情况。此外，律师信、项目立案诉讼等为解决合同纠纷提供了帮助，降低了风险也就减少了企业的损失。

(3) 统计分析、合同视图，提供了集团决策依据。合同管理平台拥有较强的统计分析功能，在"合同一览"中提供了所有合同的类型、相对方、开始时间、到期时间、合同金额、合同状态等信息的展示，并支持导出到电子表格中；在"收款报表"中，展示所有合同的收款情况；在"催费报表"中展示客户的所有催费记录。这些记录可以为集团决策提供依据。

中原物业在应用友为合同管理平台之前，有很多的其他业务申请通过 SharePoint 进行管理，但是由于此程序没有审批流，用起来很不方便；应用友为合同平台后，客户通过友为合同管理流程平台自行扩展出了很多深度应用，实现了申请从前到后的审批流程。

通过友为合同管理平台，实现了物业公司与业主之间纠纷相关文件的律师申请过程，法务数据信息的共享化，报表的及时汇总，这些为领导决策提供了数据依据。

10.3 工程合同管理信息系统的分析

要设计开发合同管理信息系统，首先必须对现行合同管理系统进行系统分析。其包括以下内容。

1) 合同管理与工程项目其他管理职能的关系

工程项目管理包括进度管理、质量管理、成本管理、技术管理、资源管理、合同管理等，而合同管理几乎涉及项目管理的其他各个领域，与其他职能管理部门、索引文档业主及承包商之间都有着密切的联系。合同管理管理成功与否，不仅在于合同管理人员，还依赖于其他人员的配合以及管理工作的成效。合同管理信息系统开发成功与否，同样存在着与其他职能管理部门的配合问题。而且，合同管理信息系统作为工程项目管理信息系统的一个子系统，它的应用深度，也受其他职能管理水平的影响。所以，应与其他系统同时开发，以提高工程项目管理水平。

2) 合同管理组织模式及合同管理工作程序

通过对上述合同管理与其他管理职能的关系分析，再结合工程管理组成机构形式，可以确定项目的合同管理模式。

由于合同管理的涉及面较广，与其他管理职能部门联系较为密切，所以，可建立在项目经理的统一领导之下、由专职合同管理工程师直接负责、各专业负责人积极配合、全员参加的组织管理模式。

根据合同管理组织模式，确定从合同签订时起的合同管理工作程序，制定工作流程图。根据《建设工程施工合同》(GF—1999—0201)，将与合同履行有关的工作程序介绍如下。

(1) 工程质量控制程序，如图 10-2 所示(图中括号内数字代表示范文本条款号，下同)。

(2) 工程进度控制程序，如图 10-3 所示。

(3) 工程价款控制程序，如图 10-4 所示。

(4) 工程索赔管理程序，如图 10-5 所示。

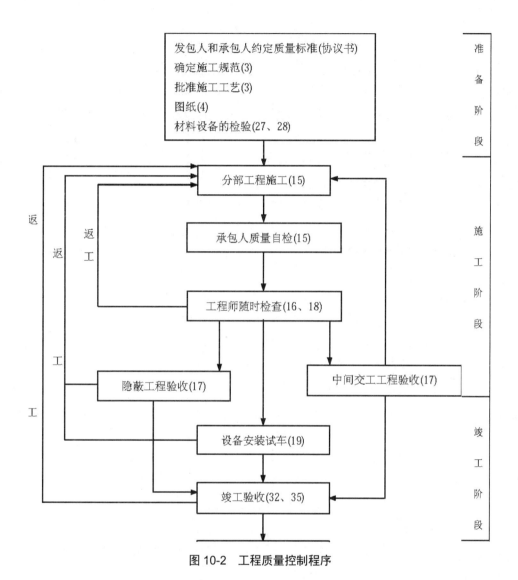

图 10-2　工程质量控制程序

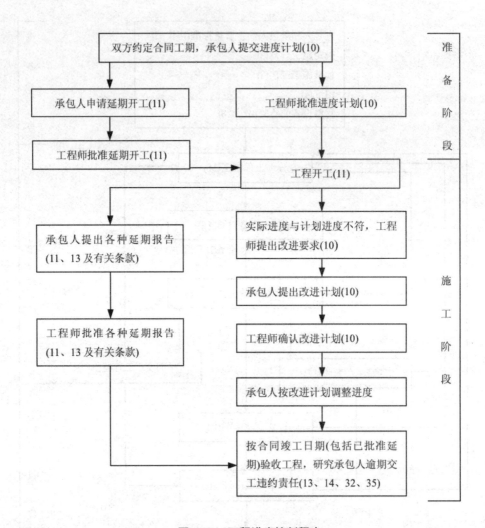

图 10-3　工程进度控制程序

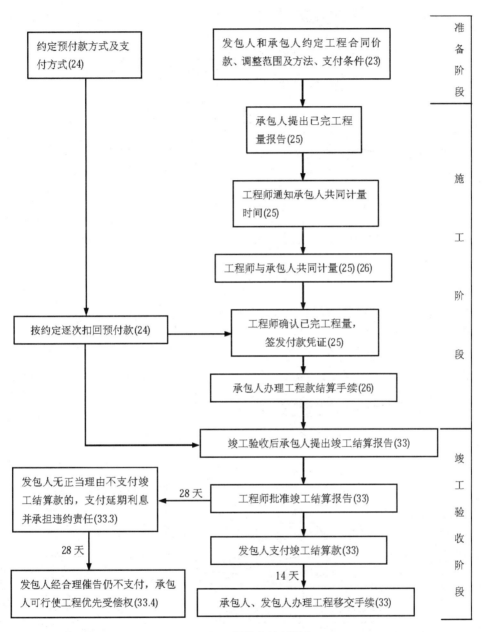

图 10-4　工程价款控制程序

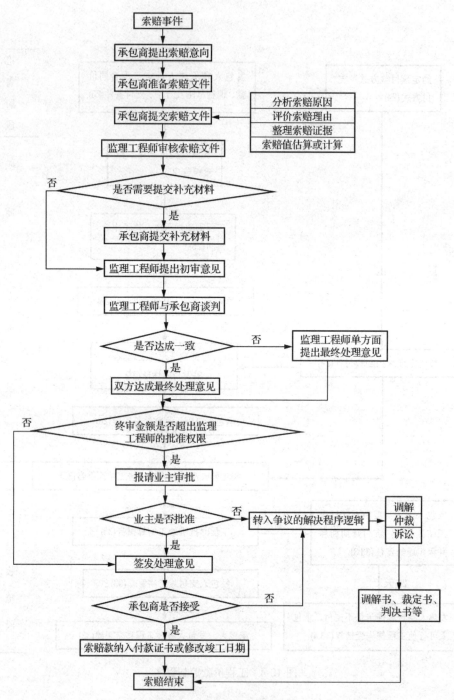

图 10-5　工程索赔管理程序

10.4　工程合同管理信息系统的设计

1. 系统总体数据结构模型设计

系统总体数据结构模型设计即从合同管理对数据的基本要求出发，对系统中有关数据进行分析与综合，包括对数据及其结构进行分类、分组、一般化和聚合处理等，从而构造出系统总体数据结构模型。

系统总体数据结构模型设计包括编码结构设计和系统总体数据结构模型设计。

(1) 编码结构设计。为了对大量数据进行统一有效的处理，充分发挥计算机的优势，提高系统工作效率，必须有适当的编码体系。

(2) 系统总体数据结构模型设计。在对系统进行较为详细的数据调查分析的基础上，采用扩展实体关系模型描述出系统总体数据结构模型。

2. 系统主要数据库设计

合同管理数据库主要可划分为合同管理、进度管理、质量管理、成本管理和文档管理五大部分，根据实际需要，再进行细分并确定各数据库名称。

3. 系统功能子系统划分

在系统功能开发时采用结构化设计方法，首先将整个系统从上到下划分为若干个功能子系统，其次将每个子系统再划分为若干个功能模块，自上而下逐步设计，再自下而上层层实现。

功能子系统划分应注意以下原则。

(1) 子系统要具有相对独立性。

(2) 各子系统之间数据的依赖性尽可能小。

(3) 子系统划分应当便于全系统的快速实现。

在系统总体数据结构模型的基础上，依据上述系统划分的原则，可将合同管理信息系统划分为合同结构模式选用、合同日常管理、合同文档管理、索赔管理、合同管理知识导读和系统维护子系统。

4. 系统各功能子系统及功能模块设计

在合同管理信息系统功能子系统划分确定之后，要将各功能子系统进一步划分为若干个功能模块。例如，索赔管理功能子系统又可划分为索赔事件跟踪管理、索赔报告审核、索赔事项管理、索赔值计算等功能模块；系统维护子系统可分为系统简介、操作说明、编码、文件管理、打印管理等功能模块；等等。

复习思考题

一、选择题

下列关于建筑工程合同信息管理的特点的说法不正确的是（　　　）

    A. 在工程实施过程中，合同信息往往通过质量、进度和投资方面反映出来

    B. 建筑工程合同信息管理既有一般信息管理的特点，也有其特有的特点

    C. 工程项目内部信息有合同的结构、合同管理制度等

    D. 工程项目外部信息有合同的结构、合同管理制度等

二、填空题

1. 在工程实施过程中，合同管理主要是对工程承包合同的＿＿＿＿＿＿、＿＿＿＿＿＿、＿＿＿＿＿＿和＿＿＿＿＿进行监督检查，对合同双方争议进行调解和处理，以保证合同的依法签订和全面履行。

2. 管理信息系统是一个由人、计算机等组成的进行信息的＿＿＿＿＿、传送、＿＿＿＿＿、＿＿＿＿＿、维护和＿＿＿＿＿的系统。

3. 索赔管理功能子系统又可划分为索赔事件跟踪管理、＿＿＿＿＿＿、索赔事项管理、＿＿＿＿＿＿等功能模块；系统维护子系统可分为＿＿＿＿＿＿、操作说明、编码、＿＿＿＿＿＿、打印管理等功能模块。

三、简答题

1. 简述将原始数据资料转变为可供决策使用信息的转变方法。

2. 简述一般合同资料的编码体系的要求。

3. 简述功能子系统划分应注意的原则。

复习思考题答案

第1章

一、选择题

1. ABCD【解析】根据合同按不同的标准，可以分为以下几类：(1)双务合同与单务合同。(2)有偿合同与无偿合同。(3)有名合同与无名合同。(4)诺成合同与实践合同。(5)要式合同与不要式合同。(6)主合同与从合同。(7)本约(本合同)与预约(预备合同)。(8)为订约人自己订立的合同与为第三人利益订立的合同。

二、填空题

1. 履行预约
2. 当事人；强制；违约责任

三、简答题

1. 合同是平等主体的自然人、法人及其他组织之间设立、变更、终止民事权利义务的意思表示一致的协议。其法律特征表现为：(1)合同是平等主体的自然人、法人和其他组织所实施的一种民事法律行为。(2)合同以设立、变更或终止民事权利义务关系为目的。(3)合同是当事人意思表示一致的协议。

2. (1)合同是工程项目管理的核心。(2)合同是承发包双方履行义务、享有权利的法律基础。(3)合同是处理工程项目实施过程中各种争执和纠纷的法律依据。

第2章

一、填空题

1. 协作履行；适当履行；经济合理；情事变更
2. 全部转移；部分转移；全部转移；部分转移
3. 实际履行；损害赔偿
4. 合同权利；合同义务
5. 同时履行；先履行；不安

二、选择题

1. D【解析】承诺必须具备的条件有：承诺必须由受要约人向要约人作出；承诺必须在规定的期限内到达要约人；承诺的内容必须与要约的内容一致，但法律并未要求其绝对一致时，承诺可以对要约作出非实质性变更；承诺的方式须符合要约的要求。

2. A【解析】当事人未写入合同中，甚至从未协商过，但基于当事人的行为，或基于合同的明示条款，或基于法律规定，理应存在的合同条款。英美合同法称之为默示条款，该条款是实现合同目的及作用所必不可少的，只有推定其存在，合同才能达到目的及实现其功能。

3. B【解析】违约责任具有以下法律特征：(1)违约责任的产生是以合同当事人不履行合同义务为条件的。(2)合同关系的相对性决定了责任的相对性，违约责任只能在特定的当事人之间发生，合同之外的当事人不会成为违约责任的主体。(3)违约责任具有补偿性，违约责任的产生是以合同当事人不履行合同义务为条件的，一般情况下，当损失小于违约金时，仍按违约金执行；当损失大于违约金时，应补齐差额部分。(4)违约责任可以由当事人约定。违约责任具有一定的任意性，当事人可以在法律规定的范围内对违约责任作出事先的安排。(5)违约责任是民事责任的一种形式。

三、简答题

1. 可撤销合同，又称为可撤销、可变更的合同，它是指当事人在订立合同时，因意思表示不真实，法律允许撤销权人通过行使撤销权而使已经生效的合同归于无效。可撤销合同与无效合同是不同的，其法律特征表现为以下几个方面。(1)可撤销合同主要是意思表示不真实的合同。(2)必须由撤销权人主动行使撤销权，请求撤销合同。(3)可撤销合同在未被撤销以前仍然是有效的。(4)可撤销合同又称为可撤销、可变更的合同，也就是说对于此类合同，撤销权人有权请求予以撤销，也可以不要求撤销，而仅要求变更合同的内容。

2. 合同履行的原则是合同当事人在履行合同债务时所应遵循的基本准则。这些原则主要包括以下 4 项。(1)适当履行原则。(2)协作履行原则。(3) 经济合理原则，因故不能履行或不能完全履行时，应积极采取措施避免或减少损失，否则要就扩大的损失自负其责。(4) 情势变更原则，发生合同纠纷时，应各自主动承担责任，不得推诿。

3. (1)合同保全是合同相对性原则的例外。根据合同相对性原则，合同仅在合同当事人之间产生法律效力，合同当事人不可以依合同向第三人主张权利。但依合同保全制度，合同债权人却可以依其与债务人之间的合同，而取得对第三人的影响。可见，合同保全为合同相对性原则的例外。(2)合同保全主要发生在合同生效期间。如果合同未成立、无效或已被撤销，则无合同保全的余地。(3)合同保全的基本方法是确认债权人享有代位权和撤销权，这两种措施均在于防止债务人财产的不当减少，从而保障债权人债权的实现。

4. (1)合同转让并不引起合同内容的变化。合同转让只是合同权利义务的归属方的变化，合同权利义务本身并没有发生变化。(2)合同转让是合同主体的变化。合同转让是由第三人替代合同当事人一方成为合同当事人，即当事人一方退出合同而第三人进入合同关系。(3)合同转让涉及原合同当事人双方之间的权利义务关系、转让人与受让人之间的权利义务关系。

5. (1)违约金是由当事人协商确定的。(2)违约金的数额是预先确定的。(3)违约金是一种违约后生效的责任方式。

第3章

一、选择题

1. D【解析】发包人是指在协议书中约定，具有工程发包主体资格和支付工程价款能力的当事人以及取得该当事人资格的合法继承人。承包人是指在协议书中约定，被发包人接受的具有工程施工承包主体资格的当事人以及取得该当事人资格的合法继承人。

2. C【解析】除专用条款另有约定外，《建设工程施工合同(示范文本)》由下列文件组成。(1)双方签署的合同协议书。(2)中标通知书。(3)投标书及其附件。(4)本合同专用条款。(5)本合同通用条款。(6)本工程所适用的标准、规范及有关技术文件。

3. A【解析】可以解除合同的情形如下(1)发包人、承包人协商一致，可以解除合同。(2)发包人不按合同约定支付工程款(进度款)，双方又未达成延期付款协议，导致施工无法进行，承包人可以停止施工，由发包人承担违约责任。如果停止施工超过 56 天，发包人仍不支付工程款(进度款)，承包人有权解除合同。(3)承包人将其承包的全部工程转包给他人，或者肢解以后以分包的名义分别转包给他人，发包人有权解除合同。(4)因不可抗力导致合同无法履行，发包人、承包人可以解除合同。(5)因一方违约(包括发包人原因造成的工程停建或缓建)导致合同无法履行，发包人、承包人可以解除合同。

二、填空题

1. 固定价格合同；可调整价格合同；成本加酬金合同
2. 单件性；流动性；周期长
3. 违约责任；不可抗力
4. 工程质量；追加合同价款
5. 合同文本；权利；义务；成本；收入

三、简答题

1. (1)合同标的物的特殊性；(2)合同履行期限的长期性；(3)合同内容的多样性和复杂性；(4)合同监督的严格性。

2. (1)工程概况：工程名称、工程地点、工程内容、群体工程应附承包人承揽工程项目一览表、工程立项批准文号、资金来源等。(2)工程承包范围。(3)合同工期：开工日期、竣工日期、合同工期总日历天数(包括法定节假日)。(4)质量标准。(5)合同价款：分别用大小写表示。(6)组成合同的文件。(7)本协议书中有关词语含义与通用条款中分别赋予它们的定义相同。(8)承包人向发包人承诺按照合同约定进行施工、竣工并在质量保修期内承担工程质量保修责任。(9)发包人向承包人承诺按照合同约定的期限和方式支付合同价款及其他应当支付的款项。(10)合同生效：合同订立时间(年月日)、合同订立地点、双方约定生效的时间。

3. (1)工程质量保修范围和内容；(2)质量保修期；(3)质量保修责任；(4)质量保修金的支付方法。

4. 发包人承担违约责任的方式有 4 种：(1)赔偿因其违约给承包人造成的经济损失；(2)支付违约金；(3)顺延延误的工期，对于因为发包人违约而延误的工期，应当相应顺延；

(4)继续履行。承包人承担违约责任的方式有 4 种:(1)赔偿因其违约给发包人造成的损失;(2)支付违约金;(3)采取补救措施,对于施工质量不符合要求的违约,发包人有权要求承包人采取返工、修理、更换等补救措施;(4)继续履行。

5.(1)施工合同的合法性分析。(2)施工合同的完备性分析。(3)合同双方责任和权益及其关系分析。(4)合同条款之间的联系分析。(5)合同实施的后果分析。

第 4 章

一、选择题

1. ABCD【解析】(1)发包人不按合同要求按时、按质、按量提供资料,致使承包人无法正常开展工作。(2)发包人在合同履行中途提出变更要求。(3)发包人不按合同规定支付合同价款。(4)因其他发包人责任给承包人造成利益损害的情况。以上四种情况承包商均可以按照合同的规定向发包人提出相应索赔要求。

二、填空题

1. 勘察;设计;地质;地理;环境特征;经济;综合分析和论证;建设工程
2. 监理单位;建设主管部门;建设工程;建设工程委托监理;专业化监督

三、简答题

1.(1)工程名称;(2)工程建设地点;(3)工程规模、特征;(4)工程勘察任务委托文号、日期;(5)工程勘察任务(内容)与技术要求;(6)承接方式;(7)预计勘察工作量。

2.(1)按照监理工程概预算的百分比计收。(2)按照参与监理工作的年度平均人数计算。(3)不宜按(1)、(2)两项办法计收的,由委托人和监理人按商定的其他方法计收。(4)中外合资、合作及外商投资的建设工程,由双方参照国际标准协商确定。适用性:第(1)种方法简便、科学,适用范围较广,一般新建、改建、扩建的工程都适用这种方法;第(2)种方法主要适用于单工种或临时性,或不宜按第(1)种方法计算报酬的工程。

3. "委托人"是指承担直接投资责任和委托监理业务的一方以及其合法继承人。"监理人"是指承担监理业务和监理责任的一方,以及其合法继承人。"监理机构"是指监理人派驻本工程现场实施监理业务的组织。"总监理工程师"是指经委托人同意,监理人派到监理机构全面履行本合同的全权负责人。

第 5 章

一、选择题

1. C【解析】该合同条件适用于建设项目规模大、复杂程度高、雇主提供设计的项目。新红皮书基本继承了原红皮书的"风险分担"的原则,即雇主愿意承担比较大的风险。而 ABD 均属于施工合同条件的特点。

2. ABCD【解析】FIDIC《施工合同条件》(1999 年版)的特点:(1)国际性、权威性、通用性;(2)权利和义务明确、职责分明、趋于完善;(3)文字严密、逻辑性强、内容广泛具体、可操作性强;(4)法律制度完善;(5)合同条件具有唯一性 。

3. D【解析】不可预见物质条件的范围：承包商施工过程中遇到不利于施工的外界自然条件、人为干扰、招标文件和图纸均未说明的外界障碍物、污染物的影响、招标文件未提供或与提供资料不一致的地表以下的地质和水文条件，但不包括气候条件。

二、填空题

1. 中标函；规范；资料表；中标函
2. 独立性；公正无偏
3. 工期损失；额外费用；索赔意向；索赔通知
4. 28 天内；索赔的详细证明报告
5. 提交工程师决定；提交争端裁决委员会决定；双方协商；仲裁

三、简答题

1. (1)不按规定提交履约保证或接到工程师的改正通知后仍不改正。(2)放弃工程或公然表示不再继续履行其合同义务。(3)没有正当理由，拖延开工，或者在收到工程师关于质量问题方面的通知后，没有在 28 天内整改。(4)没有征得同意，擅自将整个工程分包出去，或将整个合同转让出去。(5)承包商已经破产、清算或出现承包商已经无法再控制其财产的类似问题等。(6)直接或间接向工程有关人员行贿，引诱其作出不轨之行为或言不符实之词，包括承包商雇员的类似行为，但承包商支付其雇员的合法奖励则不在此列。

2. (1)承包商应根据合同和工程师的指令来施工和修复缺陷。(2)承包商应提供合同规定的永久性设备和承包商的文件。(3)承包商应提供其实施工程期间所需的一切人员和物品。(4)承包商应为其现场作业以及施工方法的安全性和可靠性负责。(5)承包商为其文件、临时工程，以及永久设备和材料的设计负责，但不对永久工程的设计或规范负责，除非有明确规定。(6)工程师随时可以要求承包商提供施工方法和安排等内容；如果承包商随后需要修改，应事先通知工程师。

3. (1)实施工程的进度计划。(2)每个指定分包商施工各阶段的安排。(3)合同中规定的重要检查、检验的次序和时间。(4)保证计划实施的说明文件。

4. (1)选择分包单位的权利不同。(2)分包合同的工作内容不同。(3)工程款的支付开支项目不同。(4)雇主对分包商利益的保护不同。(5)承包商对分包商违约行为承担责任的范围不同。

5. (1)计划实施工程的总工期和重要阶段的里程碑工期是否与合同的约定一致。(2)承包商各阶段准备投入的机械和人力资源计划能否保证计划的实现。(3)承包商拟采用的施工方案与同时实施的其他合同是否有冲突或干扰等。

第 6 章

一、选择题

1. ABCD【解析】对对方索赔报告的反驳核查，可以从以下几个方面进行：(1)索赔要求或报告的时限性。(2)索赔事件的真实性。(3)干扰事件原因、责任分析。(4)索赔理由分析。(5)索赔证据分析。(6)索赔值的审核。

二、填空题

1. 总结；分析结果；立场；处理意见；性质；复杂程度；形式
2. 书面文件；一方当事人；要求和主张；审核；反驳；拒绝；索赔谈判或调解；诉讼

三、简答题

1. 概念：索赔是指对某事、某物权利的一种主张、要求和坚持等。建设工程索赔是指当事人在合同实施过程中，根据法律、合同规定及惯例，对并非由于自己的过错，而是由合同对方应承担责任或风险的事件造成损失后，向对方提出补偿的权利要求。在工程建设的各个阶段，都有可能发生索赔，但在施工阶段的索赔发生较多。索赔具有广义和狭义两种解释：广义的索赔是指合同双方向对方提出的索赔，既包括承包商向业主的索赔，也包括业主向承包商的索赔；狭义的索赔一般指承包商向业主的索赔。

特征如下。(1)索赔的依据是法律法规、合同文件及工程惯例。(2)索赔是双向的。(3)与合同对比，索赔一方必须有损失。(4)索赔应由对方承担责任或风险事件造成，索赔一方无过错。(5)索赔是一种未经对方确认的单方行为。

2.(1)按索赔的依据分类。(2)按索赔当事人分类。(3)按索赔的目的分类。(4)按索赔事件的性质分类。(5)按索赔处理的方式分类。

3.(1)制定反索赔策略和计划。(2)合同总体分析。(3)索赔事件调查与取证。(4)三种状态的分析。(5)索赔报告的反驳与分析。(6)起草并提交反索赔报告。

4.(1)索赔致函，向对方提出索赔的主张、声明等。(2)索赔事件描述，包括发生的原因、责任或风险承担的分析与认定。(3)索赔要求，包括各索赔事件引起的费用与工期索赔值。(4)费用和工期索赔值的详细计算过程及依据。(5)分包商索赔。(6)各种有效的、合法的、及时的证据及证明资料等附件。

第 7 章

一、选择题

D【解析】条件变更是指施工过程中，因业主未能按合同约定提供必需的施工条件以及不可抗力发生导致工程无法按预定计划实施。计划变更是指施工过程中，业主因上级指令、技术因素或经营需要，调整原定施工进度计划，改变施工顺序和时间安排。

二、填空题

1. 设计变更；施工措施变更；计划变更；条件变更；新增工程
2. 进度控制；质量控制；投资控制
3. 监理监督；业主监督；设计监督；其他监督；委托监理合同

三、简答题

1. 发包人：(1)在专用条款约定的范围和时限内审批承包人或监理工程师提出的工程变更建议书，若属设计变更，则需报设计单位确认后执行；(2)对设计单位直接发出的工程设计变更文件，应对其进行技术经济评价，在专用条款约定的时限内将评价结果反馈回设计单位，经设计单位再次确认或修改调整后组织承包人实施。

承包人：(1)承包人有义务独立地向监理工程师或发包人提出工程变更建议。(2)承包人有权利分享其所提出的工程变更给发包人带来的收益，分享方式及比例由双方在专用条款中约定。

2. (1)变更生成系统；(2)变更评审系统；(3)变更决策系统；(4)变更发布系统；(5)变更执行系统；(6)变更监督系统；(7)变更预警系统；(8)变更绩效评估系统。

3. (1)原施工组织设计或施工方案存在技术缺陷或不合理因素，无法指导施工。(2)原施工方案投入成本过高，重新提出成本较低的施工方案。(3)工程进度滞后而提出对原施工计划进行调整。(4)工程地质条件变化或有经验的承包商无法预见的外部施工环境发生变化需对原施工方案进行修改和调整。(5)设计变更导致必须对原施工方案进行调整。(6)业主对工程进度提出新的要求，需对原施工方案进行调整。(7)工程所在地政府行政管理部门要求调整施工方案以满足环境保护或劳动保护等要求。

第8章

一、选择题

1. B【解析】风险分析的方法包括定性分析方法、定量分析方法或两者相结合的方式。定性分析方法主要有头脑风暴法、德尔菲法、因果分析法、情景分析法等；定量分析方法有敏感性分析、概率分析、决策树分析、影响图技术、模糊数学法、灰色系统理论、效用理论、模拟法、计划评审技术、外推法等。

2. A【解析】按风险产生的原因分类包括以下几种。(1)政治风险。(2)法律风险。(3)经济风险。(4)自然风险。(5)社会风险。(6)合同风险。(7)人员风险。而质量风险，包括材料、工艺、工程不能通过验收，工程试生产不合格，经过评价工程质量未达标准。其属于按风险产生的后果分类。

3. D【解析】预付款担保是指承包人与发包人签订合同后，承包人正确、合理使用发包人支付的预付款的担保。

4. B【解析】按工程建设所涉及的险种分类有以下几项。(1)建筑工程一切险。(2)安装工程一切险，机器设备安装、企业技术改造、设备更新等安装工程项目均可投保安装工程一切险。(3)第三方责任险。(4)雇主责任险。(5)承包商设备险。(6)意外伤害险。(7)执业责任险。按单项、综合投保分类有：(1)单项保险；(2)CIP 保险 。

二、填空题

1. 风险识别；风险分析；风险处置；主动控制
2. 项目决策风险；融资、筹资风险；建设期风险；生产经营期风险
3. 保证；抵押；质押；留置；定金；反担保
4. 保险代理人；保险经纪人；保险公估人；公平互利；协商一致；自愿且不损害社会公共利益
5. 保险人的资信、实力；风险管理水平；保险服务；费率水平

三、简答题

1. (1)风险存在的客观性和普遍性。作为损失发生的不确定性，风险是不以人们的意志

为转移并超越人们主观意识的客观存在。(2)单一具体风险发生的偶然性和大量风险发生的必然性。正是由于存在着这种偶然性和必然性，人们才要去研究风险，才有可能去计算风险发生的概率和损失程度。(3)风险的多样性和多层次性。(4)风险的可变性。

2. 担保的特征如下。(1)从属性。从属性是一种附随特性。担保是为了保证债权人债权的实现而设置的，所以从属于被担保的债权。被担保的债权是主债权，而主债权人对担保人享有的权利是从债权。没有主债权的存在，从债权就没有依托；主债权消灭，担保的义务也归于消灭。(2)条件性。债权人只能在债务人不履行和不能履行债务时才能向担保人主张权利。(3)相对独立性。担保设立须有当事人的合意，与被担保的债权的发生和成立是两个不同的法律关系。

3. (1)投标担保。(2)承包商履约担保。(3)承包商付款担保。(4)预付款担保。(5)维修担保。(6)业主支付担保。(7)业主责任履行担保。(8)完工担保。

4. 国际上工程合同保险的特点如下。(1)由保险经纪人在保险业务中充当重要角色。(2)健全的法律体系，为工程合同保险的发展提供了保障。(3)投保人与保险商通力合作，有效控制了意外损失。(4)保险公司返赔率高，利润率低。

5. 在发生引起或可能引起保险单项下索赔的事故时，被保险人或其代表应该采取以下措施。(1)立即通知保险人，并在 7 天内或经保险人书面同意延长的期限内以书面报告提供事故发生的经过、原因和损失程度。(2)采取一切必要措施防止损失的进一步扩大，并将损失减少到最低程度。(3)在保险人代表或检验师进行勘查之前，保留事故现场及有关实物证据。 (4)在保险财产遭受盗窃或恶意破坏时，立即向公安部门报案。(5)在预知可能引起诉讼时，立即以书面形式通知保险人，并在接到法院传票或其他法律文件后，立即将其送交保险人。 (6)根据保险人的要求提供作为索赔依据的所有证明文件、资料和单据。

第 9 章

一、选择题

1. B【解析】因合同订立引起的争议有以下几项。(1)因合同主体不合法引起的争议。(2)因合同内容引起的争议。(3)因代签合同引起的争议。(4)合同订立程序不合规定引起的争议。(5)因合同订立的形式产生的争议。而因拖欠货款引起的合同争议，属于因合同履行发生的争议。

2. ABCD【解析】在我国建设市场活动中，常见的合同争议集中在承包人同发包人之间的经济利益方面。大致有以下一些内容。(1)承包人提出索赔要求，发包人不予承认，或者发包人同意支付的额外付款与承包人索赔的金额差距极大，双方不能达成一致意见。(2)承包人提出的工期索赔，发包人不予承认。(3)发包人提出对承包人进行违约罚款，除扣除拖延工期的违约罚金外，要求对由于工期延误造成发包人利益的损害进行赔偿；承包人则提出反索赔，由此产生严重分歧。(4)发包人对承包人的严重施工缺陷或提供的设备性能不合格而要求赔偿、降价或更换；承包人则认为缺陷业已改正、不属于承包方的责任或性能试验方法错误等，不能达成一致意见。(5)关于终止合同的争议。(6)承包人与分包商的争议。(7)承包人与材料设备供应商的争议。

3. C【解析】合同诉讼案件的受案范围包括以下几种。(1)合同纠纷当事人协商、调解不成的合同纠纷案件。(2)合同纠纷当事人不愿协商、调解，直接起诉的合同纠纷案件。(3)合同纠纷当事人对仲裁条款、协议有争议的合同纠纷案件。(4)合同中没有仲裁条款，纠纷发生后，又未达成书面仲裁协议的合同纠纷。(5)人民法院裁定不予执行的仲裁裁决。(6)经仲裁的劳动合同纠纷案件、农业集体经济组织内部的农业承包合同纠纷案件，当事人不服的，在法定期限内可以向人民法院提起诉讼。

二、填空题

1. 固定价格合同；可调价格合同；成本加酬金价格合同；造价的高低
2. 合同条款不全；约定不明确
3. 协商和解；调解；提请仲裁机构仲裁；向人民法院提起诉讼
4. 合同争议；书面仲裁协议；仲裁机构
5. 诉讼参与人；审理和解决；法律关系

三、简答题

1. (1)合同争议发生于合同的订立、履行、变更、解除以及合同权利的行使过程中。如果某一争议虽然与合同有关系，但不是发生于上述过程中，就不构成合同争议。(2)合同争议的主体双方须是合同法律关系的主体。此类主体既包括自然人，也包括法人和其他组织。(3)合同争议的内容主要表现在争议主体对于导致合同法律关系产生、变更与消灭的法律事实以及法律关系的内容有着不同的观点与看法。

2. 和解的特征：(1)和解是双方在自愿、友好、互谅的基础上进行的；(2)和解的方式和程序十分灵活；(3)和解解决争议节省开支和时间。和解的优点：(1)简便易行；(2)有利于加强纠纷双方的协作；(3)有利于合同的履行。

3. 合同争议行政调解具有以下特征。(1)合同争议行政调解的调解人员是行政机关。这是合同争议行政调解与其他合同争议调解方式的重要区别。(2)合同争议行政调解属案外调解。进入诉讼程序，由人民法院或仲裁机构进行的调解为案内调解。(3)合同争议行政调解具有自愿性。它是在双方当事人自愿的基础上进行的，申请调解自愿，退出调解自愿，达成和解自愿。调解机关不能强迫当事人接受调解，不能把自己的意愿强加于双方当事人。

4. (1)以事实为根据，以法律为准绳原则。(2)先行调解原则。(3)保障当事人平等地行使权利原则。(4)自治原则。(5)一次裁决原则。(6)独立仲裁原则。

5. (1)诉讼当事人。诉讼当事人是指因合同发生争议或一方认为自己的合法权益受到侵害以自己的名义进行诉讼，并受人民法院的裁判或调解书约束的人。(2)诉讼中的第三人。(3)诉讼代理人。诉讼代理人是指根据法律规定、法院指定或者诉讼当事人授权，以委托的当事人的名义代理其进行民事诉讼行为的公民。

第 10 章

一、选择题

1. D【解析】工程项目是一个复杂开放的系统，在所有的信息中既有项目内部信息，如合同的结构、合同管理制度，又有大量外部信息，如国家政策、法律法规等；既有固定信息，又有流动信息；既有现时信息，又有历史信息；既有生产信息，又有技术信息、经济

信息。

二、填空题

1. 签订；履行；变更；解除
2. 收集；储存；加工；使用
3. 索赔报告审核；索赔值计算；系统简介；文件管理

三、简答题

1. (1)一般的信息处理方法，如排序、分类、合并、插入、删除等。(2)数学处理方法，如数学计算、数值分析、数理统计等。(3)逻辑判断方法，如差异诊断、风险分析等。(4)信息的传送、调用和输出，即将经过处理的信息流通到需要的地方，以便各决策者作出客观正确的决策。

2. 一般合同资料的编码体系有如下要求。(1)统一的，适用于所有资料的编码系统。(2)能够区分资料的种类和特征。(3)有足够的存储空间。(4)对人工处理和计算机处理同样有效。

3. (1)子系统要具有相对独立性。(2)各子系统之间数据的依赖性尽可能小。(3)子系统划分应当便于全系统的快速实现。

参 考 文 献

[1] 朱树英. 最高人民法院建设工程施工合同司法解释(一)理解适用与实务指南[M]. 北京：法律出版社，2019.

[2] 王楷，于秋磊. 建设工程施工合同纠纷法律实务与工程专业知识解答[M]. 北京：法律出版社，2021.

[3] 张跃，刘伟. 建设工程施工合同(示范文本)条款释义与范例填写[M]. 北京：中国电力出版社，2016.

[4] 王勇. 建设工程施工合同纠纷实务解析[M]. 北京：法律出版社，2017.

[5] 常设中国建设工程法律论坛第八工作组. 中国建设工程施工合同法律全书：词条释义与实务指引[M]. 北京：法律出版社，2019.

[6] 王文杰. 建设工程施工合同解除法律实务[M]. 北京：中国建材工业出版社，2021.

[7] 袁继尚. 建设工程施工合同纠纷疑难问题研究[M]. 北京：法律出版社，2021.

[8] 周峰. 建设工程施工合同纠纷裁判精要[M]. 北京：法律出版社，2020.

[9] 李明. 最高人民法院建设工程施工合同纠纷案解[M]. 北京：法律出版社，2020.

[10] 李素蕾，何佰洲，孔钧. 建设工程施工合同法律风险分析及防范[M]. 北京：中国建筑工业出版社，2020.